算术基础

G. Frege

[德] G. 弗雷格——著

徐弢——译

Die
Grundlagen
der
Arithmetik

关于数的

概念的

一种逻辑数学的研究

Eine logisch
mathematische
Untersuchung über den
Begriff der Zahl

上海人民出版社

Inhalt.

Einleitung.

§1.   In der Mathematik ist in neuerer Zeit ein auf der Strenge der Beweise und scharfe Fassung der Begriffe gerichtetes Bestreben erkennbar. _26

§2.   Die Prüfung muss sich schliesslich auch auf den Begriff der Anzahl erstrecken. Zweck des Beweises. _28

§3.   Philosophische Beweggründe für solche Untersuchung: die Streitfragen, ob die Gesetze der Zahlen analytische oder synthetische Wahrheiten, apriori oder aposteriori sind. Sinn dieser Ausdrücke. _30

§4.   Die Aufgabe dieses Buches. _32

I
Meinungen einiger Schriftsteller über die Natur der arithmetischen Sätze.

Sind die Zahlformeln beweisbar?

§5.   Kant verneint dies, was Hankel mit Recht paradox nennt. _34

§6.   Leibnizens Beweis von 2 + 2 = 4 hat eine Lücke. Grassmanns Definition von a + b ist fehlerhaft. _38

§7.   Mills Meinung, dass die Definitionen der einzelnen Zahlen beobachtete Thatsachen behaupten, aus denen die Rechnungen folgen, ist unbegründet. _42

§8.   Zur Rechtsmässigkeit dieser Definitionen ist die Beobachtung jener Thatsachen nicht erforderlich. _46

Sind die Gesetze der Arithmetik inductive Wahrheiten?

§9.   Mills Naturgesetz. Indem Mill arithmetische Wahrheiten Naturgesetze nennt, verwechselt er sie mit ihren Anwendungen. _50

目 录

序 言

§1 近年来，在数学中已明显地呈现出一种努力追求严格证明与精确理解概念的趋势。_27

§2 这种严格的考察最终也涉及基数的概念本身。证明的目的。_29

§3 这种研究的哲学动机：对于数的法则是分析的真还是综合的真，是先天的还是后天的问题的争论。这些表达式的涵义。_31

§4 本书的任务。_33

I

某些学者关于算术命题性质的观点

数的公式是可证的吗？

§5 康德否认汉克尔有理由称为悖论的东西。_35

§6 莱布尼茨关于 2 + 2 = 4 的证明有一个漏洞。格拉斯曼关于 a + b 的定义是有缺陷的。_39

§7 密尔关于单个数的定义断定了可观察的事实，由此而来的计算的观点是没有根据的。_43

§8 就合法性而言，这些定义并不需要对那些事实的观察。_47

算术的法则是归纳的真吗？

§9 密尔的自然法则。在把算术的真称为自然法则时，密尔混淆了算术的真与它的应用。_51

§10. Gründe dagegen, dass die Additionsgesetze inductive Wahrheiten sind: Ungleichartigkeit der Zahlen; wir haben nicht schon durch die Definition eine Menge gemeinsamer Eigenschaften der Zahlen; die Induction ist wahrscheinlich umgekehrt auf die Arithmetik zu gründen. _54

§11. Leibnizens „Eingeboren". _60

Sind die Gesetze der Arithmetik synthetisch-apriori oder analytisch?

§12. Kant. Baumann. Lipschitz. Hankel. Die innere Anschauung als Erkenntnisgrund. _62

§13. Unterschied von Arithmetik und Geometrie. _66

§14. Vergleichung der Wahrheiten in Bezug auf das von ihnen beherrschte Gebiet. _68

§15. Ansichten von Leibniz und St. Jevons. _70

§16. Dagegen Mills Herabsetzung des „kunstfertigen Handhabens der Sprache". Die Zeichen sind nicht darum leer, weil sie nichts Wahrnehmbares bedeuten. _72

§17. Unzulänglichkeit der Induction.Vermuthung, dass die Zahlgesetze analytische Urtheile sind; worin dann ihr Nutzen besteht. Werthschätzung der analytischen Urtheile. _74

II
Meinungen einiger Schriftsteller über den Begriff der Anzahl.

§18. Nothwendigkeit den allgemeinen Begriff der Anzahl zu untersuchen. _76

§19. Die Definition darf nicht geometrisch sein. _78

§20. Ist die Zahl definirbar? Hankel. Leibniz. _80

Ist die Anzahl eine Eigenschaft der äusseren Dinge?

§21. Meinungen von G. Cantor und E. Schröder. _82

§22. Dagegen Baumann: die äussern Dinge stellen keine strengen Einheiten dar. Die Anzahl hängt scheinbar von unserer Auffassung ab. _84

§10 反对加法法则是归纳的真的理由：数的异质性；我们并没有通过定义而获得一个数的共同特性的集合。很可能反过来，归纳是以算术为基础的。_55

§11 莱布尼茨的"天赋的"。_61

算术的法则是先天综合的还是分析的？

§12 康德。鲍曼。利普希茨。汉克尔。内在直观作为知识基础。_63

§13 算术和几何的区分。_67

§14 就其应用领域而言，不同种类的真之间比较。_69

§15 莱布尼茨和耶芳斯的看法。_71

§16 反对他们的观点，密尔对"语言的巧妙运用"的嘲弄。记号并不因为它不意谓可感知的事物就是空洞的。_73

§17 归纳的不充分性。数的法则是分析判断的猜想；使用它们的情况如何。对分析判断的价值评估。_75

II
一些学者关于基数概念的观点

§18 研究基数的普遍概念的必要性。_77

§19 定义不能是几何学的。_79

§20 数是可定义的吗？汉克尔。莱布尼茨。_81

基数是外在事物的一种性质吗？

§21 G.康托尔与 E.施罗德的观点。_83

§22 反对他们的观点，鲍曼认为：外在的事物并不表现严格的单位，基数似乎取决于我们的理解。_85

§23. Mills Meinung, dass die Zahl eine Eigenschaft des Aggregats von Dingen sei, ist unhaltbar. _88

§24. Umfassende Anwendbarkeit der Zahl. Mill. Locke. Leibnizens unkörperliche metaphysische Figur. Wenn die Zahl etwas Sinnliches wäre, könnte sie nicht Unsinnlichem beigelegt werden. _90

§25. Mills physikalischer Unterschied zwischen 2 und 3. Nach Berkeley ist die Zahl nicht realiter in den Dingen, sondern durch den Geist geschaffen. _94

Ist die Zahl etwas Subjectives?

§26. Lipschitzs Beschreibung der Zahlbildung passt nicht recht und kann eine Begriffsbestimmung nicht ersetzen. Die Zahl ist kein Gegenstand der Psychologie, sondern etwas Objectives. _96

§27. Die Zahl ist nicht, wie Schloemilch will, Vorstellung der Stelle eines Objects in einer Reihe. _102

Die Anzahl als Menge.

§28. Thomaes Namengebung. _106

III
Meinungen über Einheit und Eins.

Drückt das Zahlwort „Ein" eine Eigenschaft von Gegenständen aus?

§29. Vieldeutigkeit der Ausdrücke „μονάς" und „Einheit". E. Schröders Erklärung der Einheit als zu zählenden Gegenstandes ist scheinbar zwecklos. Das Adjectiv „Ein" enthält keine nähere Bestimmung, kann nicht als Praedicat dienen. _108

§30. Nach den Definitionsversuchen von Leibniz und Baumann scheint der Begriff der Einheit gänzlich zu verschwimmen. _112

§31. Baumanns Merkmale der Ungetheiltheit und Abgegrenztheit. Die Idee der Einheit wird uns nicht von jedem Objecte zugeführt (Locke). _112

§23 密尔的这种看法，即认为数是事物聚集的性质，是站不住脚的。_89

§24 数的广泛的可应用性。密尔。洛克。莱布尼茨的非物质的形而上学的图形。如果数是某种可感觉的东西，那么，它就不能被归为无感觉的东西。_91

§25 密尔的关于 2 和 3 之间的物理的区别。根据贝克莱，数事实上不是在事物之中，而是通过精神创造的东西。_95

数是某种主观的东西吗？

§26 利普希茨关于数的构造的描述是不合适的，并且不能代替一种关于数的概念的规定。数并不是某种心理的对象，而是某种客观的东西。_97

§27 数并不像施罗米尔希所主张的那样，是在一个序列中对象位置的表象。_103

作为集合的基数。

§28 托迈的命名。_107

III
关于单位和一的观点

数词"一"表达对象的一种性质吗？

§29 "μονάς"与"单位"这两个表述的多义性。E. 施罗德将单位解释成计数的对象似乎是无效的。形容词"一"并不包含更进一步的规定性，不能起到谓词作用。_109

§30 根据莱布尼茨和鲍曼所尝试的定义，单位这个概念似乎完全消失了。_113

§31 鲍曼关于未分性与分界性的标志。单位这个观念并不是由每个对象提供给我们的（洛克）。_113

§32. Doch deutet die Sprache einen Zusammenhang mit der Ungetheiltheit und Abgegrenztheit an, wobei jedoch der Sinn verschoben wird. _114

§33. Die Untheilbarkeit (G. Köpp) ist als Merkmal der Einheit nicht haltbar. _116

Sind die Einheiten einander gleich?

§34. Die Gleichheit als Grund für den Namen „Einheit". E. Schröder. Hobbes. Hume. Thomae. Durch Abstraction von den Verschiedenheiten der Dinge erhält man nicht den Begriff der Anzahl, und die Dinge werden dadurch nicht einander gleich. _118

§35. Die Verschiedenheit ist sogar nothwendig, wenn von Mehrheit die Rede sein soll. Descartes. E. Schröder. St. Jevons. _122

§36. Die Ansicht von der Verschiedenheit der Einheiten stösst auch auf Schwierigkeiten. Verschiedene Einsen bei St. Jevons. _124

§37. Lockes, Leibnizens, Hesses Erklärungen der Zahl aus der Einheit oder Eins. _126

§38. „Eins" ist Eigenname, „Einheit" Begriffswort. Zahl kann nicht als Einheiten definirt werden. Unterschied von „und" und +. _128

§39. Die Schwierigkeit, Gleichheit und Unterscheidbarkeit der Einheiten zu versöhnen, wird durch die Vieldeutigkeit von „Einheit" verdeckt. _132

Versuche, die Schwierigkeit zu überwinden.

§40. Raum und Zeit als Mittel des Unterscheidens. Hobbes. Thomae. Dagegen: Leibniz, Baumann, St. Jevons. _136

§41. Der Zweck wird nicht erreicht. _138

§42. Die Stelle in einer Reihe als Mittel des Unterscheidens. Hankels Setzen. _140

§43. Schröders Abbildung der Gegenstände durch das Zeichen 1. _142

§44. Jevons Abstrahiren vom Charakter der Unterschiede mit Festhaltung ihres Vorhandenseins. Die 0 und die 1 sind Zahlen wie die andern. Die Schwierigkeit bleibt bestehen. _144

§32 不过，语言仍然说明了未分性与分界性的关联，然而在这里涵义发生了变化。_115

§33 将不可分性（G.科珀）作为单位的标准是不能成立的。_117

单位是彼此相同吗？

§34 相同作为命名"单位"的理由。E.施罗德。霍布斯。休谟。托迈。通过抽象掉事物的不同，人们不能获得基数的概念。由此，事物彼此之间也不相同。_119

§35 如果我们谈论多，差异性也是必要的。笛卡尔，E.施罗德，耶芳斯。_123

§36 关于单位是差异的观点也遇到了困难。耶芳斯的不同的一。_125

§37 洛克、莱布尼茨、黑塞从单位或一定义数。_127

§38 "一"是专名，"单位"是概念词。数不能定义为单位。"和"与 + 的区别。_129

§39 化解单位的可区别性与相等性这个困难由于"单位"的多义性而被掩盖。_133

克服这个困难的努力。

§40 时间和空间作为区别的手段。霍布斯、托迈。与之相对：莱布尼茨、鲍曼、耶芳斯。_137

§41 这个目的实现不了。_139

§42 序列中的位置作为区别的手段。汉克尔的确定。_141

§43 施罗德通过记号 1 来摹绘对象。_143

§44 耶芳斯通过抽象掉差异的特征而保留其实存。0 和 1 是像其他的数一样的数。困难依然存在。_145

Lösung der Schwierigkeit.

§45. Rückblick. _150

§46. Die Zahlangabe enthält eine Aussage von einem Begriffe. Einwand, dass bei unverändertem Begriffe die Zahl sich ändere. _152

§47. Die Thatsächlichkeit der Zahlangabe erklärt sich aus der Objectivität des Begriffes _154

§48. Auflösung einiger Schwierigkeiten. _156

§49. Bestätigung bei Spinoza. _158

§50. B. Schröders Ausführung. _160

§51. Berichtigung derselben. _160

§52. Bestätigung in einem deutschen Sprachgebrauche. _162

§53. Unterschied zwischen Merkmalen und Eigenschaften eines Begriffes. Existenz und Zahl. _164

§54. Einheit kann man das Subject einer Zahlaugabe nennen. Untheilbarkeit und Abgegrenztheit der Einheit. Gleichheit und Unterscheidbarkeit. _166

IV
Der Begriff der Anzahl.

Jede einzelne Zahl ist ein selbständiger Gegenstand.

§55. Versuch, die leibnizischen Definitionen der einzelnen Zahlen zu ergänzen. _170

§56. Die versuchten Definitionen sind unbrauchbar, weil sie eine Aussage erklären, von der die Zahl nur ein Theil ist. _172

§57. Die Zahlangabe ist als eine Gleichung zwischen Zahlen anzusehen. _174

§58. Einwand der Unvorstellbarkeit der Zahl als eines selbständigen Gegenstandes. Die Zahl ist überhaupt unvorstellbar. _176

§59. Ein Gegenstand ist nicht deshalb von der Untersuchung auszuschliessen, weil er unvorstellbar ist. _178

困难的解决。

§45 回顾。_151

§46 数的陈述包含了一个关于概念的断言。反对认为数改变而概念不变。_153

§47 数的陈述是由概念的客观性而得以解释的事实的陈述。_155

§48 解决几个困难。_157

§49 斯宾诺莎的确证。_159

§50 E. 施罗德的阐释。_161

§51 对同样问题的修正。_161

§52 在一种德语的惯用法中的确证。_163

§53 一个概念的特征和性质之间的区别。存在与数。_165

§54 人们称数的陈述的主词为单位。单位的不可分性与分界性。相等与可区分性。_167

IV
基数这个概念

每个单个的数都是独立的对象。

§55 尝试补充莱布尼茨关于单个数的定义。_171

§56 这些尝试的定义是不可用的,因为它们说明了一个陈述,而数只是这个陈述的一部分。_173

§57 数的陈述被看作数之间的一种相等。_175

§58 反对意见认为,数作为一种独立的对象是不可想象的。数根本就不可想象。_177

§59 一个对象并不能因为不可想象而被排除在研究之外。_179

§60. Selbst concrete Dinge sind nicht immer vorstellbar. Man muss die Wörter im Satze betrachten, wenn man nach ihrer Bedeutung fragt. _180

§61. Einwand der Unräumlichkeit der Zahlen. Nicht jeder objective Gegenstand ist räumlich. _182

Um den Begriff der Anzahl zu gewinnen, muss man den Sinn einer Zahlengleichung feststellen.

§62. Wir bedürfen eines Kennzeichens für die Zahlengleichheit. _184

§63. Die Möglichkeit der eindeutigen Zuordnung als solches. Logisches Bedenken, dass die Gleichheit für diesen Fall besonders erklärt wird. _186

§64. Beispiele für ein ähnliches Verfahren: die Richtung, die Stellung einer Ebene, die Gestalt eines Dreiecks. _188

§65. Versuch einer Definition. Ein zweites Bedenken: ob den Gesetzen der Gleichheit genügt wird. _190

§66. Drittes Bedenken: das Kennzeichen der Gleichheit ist unzureichend. _194

§67. Die Ergänzung kann nicht dadurch geschehen, dass man zum Merkmal eines Begriffes die Weise nimmt, wie ein Gegenstand eingeführt ist. _196

§68. Die Anzahl als Umfang eines Begriffes. _198

§69. Erläuterung. _200

Ergänzung und Bewährung unserer Definition.

§70. Der Beziehungsbegriff. _202

§71. Die Zuordnung durch eine Beziehung. _208

§72. Die beiderseits eindeutige Beziehung. Begriff der Anzahl. _210

§73. Die Anzahl, welche dem Begriffe F zukommt, ist gleich der Anzahl, welche dem Begriffe G zukommt, wenn es eine Beziehung giebt, welche die unter F fallenden Gegenstände, den unter G fallenden beiderseits eindeutig zuordnet. _214

§74. Null ist die Anzahl, welche dem Begriffe „sich selbst ungleich" zukommt. _216

§60 具体事物自身并不总是可想象的。如果人们追问语词的意谓的话，那么就必须在命题中考察语词。 _181

§61 反对观点认为数是非空间的。并非每种客观的对象都是空间的。 _183

为了获得基数的概念，人们必须确定数相等的意义。

§62 我们需要一个表示数相等的标准。 _185

§63 一一对应作为标准的可能性。对定义相等的逻辑质疑，特别是在数这种特定事例中。 _187

§64 一个类似过程的例子：方向，平面上的位置，一个三角形的图形。 _189

§65 尝试一个定义。质疑二：相等的法则是否充分？ _191

§66 质疑三：相等的标准是不充分的。 _195

§67 我们不能补充说，人们像引入对象那样获得概念的特征。 _197

§68 基数作为概念的外延。 _199

§69 说明。 _201

我们的定义的完善与证明其价值。

§70 关系概念。 _203

§71 通过一种关系的对应。 _209

§72 一一对应的关系。基数的概念。 _211

§73 属于概念 F 的基数等同于属于概念 G 的基数，当且仅当归属于概念 F 的对象与归属于概念 G 的对象之间存在一种一一对应的关系。 _215

§74 零是归属于"与自身不相等"的概念的基数。 _217

§75. Null ist die Anzahl, welche einem Begriffe zukommt, unter den nichts fällt. Kein Gegenstand fällt unter einen Begriff, wenn Null die diesem zukommende Anzahl ist. _220

§76. Erklärung des Ausdrucks „n folgt in der natürlichen Zahlenreihe unmittelbar auf m". _222

§77. 1 ist die Anzahl, welche dem Begriffe „gleich 0" zukommt. _224

§78. Sätze, die mittels unserer Definitionen zu beweisen sind. _228

§79. Definition des Folgens in einer Reihe. _230

§80. Bemerkungen hierzu. Objectivität des Folgens. _232

§81. Erklärung des Ausdrucks „x gehört der mit y endenden φ-Reihe an". _234

§82. Andeutung des Beweises, dass es kein letztes Glied der natürlichen Zahlenreihe giebt. _236

§83. Definition der endlichen Anzahl. Keine endliche Anzahl folgt in der natürlichen Zahlenreihe auf sich selber. _238

Unendliche Anzahlen.

§84. Die Anzahl, welche dem Begriffe „endliche Anzahl" zukommt, ist eine unendliche. _240

§85. Die cantorschen unendlichen Anzahlen; „Mächtigkeit". Abweichung in der Benennung. _242

§86. Cantors Folgen in der Succession und mein Folgen in der Reihe. _244

V
Schluss.

§87. Die Natur der arithmetischen Gesetze. _246

§88. Kants Unterschätzung der analytischen Urtheile. _248

§89. Kants Satz: „Ohne Sinnlichkeit würde uns kein Gegenstand gegeben werden". Kants Verdienst um die Mathematik. _250

§90. Zum vollen Nachweis der analytischen Natur der arithmetischen Gesetze fehlt eine lückenlose Schlusskette. _252

§91. Abhilfe dieses Mangels ist durch meine Begriffsschrift möglich. 254

§75 零是归属于没有任何东西落入其下的概念的基数。如果零是这样概念的基数，没有任何对象落入这样概念之下。_221

§76 说明"n 在自然数序列中紧跟 m"这样表达式。_223

§77 1 是"与零相等"的概念的基数。_225

§78 借助于我们的定义证明命题。_229

§79 序列中跟随的定义。_231

§80 评注。跟随的客观性。_233

§81 说明表达式"x 属于以 y 结尾的 φ 序列"。_235

§82 关于"自然数不存在最后一项"证明的提示。_237

§83 有穷基数的定义。在自然数序列中任何一个有穷基数都不跟随其自身。_239

无穷基数。

§84 属于"有穷基数"概念的基数是一个无穷基数。_241

§85 康托尔的无穷基数；"势"。命名的不同。_243

§86 康托尔的顺序中的后继与我的序列中的跟随。_245

V
结论

§87 算术法则的性质。_247

§88 康德对分析判断的低估。_249

§89 康德的命题："离开感性，对象不能被给予。"康德对于数学的贡献。_251

§90 对算术法则分析性质的完整的证明缺乏一种无漏洞的推理链条。_253

§91 通过我的概念文字可弥补这一缺陷。_255

Andere Zahlen.

§92. Sinn der Frage nach der Möglichkeit der Zahlen nach Hankel. _256

§93. Die Zahlen sind weder räumlich ausser uns noch subjectiv. _258

§94. Die Widerspruchslosigkeit eines Begriffes verbürgt nicht, dass etwas unter ihn falle, und bedarf selbst des Beweises. _260

§95. Man darf nicht ohne Weiteres (c – b) als ein Zeichen ansehn, das die Subtractionsaufgabe löst. _262

§96. Auch der Mathematiker kann nicht willkührlich etwas schaffen. _264

§97. Begriffe sind von Gegenständen zu unterscheiden. _266

§98. Hankels Erklärung der Addition. _266

§99. Mangelhaftigkeit der formalen Theorie. _268

§100. Versuch, complexe Zahlen dadurch nachzuweisen, dass die Bedeutung der Multiplication in besonderer Weise erweitert wird. _270

§101. Die Möglichkeit eines solchen Nachweises ist für die Kraft eines Beweises nicht gleichgiltig. _272

§102. Die blosse Forderung, es solle eine Operation ausführbar sein, ist nicht ihre Erfüllung. _272

§103. Kossaks Erklärung der complexen Zahlen ist nur eine Anweisung zur Definition und vermeidet nicht die Einmischung von Fremdartigem. Die geometrische Darstellung. _274

§104. Es kommt darauf an, den Sinn eines Wiedererkennungsurtheils für die neuen Zahlen festzusetzen. _276

§105. Der Reiz der Arithmetik liegt in ihrem Vernunftcharakter. _280

§106—109. Rückblick. _280

其他的数。

§92 根据汉克尔的看法，追问数的可能性的意义。_257

§93 数既不是空间外在的东西，又不是主观的东西。_259

§94 一个概念的无矛盾性并不能保证有任何东西落入这个概念之下，并且概念自身需要证明。_261

§95 我们并不能立即将"c – b"看成解决减法问题的记号。_263

§96 数学家也不能任意地创造一些东西。_265

§97 要区分概念和对象。_267

§98 汉克尔对于加法的说明。_267

§99 形式理论的缺陷。_269

§100 以一种特定的方式扩展乘法的意谓来说明复数的努力。_271

§101 这样一种证明的可能性对于一个证明的效力来说并不是不重要的。_273

§102 一个运算应该是可行的这样纯粹的要求并不是要求的满足。_273

§103 科萨克关于复数的说明仅是定义的引导，并没有避免引入陌生的数类。几何的表征。_275

§104 对于新数来说，关键是要确定重认新数判断的涵义。_277

§105 算术的魅力在于其理性的特征。_281

§106—109 回顾。_281

德中译名对照表 _291

译后记 _293

算 术 基 础
关于数的概念的
一种逻辑数学的研究

**Die Grundlagen
der Arithmetik**

Eine logisch mathematische Untersuchung
über den Begriff der Zahl

Einleitung.

———

Auf die Frage, was die Zahl Eins sei, oder was das Zeichen 1 bedeute, wird man meistens die Antwort erhalten: nun, ein Ding. Und wenn man dann darauf aufmerksam macht, dass der Satz

„die Zahl Eins ist ein Ding"

keine Definition ist, weil auf der einen Seite der bestimmte Artikel, auf der anderen der unbestimmte steht, dass er nur besagt, die Zahl Eins gehöre zu den Dingen, aber nicht, welches Ding sie sei, so wird man vielleicht aufgefordert, sich irgendein Ding zu wählen, das man Eins nennen wolle. Wenn aber Jeder das Recht hätte, unter diesem Namen zu verstehen, was er will, so würde derselbe Satz von der Eins für Verschiedene Verschiedenes bedeuten; es gäbe keinen gemeinsamen Inhalt solcher Sätze. Einige lehnen vielleicht die Frage mit dem Hinweise darauf ab, dass auch die Bedeutung des Buchstaben a in der Arithmetik nicht angegeben werden könne; und wenn man sage: a bedeutet eine Zahl, so könne hierin derselbe Fehler gefunden werden wie in der Definition: Eins ist ein Ding. Nun ist die Ablehnung der Frage in Bezug auf a ganz gerechtfertigt: es bedeutet keine bestimmte, angebbare Zahl, sondern dient dazu, die Allgemeinheit, von

2

序 言

————————

关于数 1 是什么，或者记号 1 意谓什么这些问题，人们通常会得到这样的答案：就是一个事物。此外，如果人们注意到，命题

"数 1 是一个事物"

不是一个定义，因为一边是定冠词，另一边是不定冠词，这一命题只是说，数 1 属于事物，但是它并没有说，数 1 是哪种事物，人们或许就会被要求，选择任何一个事物将其称为数 1。但是，如果每个人都有权按其所愿地去理解这一名称，关于 1 的相同的命题对于不同的人来说，就会意谓着不同的东西，这些命题就没有相同的内容。有人或许会拒绝回答这一问题，他们指出，人们不能说明算术中字母 a 的意谓，如果人们说：a 意谓一个数，由此，也会像在 "1 是一个事物" 的定义中一样，发现相同的错误。完全有理由拒绝回答与 a 有关的问题：它并不意谓一个确定的可说明的数，而是起到表述命题

Sätzen auszudrücken. Wenn man für a in $a + a - a = a$ eine beliebige aber überall dieselbe Zahl setzt, so erhält man immer eine wahre Gleichung. In diesem Sinne wird der Buchstabe a gebraucht. Aber bei der Eins liegt die Sache doch wesentlich anders. Können wir in der Gleichung $1 + 1 = 2$ für 1 beidemal denselben Gegenstand, etwa den Mond setzen? Vielmehr scheint es, dass wir für die erste 1 etwas Anderes wie für die zweite setzen müssen. Woran liegt es, dass hier grade das geschehen muss, was in jenem Falle ein Fehler wäre? Die Arithmetik kommt mit dem Buchstaben a allein nicht aus, sondern muss noch andere b, c u. s. w. gebrauchen, um Beziehungen zwischen verschiedenen Zahlen allgemein auszudrücken. So sollte man denken, könnte auch das Zeichen 1 nicht genügen, wenn es in ähnlicher Weise dazu diente, den Sätzen eine Allgemeinheit zu verleihen. Aber erscheint nicht die Zahl Eins als bestimmter Gegenstand mit angebbaren Eigenschaften, z. B. mit sich selbst multipliziert unverändert zu bleiben? In diesem Sinne kann man von a keine Eigenschaften angeben; denn was von a ausgesagt wird, ist eine gemeinsame Eigenschaft der Zahlen, während $1^1 = 1$ weder vom Monde etwas aussagt, noch von der Sonne, noch von der Sahara, noch vom Pic von Teneriffa; denn was könnte der Sinn einer solchen Aussage sein?

Auf solche Fragen werden wohl auch die meisten Mathematiker keine genügende Antwort bereit haben. Ist es nun nicht für die Wissenschaft beschämend, so im Unklaren über ihren nächstliegenden und scheinbar so einfachen Gegenstand zu sein? Um so weniger wird man sagen können, was Zahl sei. Wenn ein Begriff, der einer großen Wissenschaft zu Grunde liegt, Schwierigkeiten darbietet, so ist es doch wohl eine unabweisbare Aufgabe, ihn genauer zu untersuchen und diese Schwierigkeiten zu überwinden, besonders da es schwer gelingen möchte, über die negativen,

普遍性的作用。如果人们用任意一个数来代入 a + a − a = a 中的 a，只要处处代入的都相同，人们总能获得一个正确的等式。这就是字母 a 在这里使用的意义。但是在 1 这里，事情本质上是不同的。但是，我们能否在 1 + 1 = 2 中，将其中的 1 两次都代入为相同的对象，比如月亮吗？更确切地说，我们代入的第一个 1 必定与第二个 1 是不同的。为什么在这里恰好必定会出现的东西，在另一种情况中却是一个错误呢？为了表达不同的数之间的普遍联系，算术并不仅仅与字母 a 打交道，它还使用 b、c 等其他的字母。人们因而会想到，记号 1 以相似的方式被人们使用着，从而赋予命题以普遍性，但是这仍然是不够的。然而作为一个特定对象的数 1，难道不显现为具有特定的性质，比如，它与自身相乘依然保持不变？在这个意义上，人们并不能规定 a 的一个特性；因为，a 所陈述的是数的普遍的性质，而 $1^1 = 1$ 所陈述的并不是关于月亮的某种东西，也不是关于太阳的某种东西，也不是关于撒哈拉沙漠的某种东西，也不是关于特内里费山峰的某种东西；这样陈述的意义可能是什么呢？

对于这些问题，大部分的数学家还没有给出令人满意的回答。这门学科的最亲近的显得如此简单的对象模糊不清，这难道不是该学科的耻辱吗？关于数是什么，人们能说出的就更少了。如果一门伟大学科根基处的概念，显露出了重重困难，那么，人们更精确地研究它，克服它的困难，将是一项不可推卸的任务，只要对整个算术大厦的基础的认识有缺陷，我们就很

gebrochenen, complexen Zahlen zu voller Klarheit zu kommen, solange noch die Einsicht in die Grundlage des ganzen Baues der Arithmetik mangelhaft ist. Viele werden das freilich nicht der Mühe werth achten. Dieser Begriff ist ja, wie sie meinen, in den Elementarbüchern hinreichend behandelt und damit für das ganze Leben abgethan. Wer glaubt denn über eine so einfache Sache noch etwas lernen zu können! Für so frei von jeder Schwierigkeit hält man den Begriff der positiven ganzen Zahl, dass er für Kinder wissenschaftlich, erschöpfend behandelt werden könne, und dass Jeder ohne weiteres Nachdenken und ohne Bekanntschaft mit dem, was Andere, gedacht haben, genau von ihm Bescheid wisse. So fehlt denn vielfach jene erste Vorbedingung des Lernens: das Wissen des Nichtwissens. Die Folge ist, dass man sich noch immer mit einer rohen Auffassung begnügt, obwohl schon Herbart[1] eine richtigere gelehrt hat. Es ist betrübend und entmuthigend, dass in dieser Weise eine Erkenntniss immer wieder verloren zu gehen droht, die schon errungen war, dass so manche Arbeit vergeblich zu werden scheint, weil man im eingebildeten Reichthume nicht nöthig zu haben glaubt, sich ihre Früchte anzueignen. Auch diese Arbeit, sehe ich wohl, ist solcher Gefahr ausgesetzt. Jene Roheit der Auffassung tritt mir entgegen, wenn das Rechnen aggregatives, mechanisches Denken genannt wird[2]. Ich bezweifle, dass es ein solches Denken überhaupt giebt. Aggregatives Vorstellen könnte man schon eher gelten lassen; aber es ist für das Rechnen ohne Bedeutung. Das Denken ist im Wesentlichen überall dasselbe: es kommen nicht je nach

---

1 Sämmtliche Werke, herausgegeb. von Hartenstein, Bd. X, I Thl. Umriss pädagogischer Vorlesungen §252, Anm. 2: „Zwei heisst nicht zwei Dinge, sondern Verdoppelung" u. s. w.

2 K. Fischer, System der Logik und Metaphysik oder Wissenschaftslehre, 2. Aufl. §94.

难成功地实现弄清楚负数、分数、复数的目的。

当然，很多人并没有注意到这种努力的价值。他们认为，数这个概念在初级课本里就已经充分地被考察并被彻底地解决了。谁还会相信关于如此简单的事物，还有什么值得学习的东西呢？人们认为，正整数这个概念没有任何困难，以至于它对于孩子们来说是科学彻底的，他们不需要进一步的思考，也不需要了解别人曾思考过的内容，他们就能确切地知道它。因此，那些人经常缺乏学习的首要先决条件：对于无知的认识。结果就是，人们仍然满足于粗略的理解，尽管赫尔巴特[1]已经阐述过更正确的观点。令人悲伤和沮丧的是，已经获得的知识，总是面临再次失去的危险，从而这样的工作，似乎是徒劳的，因为人们自以为已经拥有不少知识学识，因而不必掌握它的成果。我的确看到，我的工作也暴露在前面所提到的危险之中。当人们把计算称为聚集的机械的思维时，[2]我就遇到了这种粗略的理解。我怀疑竟然存在这样的思维。虽然人们可能更快承认了聚集性表象，但它对于计算没有什么意义。从根本上讲，思维毕竟都是相同的：根本就不能根据不同的对象，来考虑不同的思

---

1 《赫尔巴特全集》，哈特恩斯坦恩编，第 10 卷，第 1 部分，"教育讲座概述"，第 252 节，注释 2："2 不意谓两个事物，而意谓加倍"，等等。
2 K. 费舍尔，《逻辑系统与形而上学或科学理论》，第 2 版，第 94 节。

dem Gegenstande verschiedene Arten von Denkgesetzen in Betracht. Die Unterschiede bestehen nur in der grösseren oder geringeren Reinheit und Unabhängigkeit von psychologischen Einflüssen und von äussern Hilfen des Denkens wie Sprache, Zahlzeichen und dgl., dann etwa noch in der Feinheit des Baues der Begriffe; aber grade in dieser Rücksicht möchte die Mathematik von keiner Wissenschaft, selbst der Philosophie nicht, übertroffen werden.

Man wird aus dieser Schrift ersehen können, dass auch ein scheinbar eigenthümlich mathematischer Schluss wie der von n auf n + 1 auf den allgemeinen logischen Gesetzen beruht, dass es besondrer Gesetze des aggregativen Denkens nicht bedarf. Man kann freilich die Zahlzeichen mechanisch gebrauchen, wie man papageimässig sprechen kann; aber Denken möchte das doch kaum zu nennen sein. Es ist nur möglich, nachdem durch wirkliches Denken die mathematische Zeichensprache so ausgebildet ist, dass sie, wie man sagt, für einen denkt. Dies beweist nicht, dass die Zahlen in einer besonders mechanischen Weise, etwa wie Sandhaufen aus Quarzkörnern gebildet sind. Es liegt, denke ich, im Interesse der Mathematiker einer solchen Ansicht entgegenzutreten, welche einen hauptsächlichen Gegenstand ihrer Wissenschaft und damit diese selbst herabzusetzen geeignet ist. Aber auch bei Mathematikern findet man ganz ähnliche Aussprüche. Im Gegentheil wird man dem Zahlbegriffe einen feineren Bau zuerkennen müssen als den meisten Begriffen andrer Wissenschaften, obwohl er noch einer der einfachsten arithmetischen ist.

Um nun jenen Wahn zu widerlegen, dass in Bezug auf die positiven ganzen Zahlen eigentlich gar keine Schwierigkeiten obwalten, sondern allgemeine Uebereinstimmung herrsche, schien es mir gut, einige Meinungen von Philosophen und Mathematikern über die hier in

维法则。差别仅在于或多或少的纯粹性，对心理的影响和思维的外在辅助手段，比如语言、数字等等，以及诸如此类的或多或少的独立性；此外，大概还在于概念构造的精巧性；但是，恰恰通过这种考虑，没有任何一门科学，甚至是哲学自身可以超越数学。

人们从本书中将会看到，一个看似专属于数学的推理，比如，从 n 到 n + 1，也是基于普遍的逻辑法则，而不需要特殊的聚集思维的法则。人们当然可以机械地使用数字记号，如同人们鹦鹉学舌似地说话，但是，这仍然不叫思维。只有通过实际的思维活动而构造的数学记号语言，才可能是真正的思维。但是，这并非证明说，数是以一种特定的机械的方式形成的，就像沙堆是由石英颗粒堆集出来的。我认为，鉴于数学家的利益，他们应反对这样的观点，因为这种观点总是贬低数学这门学科的主要研究对象，进而贬低了与这种对象相应的数学这门学科自身。但是，即使在数学家那里，人们也发现了类似的说法。与之相反，人们必须赋予数的概念比其他学科中的大部分概念一种更精致的构造，尽管它仍然是算术中最简单的概念之一。

为了消除那种认为在正整数中根本不存在什么困难，而是充满了普遍的一致的幻象，我认为，在此讨论一下哲学家和数学家们对正整数所考虑的一些问题的几种观点是有益的。人们

Betracht kommenden Fragen zu besprechen. Man wird sehn, wie wenig von Einklang zu finden ist, sodass geradezu entgegengesetzte Aussprüche vorkommen. Die Einen sagen z. B.: „die Einheiten sind einander gleich", die Andern halten sie für verschieden, und beide haben Gründe für ihre Behauptung, die sich nicht kurzer Hand abweisen lassen. Hierdurch suche ich das Bedürfniss nach einer genaueren Untersuchung zu wecken. Zugleich will ich durch die vorausgeschickte Beleuchtung der von Andern ausgesprochenen Ansichten meiner eignen Auffassung den Boden ebnen, damit man sich vorweg überzeuge, dass jene andern Wege nicht zum Ziele führen, und dass meine Meinung nicht eine von vielen gleichberechtigten ist; und so hoffe ich die Frage wenigstens in der Hauptsache endgiltig zu entscheiden.

Freilich sind meine Ausführungen hierdurch wohl philosophischer geworden, als vielen Mathematikern angemessen scheinen mag; aber eine gründliche Untersuchung des Zahlbegriffes wird immer etwas philosophisch ausfallen müssen. Diese Aufgabe ist der Mathematik und Philosophie gemeinsam.

Wenn das Zusammenarbeiten dieser Wissenschaften trotz mancher Anläufe von beiden Seiten nicht ein so gedeihliches ist, wie es zu wünschen und wohl auch möglich wäre, so liegt das, wie mir scheint, an dem Ueberwiegen psychologischer Betrachtungsweisen in der Philosophie, die selbst in die Logik eindringen. Mit dieser Richtung hat die Mathematik gar keine Berührungspunkte, und daraus erklärt sich leicht die Abneigung vieler Mathematiker gegen philosophische Betrachtungen. Wenn z. B. Stricker[1] die Vorstellungen der Zahlen motorisch, von Muskelgefühlen

---

1 Studien über Association der Vorstellungen. Wien 1883.

将会看到，在这里很少出现一致的观点，甚至出现了完全相反的说法。比如，一个人认为："单位之间是相互等同的"，而其他人则将其看成是不同的，双方都有不容易反驳的根据来坚持各自的断言。由此，我试图激起人们寻求一种更精确的研究的需求。与此同时，我想试图通过预先阐明他人所说的观点，为我自己的观点铺平道路，从而使人们自始至终就确信，沿着其他的道路，并不能实现目标，我的观点在诸多方面与它们不同，并且我希望起码在事情的主要方面，问题最终可以得到解决。

当然，我的阐述因而比许多数学家所能认可的更哲学些；但是，一种关于数的概念的根本的研究，总是必定会导致某种哲学的东西。这是数学和哲学共同的任务。

虽然这两门学科的合作对于双方来说，还不如人们所希望的那样富有成效，但是，这种合作仍然是可能的。我认为，造成这种局面的原因在于，哲学中心理学的考察占据了上风，甚至这种心理学的方法，也侵入到了逻辑学的领域。数学与这个心理学方面毫无共同之处，这就很容易说明，为什么许多数学家厌恶哲学考察。比如说，当施迪科尔[1]宣称，数的表象是运动机能的，是依赖于肌肉的感觉的时，所以，数学家在

1　施迪科尔，《关于表象联系的研究》，维也纳，1883 年版。

abhängig nennt, so kann der Mathematiker seine Zahlen darin nicht wiedererkennen und weiss mit einem solchen Satze nichts anzufangen.

Eine Arithmetik, die auf Muskelgefühle gegründet wäre, würde gewiss recht gefühlvoll, aber auch ebenso verschwommen ausfallen wie diese Grundlage. Nein, mit Gefühlen hat die Arithmetik gar nichts zu schaffen. Ebensowenig mit innern Bildern, die aus Spuren früherer Sinneseindrücke zusammengeflossen sind. Das Schwankende und Unbestimmte, welches alle diese Gestaltungen haben, steht im starken Gegensatze zu der Bestimmtheit und Festigkeit der mathematischen Begriffe und Gegenstände. Es mag ja von Nutzen sein, die Vorstellungen und deren Wechsel zu betrachten, die beim mathematischen Denken vorkommen; aber die Psychologie bilde sich nicht ein, zur Begründung der Arithmetik irgendetwas beitragen zu können. Dem Mathematiker als solchem sind diese innern Bilder, ihre Entstehung und seränderung gleichgiltig. Stricker sagt selbst, dass er sich beim Worte „Hundert" weiter nichts vorstellt als das Zeichen 100. Andere mögen sich den Buchstaben C oder sonst etwas vorstellen; geht daraus nicht hervor, dass diese innern Bilder in unserm Falle für das Wesen der Sache vollkommen gleichgiltig und zufällig sind, ebenso zufällig, wie eine schwarze Tafel und ein Stück Kreide, dass sie überhaupt nicht Vorstellungen der Zahl Hundert zu heissen verdienen? Man sehe doch nicht das Wesen der Sache in solchen Vorstellungen!

其中就并不能重认他的数，也不知道如何对待这一命题。如果算术真是以肌肉的感觉为基础，那么这种算术肯定富有情感，但是也会像这个基础一样变得模糊不清。不，算术和感觉并无瓜葛。同样，算术也与以前的感觉印象共同聚集的内在图像没有丝毫的关联。所有这些心理状态所具有的变动性和不确定性，与数学的概念和对象的稳定性和确定性，形成了强烈的反差。观察到数学思维中出现的表象和变化可能是有用的，但是，心理学并不能自诩说，它能对算术基础起到某种助益的作用。这些内在的图像，它们的形成和变化，对于数学家来说并不重要。施迪科尔自己说，他将语词"一百"只不过想象为数字记号"100"。其他人可能将其想象为字母C或者别的什么东西；难道由此不能得出以下结论：在我们的事例中的内在图像，对于事情的本质来说，是完全不重要的和是偶然的，就像一块黑板和一支粉笔的偶然性那样，人们根本就不能把它们称为100这个数的表象？人们在这些表象中，根本就看不清

Man nehme nicht die Beschreibung, wie eine Vorstellung entsteht, für eine Definition und nicht die Angabe der seelischen und leiblichen Bedingungen dafür, dass uns ein Satz zum Bewusstsein kommt, für einen Beweis und verwechsele das Gedachtwerden eines Satzes nicht mit seiner Wahrheit! Man muss, wie es scheint, daran erinnern, dass ein Satz ebensowenig aufhört, wahr zu sein, wenn ich nicht mehr an ihn denke, wie die Sonne vernichtet wird, wenn ich die Augen schliesse. Sonst kommen wir noch dahin, dass man beim Beweise des pythagoräischen Lehrsatzes es nöthig findet, des Phosphorgehaltes unseres Gehirnes zu gedenken, und dass ein Astronom sich scheut, seine Schlüsse auf längst vergangene Zeiten zu erstrecken, damit man ihm nicht einwende: du rechnest da $2 \cdot 2 = 4$; aber die Zahlvorstellung hat ja eine Entwickelung, eine Geschichte! Man kann zweifeln, ob sie damals schon so weit war. Woher weisst du, dass in jener Vergangenheit dieser Satz schon bestand? Könnten die damals lebenden Wesen nicht den Satz $2 \cdot 2 = 5$ gehabt haben, aus dem sich

事情的本质。人们不要把形成表象的描述看成定义，也不要把关于我们意识到的命题的心灵的和身体的条件的说明看成是证明，不要混淆命题的被思考（Gedachtwerden）与命题的真（Wahrheit）本身。*似乎人们必须对此要牢记的是，如果我不再思考一个命题，这个命题不会不再为真，就像当我闭上眼睛，太阳不会消失一样。否则我们就会达到这一地步：在进行毕达哥拉斯定理的证明时，我们有必要回想起大脑中的磷物质，天文学家不敢将其研究结论扩展到最久远的过去，以免人们反对他说：你现在计算出 2·2 = 4，但是数的表象可是在发展变化，还有一段历史呢！人们可能怀疑，数的命题那时是否已经发展到那个程度了。人们是从何处得知，2·2 = 4 这个命题在遥远的过去就已经形成？难道当时人们不能具有命题 2·2 = 5，由此出发，通过在生存竞争中自然的演化才发展

---

* 弗雷格的这一区分涉及他对逻辑学本性的独特理解。弗雷格认为，逻辑学研究以追求真为目标。逻辑学的任务是说明对所有思维领域都有效的最普遍的东西，也即研究真的法则，真的法则决定了思维的规则和我们将某物看做真的规则。在弗雷格那里，思想的真是独立于现实的判断的。思想或命题的真是客观的永恒的东西，不受具体的思维或判断的影响。判断只对思想的真做出断定，而不能创造思想本身。正是由于弗雷格强调我们必须区分思想的真与思维（被思考），所以，他坚决反对将逻辑学的任务看做研究现实的思维与判断的观点，因为这样会使得逻辑学错失其确切的研究目标。参见 Gottlob Frege, "Die Verneinung: Eine Logische Untersuchung", in *Logische Untersuchung,* Herausgegeben und eingeleitet von Günther Patzig, Vandenhoeck & Ruprecht, Göttingen, 1966, SS. 63—64; Gottlob Frege, "Logik", *Schriften zur Logik und Sprachphilosophie, Aus dem Nachlass,* Mit Einleitung, Anmerkungen, Bibliographie und Register herausgegeben von Gottfried Gabriel, Humburg: Felix Meiner Verlag, 2001. SS. 65—66。（* 为译者注，以下不再注明）

erst durch natürliche Züchtung im Kampf ums Dasein der Satz $2 \cdot 2 = 4$ entwickelt hat, der seinerseits vielleicht dazu bestimmt ist, auf demselben Wege sich zu $2 \cdot 2 = 3$ fortzubilden? Est modus in rebus, sunt certi denique fines! Die geschichtliche Betrachtungsweise, die das Werden der Dinge zu belauschen und aus dem Werden ihr Wesen zu erkennen sucht, hat gewiss eine grosse Berechtigung; aber sie hat auch ihre Grenzen. Wenn in dem beständigen Flusse aller Dinge nichts Festes, Ewiges beharrte, würde die Erkennbarkeit der Welt aufhören und Alles in Verwirrung stürzen.

Man denkt sich, wie es scheint, dass die Begriffe in der einzelnen Seele so entstehen, wie die Blätter an den Bäumen und meint ihr Wesen dadurch erkennen zu können, dass man ihrer Entstehung nachforscht und sie aus der Natur der menschlichen Seele psychologisch zu erklären sucht. Aber diese Auffassung zieht Alles ins Subjective und hebt, bis ans Ende verfolgt, die Wahrheit auf. Was man Geschichte der Begriffe nennt, ist wohl entweder eine Geschichte unserer Erkenntniss der Begriffe oder der Bedeutungen der Wörter. Durch grosse geistige Arbeit, die Jahrhunderte hindurch andauern kann, gelingt es oft erst, einen Begriff in seiner Reinheit zu erkennen, ihn aus den fremden Umhüllungen herauszuschälen, die ihn dem geistigen Auge verbargen. Was soll man nun dazu sagen, wenn jemand, statt diese Arbeit, wo sie noch nicht vollendet scheint, fortzusetzen, sie für nichts achtet, in die Kinderstube geht oder sich in ältesten erdenkbaren Entwickelungsstufen der Menschheit zurückversetzt, um dort wie J. St. Mill etwa eine Pfefferkuchen- oder Kieselstein-arithmetik zu entdecken! Es fehlt nur noch, dem Wohlgeschmacke des Kuchens eine besondere Bedeutung für den Zahlbegriff zuzuschreiben. Dies ist doch das grade Gegentheil eines

出了命题 2·2 = 4 吗？难道命题 2·2 = 4 注定不会以相同的方式，进一步发展成为 2·2 = 3 吗？在事物中存在尺度，最终确实有界限！*这种研究事物的变化，以及由这种变化试图认识其本质的历史考察的方法，肯定有其合理性，但是，这种历史方法也有其局限性。如果所有的事物都处于持续的流变之中，而不是稳定不变的与永恒的，那么，我们就不能有效地认识这个世界，所有一切都会陷入混乱之中。人们似乎认为，个体心灵中的这些概念，就像树上的树叶那样形成，并且还认为，要通过以下方式认识其本质，即研究概念的形成过程，并试图从人类心灵本性出发，对概念进行心理学的说明。但是，这种观点将所有一切都带入到主观性之中，如果人们坚持到底的话，最后人们就要被迫放弃真理。人们称之为概念史的东西，要么是我们对于概念认识的历史，要么是语词意谓的历史。人们可能要通过历经几百年持续巨大的理智上的努力，才能成功地认识一个纯粹的概念，才能剥落陌生的蒙蔽理智眼睛的外壳。现在，如果某人不是继续这种没有完成的工作，而是认为它毫无价值，转而走进托儿所，或者回到可设想的最古老的人类发展阶段中去，以便像约翰·斯图亚特·密尔那样，发现某种姜汁糕点或鹅卵石的算术，人们应该说些什么呢！所差的只是将数的概念的特定意谓，归结为姜汁糕点的口味。但这种考察恰恰

---

* 原文为拉丁文：Est modus in rebus, sunt certi denique fines!

17

vernünftigen Verfahrens und jedenfalls so unmathematisch wie möglich. Kein Wunder, dass die Mathematiker nichts davon wissen wollen! Statt eine besondere Reinheit der Begriffe da zu finden, wo man ihrer Quelle nahe zu sein glaubt, sieht man Alles verschwommen und ungesondert wie durch einen Nebel. Es ist so, als ob jemand, um Amerika kennen zu lernen, sich in die Lage des Columbus zurückversetzen wollte, als er den ersten zweifelhaften Schimmer seines vermeintlichen Indiens erblickte. Freilich beweist ein solcher Vergleich nichts; aber er verdeutlicht hoffentlich meine Meinung. Es kann ja sein, dass die Geschichte der Entdeckungen in vielen Fällen als Vorbereitung für weitere Forschungen nützlich ist; aber sie darf nicht an deren Stelle treten wollen.

Dem Mathematiker gegenüber, wäre eine Bekämpfung solcher Auffassungen wohl kaum nöthig gewesen; aber da ich auch für die Philosophen die behandelten Streitfragen möglichst zum Austrage bringen wollte, war ich genöthigt, mich auf die Psychologie ein wenig einzulassen, wenn auch nur, um ihren Einbruch in die Mathematik zurückzuweisen.

Uebrigens kommen auch in mathematischen Lehrbüchern psychologische Wendungen vor. Wenn man eine Verpflichtung fühlt, eine Definition zu geben, ohne es zu können, so will man wenigstens die Weise beschreiben, wie man zu dem betreffenden Gegenstande oder Begriffe kommt. Man erkennt diesen Fall leicht daran, dass im weitern Verlaufe nie mehr auf eine solche Erklärung zurückgegriffen wird. Für Lehrzwecke ist eine Einführung auf die Sache auch ganz am Platze; nur sollte man sie von einer Definition immer deutlich unterscheiden. Dass auch Mathematiker Beweisgründe mit innern oder äussern Bedingungen der Führung eines

与理性的考察相悖，无论如何，这些考察都不是数学的考察。数学家们不愿知道这些，这是毫不奇怪的！在人们相信接近概念的源头的地方，人们并没有发现一种特定的纯粹的概念，而是透过一层雾气，看到一切都是模糊不清的，一切都没有分别。这就譬如一个人为了认识美洲，他就设想自己回到了哥伦布所处的时代一样，结果是他一瞥见美洲就隐约模糊地将其臆测为印度。当然，这样的一种比较并不能证明什么；但我希望它能阐明我的观点。许多事例中发现的历史，或许可为更进一步的研究提供准备，但是它却不允许取代进一步的研究本身。

数学家完全没有必要反对这种观点，但是，我想尽可能地为哲学家面对要处理的有争议的问题提出相应的解决方案，为此，我不得不稍微涉足心理学的讨论，即使仅仅是为了防止心理学对数学的入侵。

顺便说一句，在数学教科书中也会出现心理学的转向。如果人们感受到有义务给出一个定义，但又做不到时，人们至少会给出一个关于人们获得相关对象或概念的方式的描述。人们很容易地认识到这种情况，在更进一步的论述中，不再追溯这样一种说明。对于教学的目的来说，入门性的介绍也是相当合适的；只是人们应该总是能清晰地辨别出它与一个定义的不同。数学家也可能会混淆证明的依据与进行证明的内外条件，对此，

Beweises verwechseln können, dafür liefert E. Schröder[1] ein ergötzliches Beispiel, indem er unter der Ueberschrift: „Einziges Axiom" Folgendes darbietet: „Das gedachte Princip könnte wohl das Axiom der Inhärenz der Zeichen genannt, werden. Es giebt uns die Gewissheit, dass bei allen unsern Entwicklungen und Schlussfolgerungen die Zeichen in unserer Erinnerung—noch fester aber am Papiere—haften" u. s. w. So sehr sich nun die Mathematik jede Beihilfe vonseiten der Psychologie verbitten muss, so wenig kann sie ihren engen Zusammenhang mit der Logik verleugnen. Ja, ich stimme der Ansicht derjenigen bei, die eine scharfe Trennung für unthunlich halten. Soviel wird man zugeben, dass jede Untersuchung über die Bündigkeit einer Beweisführung oder die Berechtigung einer Definition logisch sein muss. Solche Fragen sind aber gar nicht von der Mathematik abzuweisen, da nur durch ihre Beantwortung die nöthige Sicherheit erreichbar ist.

Auch in dieser Richtung gehe ich freilich etwas über das Uebliche hinaus. Die meisten Mathematiker sind bei Untersuchungen ähnlicher Art zufrieden, dem unmittelbaren Bedürfnisse genügt zu haben. Wenn sich eine Definition willig zu den Beweisen hergiebt, wenn man nirgends auf Widersprüche stösst, wenn sich Zusammenhänge zwischen scheinbar entlegnen Sachen erkennen lassen und wenn sich dadurch eine höhere Ordnung und Gesetzmässigkeit ergiebt, so pflegt man die Definition für genügend gesichert zu halten und fragt wenig nach ihrer logischen Rechtfertigung. Dies Verfahren hat jedenfalls das Gute, dass man nicht leicht das Ziel gänzlich verfehlt. Auch ich meine, dass die Definitionen sich durch ihre Fruchtbarkeit bewähren müssen, durch die Möglichkeit. Beweise mit ihnen zu führen. Aber es ist wohl zu beachten, dass die Strenge der

---

1 Lehrbuch der Arithmetik und Algebra.

E. 施罗德[1]提供了一个有趣的例子来加以说明。他在标题"唯一的公理"下做出如下描述:"这条假设的原则能被称为记号的稳固性的公理。它保证在我们所有证明和推论的过程中,记号留存在我们的记忆之中,它们比纸面上的记号更稳固些",等等。

因此,重要的是数学必须禁止心理学方面的所有帮助,很少能否认的是,数学与逻辑之间可以紧密地联系。是的,我赞同这样一些人的观点,他们认为,不可能将数学和逻辑严格区分开来。就此而言,人们就要承认,每种关于定义的合法性与推论的有效性的探究,都必定是逻辑的工作。从数学角度完全不能拒绝回答这样一些问题,因为只有通过对这些问题的回答,我们才能达到必要的可靠性。

在这个方向上,我当然要在某些方面超越通常的观点。大部分的数学家对以这种方法进行的研究感到满意,认为这些方法足以满足他们当下的需求。当一个定义被提供给证明时,当人们没有碰到矛盾时,当看上去不常见的事物之间的联系被认出时,以及由此产生更高级的秩序和合规律性时,人们习惯于将这个定义视为充分可靠的,而很少去追问这个定义的逻辑根据。无论如何,这种方法至少有其好处,即人们不容易完全错过其目标。我确实觉得,定义必定是通过其富有成效而彰显其价值,即可用定义进行证明。但是,人们更要注意到,如果定

1　施罗德,《算术与代数教程》。

Beweisführung ein Schein bleibt, mag auch die Schlusskette lückenlos sein, wenn die Definitionen nur nachträglich dadurch gerechtfertigt werden, dass man auf keinen Widerspruch gestossen ist. So hat man im Grunde immer nur eine erfahrungsmässige Sicherheit erlangt und muss eigentlich darauf gefasst sein, zuletzt doch noch einen Widerspruch anzutreffen, der das ganze Gebäude zum Einsturze bringt. Darum glaubte ich etwas weiter auf die allgemeinen logischen Grundlagen zurückgehn zu müssen, als vielleicht von den meisten Mathematikern für nöthig gehalten wird.

Als Grundsätze habe ich in dieser Untersuchung folgende festgehalten:

es ist das Psychologische von dem Logischen, das Subjective von dem Objectiven scharf zu trennen;

nach der Bedeutung der Wörter muss im Satzzusammenhange, nicht in ihrer Vereinzelung gefragt werden;

der Unterschied zwischen Begriff und Gegenstand ist im Auge zu behalten.

Um das Erste zu befolgen, habe ich das Wort „Vorstellung" immer im psychologischen Sinne gebraucht und die Vorstellungen von den Begriffen und Gegenständen unterschieden. Wenn man den zweiten Grundsatz unbeachtet lässt, ist man fast genöthigt, als Bedeutung der Wörter innere Bilder oder Thaten der einzelnen Seele zu nehmen und damit auch gegen den ersten zu verstossen. Was den dritten Punkt betrifft, so ist es nur Schein, wenn man meint, einen Begriff zum Gegenstande machen zu können, ohne ihn zu verändern, Von hieraus ergiebt sich die Unhaltbarkeit einer verbreiteten formalen Theorie der Brüche, negativen Zahlen u. s. w. Wie ich die Verbesserung denke, kann ich in dieser Schrift nur andeuten. Es wird in allen diesen Fällen wie bei den positiven ganzen

义只是因为人们事后没有遇到矛盾才获得确证，那么，严格地进行证明依然可能是假象，尽管它是没有漏洞的连续推论。从根本上说，人们仅仅获得了一种经验上的可靠性，而经验的方式必定在根本上被理解为，如果在最后依然还遇见了一个矛盾，那么就会引起整个大厦坍塌。因而，我认为，必须要再次返回到普遍的逻辑基础上去，而这也许超越了大多数学家所理解的必要的范围。

我在这种研究中坚持如下基本原则：

严格地区分心理学的和逻辑学的东西，区分主观的和客观的东西；

绝不要孤立地追问一个语词的意谓，而应该在命题的语境中追问一个语词的意谓；

时刻注意概念和对象之间的区别。

为了遵守第一条原则，我总是在心理学的意义上使用"表象"（Vorstellung）一词，并且要在表象与概念和对象之间进行区分。如果人们没有注意到第二条原则，人们差不多会倾向于认为，语词的意谓，就是个人的心灵内在的图像或活动，因而，这就也违背了第一条原则。就第三点而言，如果人们想从概念中做出对象，又不使得它们发生变化，那么，这仅仅是一种假象，由此会得出，流传甚广的关于分数、负数等的形式理论，都是站不住脚的。我在本书中只是简略提示我所思考的对于这些理论的改进之处。在所有这些数的事况中，正如正整

Zahlen darauf ankommen, den Sinn einer Gleichung festzustellen.

Meine Ergebnisse werden, denke ich, wenigstens in der Hauptsache die Zustimmung der Mathematiker finden, welche sich die Mühe nehmen, meine Gründe in Betracht zu ziehn. Sie scheinen mir in der Luft zu liegen und einzeln sind sie vielleicht schon alle wenigstens annähernd ausgesprochen worden; aber in diesem Zusammenhange mit einander möchten sie doch neu sein. Ich habe mich manchmal gewundert, dass Darstellungen, die in Einem Punkte meiner Auffassung so nahe kommen, in andern so stark abweichen.

Die Aufnahme bei den Philosophen wird je nach dem Standpunkte verschieden sein, am schlechtesten wohl bei jenen Empirikern, die als ursprüngliche Schlussweise nur die Induction anerkennen wollen und auch diese nicht einmal als Schlussweise, sondern als Gewöhnung. Vielleicht unterzieht Einer oder der Andere bei dieser Gelegenheit die Grundlagen seiner Erkenntnisstheorie einer erneueten Prüfung. Denen, welche etwa meine Definitionen für unnatürlich erklären möchten, gebe ich zu bedenken, dass die Frage hier nicht ist, ob natürlich, sondern ob den Kern der Sache treffend und logisch einwurfsfrei.

Ich gebe mich der Hoffnung hin, dass bei vorurtheilsloser Prüfung auch die Philosophen einiges Brauchbare in dieser Schrift finden werden.

数一样，关键之处就是要确定等式的涵义。

我认为，我的成果在主要方面至少会获得数学家们的赞同，只要他们肯花功夫考虑我的根据。我的根据似乎还悬在空中，它们或许个别地已经以粗略的形式论述出来，但是将它们关联在一起时，它们可能是新颖的。我有时的确对此感到惊奇：有些学者的论述在某些方面与我的观点比较接近，而在其他方面又相差甚远。

哲学家们会根据不同的立场，对我的观点做出反应，最糟糕的就是那些经验主义者，他们只愿意承认归纳法，并将其作为根本的推论方法，但归纳一次也不能被当做推论方法，而应该看成习惯。也许这个人或那个人借此机会，需要重新检视其认识论的基础。对于那些想解释说我的定义不自然的那些人，我想回应质疑说，这里的问题并不是自然或不自然的问题，而是是否涉及事物的本质，以及逻辑上有无异议的问题。

我热切地希望，那些不带偏见的哲学家通过检视，会在本书中发现一些有用的东西。

§1. Nachdem die Mathematik sich eine Zeit lang von der euklidischen Strenge entfernt hatte, kehrt sie jetzt zur ihr zurück und strebt gar über sie hinaus. In der Arithmetik war schon infolge des indischen Ursprungs vieler ihrer Verfahrungsweisen und Begriffe eine laxere Denkweise hergebracht als in der von den Griechen vornehmlich ausgebildeten Geometrie. Sie wurde durch die Erfindung der höhern Analysis Dur gefördert; denn einerseits stellten sich einer strengen Behandlung dieser Lehren erhebliche, fast unbesiegliche Schwierigkeiten entgegen, deren Ueberwindung andrerseits die darauf verwendeten Anstrengungen wenig lohnen zu wollen schien. Doch hat die weitere Entwickelung immer deutlicher gelehrt, dass in der Mathematik eine blos moralische Ueberzeugung, gestützt auf viele erfolgreiche Anwendungen, nicht genügt. Für Vieles wird jetzt ein Beweis gefordert, was früher für selbstverständlich galt. Die Grenzen der Giltigkeit sind erst dadurch in manchen Fällen festgestellt worden. Die Begriffe der Function, der Stetigkeit, der Grenze, des Unendlichen haben sich einer schärferen Bestimmung bedürftig gezeigt. Das Negative und die Irrationalzahl, welche längst in die Wissenschaft aufgenommen waren, haben sich einer genaueren Prüfung ihrer Berechtigung unterwerfen müssen.

So zeigt sich überall das Bestreben, streng zu beweisen, die Giltigkeitsgrenzen genau zu ziehen und, um dies zu können, die Begriffe scharf zu fassen

§1　在数学长期背离了欧几里得的严格性之后，现在正回归这种严格性并努力超越它。与希腊人发展形成的特别是几何学相比，在算术中，由于许多处理方法和概念源自印度，算术所形成的思维方式要更加松散。这种思维方式只能通过发现更高级的分析而促进其发展，因为一方面，严格地处理这些主题遇到了显著的几乎不可克服的困难；另一方面，克服这种困难所需要的努力似乎很少得到想要的回报。更进一步的研究总是清晰地表明，在数学中一种单纯的由多次成功的应用所支撑的习以为常的信念是不够的。因为以前被视为自明的东西，现在都需要一种证明。有效性的诸多限度已经以这种方式首次确立起来。函数、连续性、极限和无限概念都表明它们需要一种严格的规定性。对于数学这门学科中长期所接受的负数、无理数，其根据必须要经受更严格的检验。

因此，这表现为在很多领域中人们致力于严格地证明，准确地划出有效性的限度，为了能做到这一点，要准确地把握这些概念。

§2. Dieser Weg muss im weitern Verfolge auf den Begriff der Anzahl und auf die von positiven ganzen Zahlen geltenden einfachsten Sätze führen, welche die Grundlage der ganzen Arithmetik bilden. Freilich sind Zahlformeln wie $5 + 7 = 12$ und Gesetze wie das der Associativität bei der Addition durch die unzähligen Anwendungen, die tagtäglich von ihnen gemacht werden, so vielfach bestätigt, dass es fast lächerlich erscheinen kann, sie durch das Verlangen nach einem Beweise in Zweifel ziehen zu wollen. Aber es liegt im Wesen der Mathematik begründet, dass sie überall, wo ein Beweis möglich ist, ihn der Bewährung durch Induction vorzieht. Euklid beweist Vieles, was ihm jeder ohnehin zugestehen würde. Indem man sich selbst an der euklidischen Strenge nicht genügen liess, ist man auf die Untersuchungen geführt worden, welche sich an das Parallelenaxiom, geknüpft haben.

So ist jene auf grösste Strenge gerichtete Bewegung schon vielfach über das zunächst gefühlte Bedürfniss hinausgegangen und dieses ist an Ausdehnung und Stärke immer gewachsen.

Der Beweis hat eben nicht nur den Zweck, die Wahrheit eines Satzes über jeden Zweifel zu erheben, sondern auch den, eine Einsicht in die Abhängigkeit der Wahrheiten von einander zu gewähren. Nachdem man sich von der Unerschütterlichkeit eines Felsblockes durch vergebliche Versuche, ihn zu bewegen, überzeugt hat, kann man ferner fragen, was ihn denn so sicher unterstütze. Je weiter man diese Untersuchungen fortsetzt, auf desto weniger Urwahrheiten führt man Alles zurück; und diese Vereinfachung ist an sich schon ein erstrebenswerthes Ziel. Vielleicht bestätigt sich auch die Hoffnung, dass man allgemeine Weisen der Begriffsbildung oder der Begründung gewinnen könne, die auch in verwickelteren Fällen verwendbar sind, indem man zum Bewusstsein bringt, was die Menschen in den einfachsten Fällen instinctiv gethan haben, und das Allgemeingiltige daraus abscheidet.

§2 这种研究道路必须深入数的概念和对正整数适用的最简单的命题，这些命题构成了整个算术的基础。当然，数的公式比如 $5+7=12$ 与加法的结合律通过无数次的应用，每天被反复地确证，以至于想在质疑中要求对它们进行证明，看上去是比较荒谬可笑的。但是，数学基础的本质在于，凡是能够证明的地方，就宁愿坚持证明而不用归纳法。欧几里得证明了许多人人总归都要承认的东西。由此，正是人们自身对欧几里得的严格性感到不满时，才促使人们开展了对平行公理有关的研究。

那种追求极其严格性的运动已经多次超越了原先所感到的需求，而且这种需求越来越广泛，越来越强劲。

证明不仅将命题的真提升到无可置疑的位置，而且为真之间的相互依赖性提供一种洞见。人们试图推动一块岩石，但却徒劳无功，人们就相信这块岩石的不可撼动性，这时人们也就会追问，是什么东西这么稳固地支撑着它。人们越是继续深入地进行这种研究，就越是很少会返回到初始的真；而且这种简化本身就是一种值得努力的目标。也许这也证实了一种希望：只要人们能意识到，什么是人们在最简单的情况中依靠直觉所做的事情，并且由此抽离出普遍有效的东西，人们就能够获得概念建构或确证的普遍方法，这种方法也能适用于错综复杂的情况之中。

§3. Mich haben auch philosophische Beweggründe zu solchen Untersuchungen bestimmt. Die Fragen nach der apriorischen oder aposteriorischen, der synthetischen oder analytischen Natur der arithmetischen Wahrheiten harren hier ihrer Beantwortung. Denn, wenn auch diese Begriffe selbst der Philosophie angehören, so glaube ich doch, dass die Entscheidung nicht ohne Beihilfe der Mathematik erfolgen kann. Freilich hangt dies von dem Sinne ab, den man jenen Fragen beilegt.

Es ist kein seltener Fall, dass man zuerst den Inhalt eines Satzes gewinnt und dann auf einem andern beschwerlicheren Wege den strengen Beweis führt, durch den man oft auch die Bedingungen der Giltigkeit genauer kennen lernt. So hat man allgemein die Frage, wie wir zu dem Inhalte eines Urtheils kommen, von der zu trennen, woher wir die Berechtigung für unsere Behauptung nehmen.

Jene Unterscheidungen von apriori und aposteriori, synthetisch und analytisch betreffen nun nach meiner[1] Auffassung nicht den Inhalt des Urtheils, sondern die Berechtigung zur Urtheilsfällung. Da, wo diese fehlt, fällt auch die Möglichkeit jener Eintheilung weg. Ein Irrthum apriori ist dann ein ebensolches Unding wie etwa ein blauer Begriff. Wenn man einen Satz in meinem Sinne aposteriori oder analytisch nennt, so urtheilt man nicht über die psychologischen, physiologischen und physikalischen Verhältnisse, die es möglich gemacht haben, den Inhalt des Satzes im Bewusstsein zu bilden, auch nicht darüber, wie ein Anderer vielleicht irthümlicherweise dazu gekommen ist, ihn für wahr zu halten, sondern darüber, worauf im tiefsten Grunde die Berechtigung des Fürwahrhaltens beruht.

---

1 Ich will damit natürlich nicht einen neuen Sinn hineinlegen, sondern nur das treffen, was frühere Schriftsteller, insbesondere Kant gemeint haben.

§3　哲学的动机也影响了我的这种研究。追问算术的真的本质是先天的还是后天的，是分析的还是综合的，这个问题在此期待着它的回答。因为，即使这些概念自身就属于哲学的范围，我还是认为，如果离开了数学的辅助，对这个问题的判定就不可能获得成功。当然，这取决于人们赋予这个问题的意义。

如下的情况也并非罕见：人们首先获得关于命题的内容，然后才通过另一条更艰巨的道路来对其进行严格的证明，由此人们也能更精确地认识到有效性的条件。因而人们一般地会区分这两个问题：我们如何才能达到一个判断的内容与从何处得到我们所认可的断言的合法性？

在我看来，[1] 那种关于先天的和后天的、分析的和综合的之间的区分，涉及的不是判定的内容，而是涉及做出判断的根据。因为，在缺乏这种判断根据的地方，也就丧失了那种区分的可能性。因而一种先天的错误，就是如同"一个蓝色的概念"那样荒唐的东西。当某人在我的意义上称一个命题为后天的或分析的，他判断的并不是心理学的、生理学的或物理的关联，这使得它有可能在意识中形成命题的内容，也不是别人如何错误地将其看成是真的情况，而是有理由地将其看成真的最深的根据是什么。

1　当然我并不是要为这些词引入一种新的意义，而是要恰当地表述以前的一些学者，特别是康德的一些观点。

Dadurch wird die Frage dem Gebiete der Psychologie entrückt und dem der Mathematik zugewiesen, wenn es sich um eine mathemathische Wahrheit handelt. Es kommt nun darauf an, den Beweis zu finden und ihn bis auf die Urwahrheiten zurückzuverfolgen. Stösst man auf diesem Wege nur auf die allgemeinen logischen Gesetze und auf Definitionen, so hat man eine analytische Wahrheit, wobei vorausgesetzt wird, dass auch die Sätze mit in Betracht gezogen werden, auf denen etwa die Zulässigkeit einer Definition beruht. Wenn es aber nicht möglich ist, den Beweis zu führen, ohne Wahrheiten zu benutzen, welche nicht allgemein logischer Natur sind, sondern sich auf ein besonderes Wissensgebiet beziehen, so ist der Satz ein synthetischer. Damit eine Wahrheit aposteriori sei, wird verlangt, dass ihr Beweis nicht ohne Berufung auf Thatsachen auskomme; d. h. auf unbeweisbare Wahrheiten ohne Allgemeinheit, die Aussagen von bestimmten Gegenständen enthalten. Ist es dagegen möglich, den Beweis ganz aus allgemeinen Gesetzen zu führen, die selber eines Beweises weder fähig noch bedürftig sind, so ist die Wahrheit apriori.[1]

§4. Von diesen philosophischen Fragen ausgehend kommen wir zu derselben Forderung, welche unabhängig davon auf dem Gebiete der Mathematik selbst erwachsen ist: die Grundsätze der Arithmetik, wenn irgend möglich, mit grösster Strenge zu beweisen; denn nur wenn aufs

---

1 Wenn man überhaupt allgemeine Wahrheiten anerkennt, so muss man auch zugeben, dass es solche Urgesetze giebt, weil aus lauter einzelnen Thatsachen nichts folgt, es sei denn auf Grund eines Gesetzes. Selbst die reduction beruht auf dem allgemeinen Satze, dass dies Verfahren die Wahrheit oder doch eine Wahrscheinlichkeit für ein Gesetz begründen könne. Für den, der dies leugnet, ist die Induction nichts weiter als eine psychologische Erscheinung, eine Weise, wie Menschen zu dem Glauben an die Wahrheit eines Satzes kommen, ohne dass dieser Glaube dadurch irgendwie gerechtfertigt wäre.

因而，如果问题是处理数学的真的话，问题就以这种方式脱离了心理学的领域，被分配给了数学领域。现在关键是要找到证明并以此追溯到初始的真。如果人们以这种方式只是遇见了普遍的逻辑法则与定义，人们就有一种分析的真，即它假设：所考察的命题将被表明它是基于某种定义的可靠性。如果不利用真就不可能给出证明，不具有普遍的逻辑的本性，而只属于特定的科学领域，因而，这个命题就是综合的。因而，一个真的命题是后天的，就要求对它的证明不得不诉诸事实的证据；也即是说，它是以没有普遍性的不可证明的真为基础，它包含的是关于特定对象的陈述。与此相对，如果完全可能从普遍的法则给出证明，而法则自身既不需要也不允许证明，那么这样的真就是先天的。[1]

§4 从这些哲学问题出发，我们达到了同样的要求，这一要求独立于数学领域自身而出现：如果可能的话，要最严格

1 总的说来，如果人们承认普遍的真，人们也必须承认初始法则的存在，因为除非基于一个法则，否则从纯粹的个别的事实并不能得出什么。甚至归纳法自身也是基于这种普遍的命题，即这种方法可为法则的真或可能性进行奠基。对于否认这点的人来说，归纳不过是一种心理学的现象，一种人们相信命题真的方法，并没有为这种信念提供些许确证。

sorgfältigste jede Lücke in der Schlusskette vermieden wird, kann man mit Sicherheit sagen, auf welche Urwahrheiten sich der Beweis stützt; und nur wenn man diese kennt, wird man jene Fragen beantworten können.

Wenn man nun dieser Forderung nachzukommen versuchte so gelangt man sehr bald zu Sätzen, deren Beweis solange unmöglich ist, als es nicht gelingt, darin vorkommende Begriffe in einfachere aufzulösen oder auf Allgemeineres zurückzuführen. Hier ist es nun vor allen die Anzahl, welche definirt oder als undefinirbar anerkannt werden muss. Das soll die Aufgabe dieses Buches sein.[1] Von ihrer Lösung wird die Entscheidung über die Natur der arithmetischen Gesetze abhangen.

Bevor ich diese Fragen selbst angreife, will ich Einiges vorausschicken, was Fingerzeige für ihre Beantwortung geben kann. Wenn sich nämlich von andern Gesichtspunkten aus Gründe dafür ergeben, dass die Grundsätze der Arithmetik analytisch sind, so sprechen diese auch für deren Beweisbarkeit und für die Definirbarkeit des Begriffes der Anzahl. Die entgegengesetzte Wirkung werden die Gründe für die Aposteriorität dieser Wahrheiten haben. Deshalb mögen diese Streitpunkte zunächst einer vorläufigen Beleuchtung unterworfen werden.

I. Meinungen einiger Schriftsteller über die Natur der arithmetischen Sätze.

Sind die Zahlformeln beweisbar?

§5. Man muss die Zahlformeln, die wie $2 + 3 = 5$ von bestimmten Zahlen handeln, von den allgemeinen Gesetzen unterscheiden, die von allen ganzen Zahlen gelten.

---

1 Es wird also im Folgenden, wenn nichts weiter bemerkt wird, von keinen andern Zahlen als den positiven ganzen die Rede sein, welche auf die Frage wie viele? antworten

地证明数学的定理；因为只有最严谨地在推理链条中避免了每一个漏洞，人们才能有把握地说，证明是以哪种初始真为支撑；也只有当人们认识到这点时，人们才能回答那些问题。

如果现在人们尝试满足这个要求，就会迅速地达到这些命题，只要命题中出现的概念不能成功地解析为更简单的概念，或还原为更普遍的概念，对这些命题的证明就是不可能的。这里首要的任务就是判定，数必须是可被定义的，或者必须被认为是不可定义的。这也应该是本书的任务。[1] 判定算术法则的本质，将取决于这个任务的完成。

在我自己开始着手解决这个问题之前，我先说说什么是对于能够给出这个问题回答的提示。如果从其他的一些观点出发得出一些根据，以便说明算术的基本定理是分析的，这也就要说到它们的可证性和数的概念的可定义性。坚持这些真是后天的根据将有相反的后果。因而，我们首先需要对这些争论点做些临时性的说明。

I 某些学者关于算术命题性质的观点

数的公式是可证的吗？

§5 人们必须把涉及特定数的公式如 2 + 3 = 5 与对于所有整数都有效的普遍的法则区别开来。

---

1 下面不再进一步说明的地方，所谈的不是其他的数而是正整数，这些数回答"有多少"的问题。

Jene werden von einigen Philosophen[1] für unbeweisbar und unmittelbar klar wie Axiome gehalten. Kant[2] erklärt sie für unbeweisbar und synthetisch, scheut sich aber, sie Axiome zu nennen, weil sie nicht allgemein sind, und weil ihre Zahl unendlich ist. Hankel[3] nennt mit Recht diese Annahme von unendlich vielen unbeweisbaren Urwahrheiten unangemessen und paradox. Sie widerstreitet in der That dem Bedürfnisse der Vernunft nach Uebersichtlichkeit der ersten Grundlagen. Und ist es denn unmittelbar einleuchtend, dass

$$135664 + 37863 = 173527$$

ist? Nein! und eben dies führt Kant für die synthetische Natur dieser Sätze an. Es spricht aber vielmehr gegen ihre Unbeweisbarkeit; denn wie sollen sie anders eingesehen werden als durch einen Beweis, da sie unmittelbar nicht einleuchten? Kant will die Anschauung von Fingern oder Punkten zu Hilfe nehmen, wodurch er in Gefahr geräth, diese Sätze gegen seine Meinung als empirische erscheinen zu lassen; denn die Anschauung von 37863 Fingern ist doch jedenfalls keine reine. Der Ausdruck „Anschauung" scheint auch nicht recht zu passen, da schon 10 Finger durch ihre Stellungen zu einander die verschiedensten Anschauungen hervorrufen können. Haben wir denn überhaupt eine Anschauung von 135664 Fingern oder Punkten? Hätten wir sie und hätten wir eine von 37863 Fingern und eine von 173527 Fingern, so müsste die Richtigkeit unserer Gleichung sofort einleuchten, wenigstens für Finger, wenn sie unbeweisbar wäre; aber dies ist nicht der Fall.

---

1 Hobbes, Locke, Newton. Vergl. Baumann , die Lehren von Zeit, Raum und Mathematik. S. 241 u. 242, S. 365 ff., S. 475.

2 Kritik der reinen Vernunft, herausgeg. v. Hartenstein, III. S. 157.

3 Vorlesungen über die complexen Zahlen und ihren Functionen. S. 55

一些哲学家[1]将这些特定数的公式视为如同公理一样是不可证的与直接显明的东西。康德[2]主张它们是不可证的与综合的，但是不愿将它们称为公理，因为它们并不是普遍的，还因为它们的数目是无限的。汉克尔[3]有理由将这种关于无限多的不可证的初始真的观念称为不合理的与悖论的。实际上，这种观点有悖于理性对于第一基础的显明性的要求。那么，

$$135664 + 37863 = 173527$$

是直接显明的吗？不！而康德正好引用这点来说明这一命题的综合的本质。然而，这里所说的更多的是反对它们的不可证性；鉴于它们并非直接显明的东西，如果不通过证明，我们应该如何理解它们呢？康德使用关于手指和点的直观来帮助，由此他陷于将这些命题表现为经验性的东西的危险之中，而这与他的观点是相悖的；因为无论如何，根本就没有关于37863根手指的纯粹的直观。"直观"这个表达式看上去也不合适，因为我们最多只有10根手指以相互之间的姿势引起不同的直观。那么，我们究竟如何能够拥有关于135664根手指或点的直观呢？假如我们拥有这种直观，假如我们拥有关于37863根手指与173527根手指的直观，那么，至少对于手指来说，就必定能立刻阐明我们的等式的正确性，如果它们是不可证的话；但是这根本就不是事实。

1　霍布斯、洛克、牛顿。参见鲍曼，《时间、空间与数学教程》，第241、242页，第365页及以下，第475页。
2　康德，《纯粹理性批判》，III，第157页。
3　汉克尔，《关于复数和其函数的讲义》，第55页。

Kant hat offenbar nur kleine Zahlen im Sinne gehabt. Dann würden die Formeln für grosse Zahlen beweisbar sein, die für kleine durch die Anschauung unmittelbar einleuchten. Aber es ist misslich, einen grundsätzlichen Unterschied zwischen kleinen und grossen Zahlen zu machen, besonders da eine scharfe Grenze nicht zu ziehen sein möchte. Wenn die Zahlformeln etwa von 10 an beweisbar wären, so würde man mit Recht fragen: warum nicht von 5 an, von 2 an, von 1 an?

§6. Andere Philosophen und Mathematiker haben denn auch die Beweisbarkeit der Zahlformeln behauptet. Leibniz[1] sagt:

„Es ist keine unmittelbare Wahrheit, dass 2 und 2 4 sind; vorausgesetzt, dass 4 bezeichnet 3 und 1. Man kann sie beweisen und zwar so:

Definitionen: 1) 2 ist 1 und 1,

2) 3 ist 2 und 1,

3) 4 ist 3 und 1.

Axiom: Wenn man Gleiches an die Stelle setzt, bleibt die Gleichung bestehen.

Beweis: $2 + 2 = 2 + 1 + 1 = 3 + 1 = 4.$

Def. 1.   Def. 2.   Def. 3.

Also: nach dem Axiom: $2 + 2 = 4$".

Dieser Beweis scheint zunächst ganz aus Definitionen und dem angeführten Axiome aufgebaut zu sein. Auch dieses könnte in eine Definition verwandelt werden, wie es Leibniz an einem andern Orte[2] selbst gethan hat. Es scheint, dass man von 1, 2, 3, 4 weiter nichts zu wissen braucht, als was in den Definitionen enthalten ist. Bei genauerer

1   Nouveaux Essais, IV. §10. Erdm. S. 363.
2   Non inelegans specimen demonstrandi in abstractis. Erdm. S. 94.

很明显，康德只是在小数的意义上进行讨论。那么，关于大数的公式能被证明，而关于小数的公式只能通过直观而被直接阐明。但是，在大数和小数之间做出根本的区分是糟糕的，特别是因为人们根本就不想在大数和小数之间划出明确的界限。如果数的公式从 10 开始是可证的，那么，人们就有理由去追问：数的可证的公式为什么不是从 5 开始，不是从 2 开始，不是从 1 开始呢？

§6　其他的哲学家和数学家也已经断定了数的公式的可证性。莱布尼茨[1]说：

"2 加 2 等于 4，这不是一个直接为真的公式，而是以 4 表示 3 加 1 的和为前提。人们可以证明它，更确切地说如下：

定义：（1）2 是 1 加 1，

　　　（2）3 是 2 加 1，

　　　（3）4 是 3 加 1。

公理：如果人们用相等的东西替换等式的两边，等式保持不变。

证明：　　$2 + 2 = 2 + 1 + 1　=　3 + 1　=　4$

　　　　　　定义（1）　定义（2）　定义（3）

因而，根据公理，$2 + 2 = 4$。"

首先，这个证明看上去完全是从定义和所提及的公理中构造出来的。这一公理也能够被应用于一个定义之中，正如莱布尼茨自己在其他地方[2]所做的那样。这表明，人们关于 1、2、3、4 所需要知道的东西不超过定义中所包含的内容。通过更

1　莱布尼茨，《人类理解新论》，第 4 章，第 10 节，埃尔德曼版，第 363 页。

2　莱布尼茨，《抽象优雅的典型证明》，埃尔德曼版，第 94 页。

Betrachtung entdeckt man jedoch eine Lücke, die durch das Weglassen der Klammern verdeckt ist. Genauer müsste nämlich geschrieben werden:

$$2 + 2 = 2 + (1 + 1)$$

$$(2 + 1) + 1 = 3 + 1 = 4$$

Hier fehlt der Satz

$$2 + (1 + 1) = (2 + 1) + 1$$

der ein besonderer Fall von

$$a + (b + c) = (a + b) + c$$

ist. Setzt man dies Gesetz voraus, so sieht man leicht, dass jede Formel des Einsundeins so bewiesen werden kann. Es ist dann jede Zahl aus der vorhergehenden zu definiren. In der That sehe ich nicht, wie uns etwa die Zahl 437986 angemessener gegeben werden könnte als in der leibnizischen Weise. Wir bekommen sie so, auch ohne eine Vorstellung von ihr zu haben, doch in unsere Gewalt. Die unendliche Menge der Zahlen wird durch solche Definitionen auf die Eins und die Vermehrung um eins zurückgeführt, und jede der unendlich vielen Zahlformeln kann aus einigen allgemeinen Sätzen bewiesen werden.

Dies ist auch die Meinung von H. Grassmann und H. Hankel. Jener will das Gesetz

$$a + (b + 1) = (a + b) + 1.$$

durch eine Definition gewinnen, indem er sagt:[1]

---

1 Lehrbuch der Mathematik für höhere Lehranstalten. 1. Theil. Arithmetik, Stettin 1060, S. 1.

40

加精确的考察，人们仍然能发现一个缺陷，这一缺陷是通过括号的省略而被隐藏起来的。必须更加精确地描写如下：

$$2 + 2 = 2 + (1 + 1)$$

$$(2 + 1) + 1 = 3 + 1 = 4$$

这里，缺少的这一命题

$$2 + (1 + 1) = (2 + 1) + 1$$

它是关于

$$a + (b + c) = (a + b) + c$$

这一普遍命题的一个特定的情况。如果人们一开始就设定这样的一个法则，每一个加法公式都可以如此地被证明。每一个数都可以通过前驱来定义。实际上我看不出，我们如何能有比莱布尼茨的方法更合适的方法为我们给出譬如 437986 这个数。虽然我们没有关于它的表象，但是我们确实可以在能力范围内获得它。数的无限的集合将会以这种定义的方式被还原为一和一加一，并且每一个无限多的数的公式都可以从几条普遍的定理中得到证明。

这也是 H. 格拉斯曼和 H. 汉克尔的观点。H. 格拉斯曼认为，人们可以通过定义获得：

$$a + (b + 1) = (a + b) + 1$$

这样的法则。他说：[1]

---

1 格拉斯曼，《高校数学教程》，第一部分：算术，1860 年版，第 4 页。

„Wenn a und b beliebige Glieder der Grundreihe sind, so versteht man unter der Summe a b dasjenige Glied der Grundreihe, für welches die Formel

$$a + (b + e) = (a + b) + e.$$

gilt".

Hierbei soll e die positive Einheit bedeuten. Gegen diese Erklärung lässt sich zweierlei einwenden. Zunächst wird die Summe durch sich selbst erklärt. Wenn man noch nicht weiss, was a + b bedeuten soll, versteht man auch den Ausdruck a + (b + e) nicht. Aber dieser Einwand lässt sich vielleicht dadurch beseitigen, dass man freilich im Widerspruch mit dem Wortlaute sagt, nicht die Summe, sondern die Addition solle erklärt werden. Dann würde immer noch eingewendet werden können, dass a + b ein leeres Zeichen wäre, wenn es kein Glied der Grundreihe oder deren mehre von der verlangten Art gäbe. Dass dies nicht statthabe, setzt Grassmann einfach voraus, ohne es zu beweisen, sodass die Strenge nur scheinbar ist.

§7. Man sollte denken, dass die Zahlformeln synthetisch oder analytisch, aposteriori oder apriori sind, je nachdem die allgemeinen Gesetze es sind, auf die sich ihr Beweis stützt. Dem steht jedoch die Meinung John Stuart Mill's entgegen. Zwar scheint er zunächst wie Leibniz die Wissenschaft auf Definitionen gründen zu wollen,[1] da er die einzelnen Zahlen wie dieser erklärt; aber sein Vorurtheil, dass alles Wissen empirisch sei, verdirbt sofort den richtigen Gedanken wieder. Er belehrt uns nämlich,[2] dass jene Definitionen keine im logischen Sinne seien, dass

---

1 System der deductiven und inductiven Logik, übersetzt von J. Schiel, III. Buch, XXIV. Cap., §5.
2 A. a. O. II. Buch, VI. Cap., §2.

"如果 a 和 b 是基本序列的任意一项，人们将 a 和 b 的和理解为基本序列的某一项，对于这个项来说，公式

$$a + (b + e) = a + b + e$$

是有效的。"

这里的 e 意谓一个正单位。针对这种解释，有两种反对意见。首先，和是通过自身而被解释的。如果人们仍然不知道 a + b 应该意谓什么，那么，人们也不能理解 a + (b + e)。但是，这种反对意见或许可以通过以下方式而被消除，即当然人们可以与原文相悖地说，应该解释的不是和，而应该是加法。似乎总是能反对的是，如果并不存在满足规定条件的基本序列的项和更多的项，a + b 就只是一个空的记号。格拉斯曼只是简单地假设不发生这种情况，而没有证明，这种严格性只是流于表面。

§7 人们可能会想到，数的公式是依据支撑它的证明的普遍的法则，而被判定为综合的或分析的，后天的或先天的。然而，约翰·斯图亚特·密尔的观点与此相对。尽管他一开始就像莱布尼茨一样试图将数学这门学科奠基在定义之上，[1] 由于他像莱布尼茨一样来解释单个的数；但是他的成见，即认为所有知识都应该是经验性的，很快就又损害了正确的思想。也即密尔教导我们说，[2] 那个定义绝不是逻辑意义上的，它不仅规

---

1 密尔，《演绎和归纳逻辑系统》，第 3 卷，第 24 章，第 5 节。
2 同上书，第 2 卷，第 6 章，第 2 节。

sie nicht nur die Bedeutung eines Ausdruckes festsetzen, sondern damit auch eine beobachtete Thatsache behaupten. Was in aller Welt mag die beobachtete oder, wie Mill auch sagt, physikalische Thatsache sein, die in der Definition der Zahl 777864 behauptet wird? Von dem ganzen Reichthume an physikalischen Thatsachen, der sich hier vor uns aufthut, nennt uns Mill nur eine einzige, die in der Definition der Zahl 3 behauptet werden soll. Sie besteht nach ihm darin, dass es Zusammenfügungen von Gegenständen giebt, welche, während sie diesen Eindruck $^\circ_\circ{}^\circ$ auf die Sinne machen, in zwei Theile getrennt werden können, wie folgt: oo o. Wie gut doch, dass nicht Alles in der Welt niet- und nagelfest, ist; dann könnten wir diese Trennung nicht vornehmen, und 2 + 1 wäre nicht 3! Wie schade, dass Mill nicht auch die physikalischen Thatsachen abgebildet hat, welche den Zahlen 0 und 1 zu Grunde liegen!

Mill fährt fort: „Nachdem dieser Satz zugegeben ist, nennen wir alle dergleichen Theile 3". Man erkennt hieraus, dass es eigentlich unrichtig ist, wenn die Uhr drei schlägt, von drei Schlägen zu sprechen, oder süss, sauer, bitter drei Geschmacksempfindungen zu nennen; ebensowenig ist der Ausdruck „drei Auflösungsweisen einer Gleichung" zu billigen; denn man hat niemals davon den sinnlichen Eindruck wie von $^\circ_\circ{}^\circ$.

Nun sagt Mill : „Die Rechnungen folgen nicht aus der Definition selbst, sondern aus der beobachteten Thatsache". Aber wo hätte sich Leibniz in dem oben mitgetheilten Beweise des Satzes 2 + 2 = 4 auf die erwähnte Thatsache berufen sollen? Mill unterlässt es die Lücke nachzuweisen, obwohl er einen dem leibnizischen ganz entsprechenden Beweis des Satzes 5 + 2 = 7 giebt.[1] Die wirklich vorhandene Lücke, die in dem Weglassen der Klammern liegt, übersieht er wie Leibniz.

---

1 A, a, O, III, Buch XXIV Cap §5

定表达式的意谓，而且也断定了一个可观察的事实。究竟什么是可观察的事实，或者如同密尔所说的物理的事实，能在定义中被数777864所断定？对于我们面前展现的极其丰富的物理的事实，在数3的定义中，密尔只提到一个唯一的被断定的事实。根据密尔的观点，这一事实就在于存在几个对象的聚集，它可以在感官上形成°°°印象，也可在给出两个部分相分离的印象，如°°°。世界上并不是所有的东西都可以固定不动的，上天这是多么的仁慈；否则的话，我们就不能进行这种分离，2 + 1就不是3。令人遗憾的是，密尔也并没有描绘出为数0和1奠基的物理事实！

密尔继续说道："在承认这样的命题之后，我们称所有这样的部分为3。"人们由此可见，对于钟的三次击打、对于谈论三次击打，以及称谓甜、酸、苦三种味觉，本质上就是错误的，同样，同意"一个方程的三种解法"这样的表达式也是错误的，因为，对于它们人们根本就没有像关于°°°的感官印象。

于是，密尔说："计算并不是从定义自身得出的，而是从可观察到的事实中得出的。"但是，莱布尼茨应该从哪里诉诸所提的事实，以便给出上面关于2 + 2 = 4的命题的证明？密尔没有指出这一缺陷，尽管他给出了关于5 + 2 = 7这个命题的证明，该证明与莱布尼茨的证明完全一样。[1]他像莱布尼茨一样忽略了该证明中实际存在的省略括号的缺陷。

1　密尔，《演绎和归纳逻辑系统》，第3卷，第24章，第5节。

Wenn wirklich die Definition jeder einzelnen Zahl eine besondere physikalische Thatsache behauptete, so würde man einen Mann, der mit neunziffrigen Zahlen rechnet, nicht genug wegen seines physikalischen Wissens bewundern können. Vielleicht geht indessen Mill's Meinung nicht dahin, dass alle diese Thatsachen einzeln beobachtet werden müssten, sondern es genüge, durch Induction ein allgemeines Gesetz abgeleitet zu haben, in dem sie sämmtlich eingeschlossen seien. Aber man versuche, dies Gesetz auszusprechen, und man wird finden, dass es unmöglich ist. Es reicht nicht hin, zu sagen: es giebt grosse Sammlungen von Dingen, die zerlegt werden können; denn damit ist nicht gesagt, dass es so grosse Sammlungen und von der Art giebt, wie zur Definition etwa der Zahl 1 000 000 erfordert werden, und die Weise der Theilung ist auch nicht genauer angegeben. Die millsche Auffassung fährt nothwendig zu der Forderung, dass für jede Zahl eine Thatsache besonders beobachtet werde, weil in einem allgemeinen Gesetze grade das Eigenthümliche der Zahl 1 000 000 das zu deren Definition nothwendig gehört, verloren gehen würde. Man dürfte nach Mill in der That nicht setzen $1 000 000 = 999 999 + 1$, wenn man nicht grade diese eigenthümliche Weise der Zerlegung einer Sammlung von Dingen beobachtet hätte, die von der irgendeiner andern Zahl zukommenden verschieden ist.

§8. Mill scheint zu meinen, dass die Definitionen $2 = 1 + 1$, $3 = 2 + 1$, $4 = 3 + 1$ u. s. w. nicht gemacht werden dürften, ehe nicht die von ihm erwähnten Thatsachen beobachtet wären. In der That darf man die 3 nicht als $(2 + 1)$ definiren, wenn man mit $(2 + 1)$ gar keinen Sinn verbindet. Es fragt sich aber, ob es dazu nöthig ist, jene Sammlung und ihre Trennung zu beobachten. Räthselhaft wäre dann die Zahl 0; denn bis jetzt hat wohl niemand 0 Kieselsteine gesehen oder getastet. Mill würde gewiss die 0 für

如果每一个个别的数的定义都实际上断定了一个特定的物理事实，那么，人们就不能对一个用9位数进行计算的人由于其自然的知识而赞叹不已。或许密尔的观点并不在于说，必须逐个地观察所有这些事实，而在于说，通过归纳法而产生一条普遍的法则就足够了，它将所有这些都包括在内。但是人们将发现，试图说出这条法则是不可能的。说存在能被分解的关于事物的极大的聚集，这也是不够的，因为以此并没有说明，存在着比如定义数1000000所需要的这样大的聚集以及诸如此类的聚集，所给出的区分的方法也并不更精确。密尔的观点必然就会达到这一要求：对于每一个数来说，都要有一个可被观察的特定事实，因为在一种普遍的法则中，恰恰会丧失数1000000所独有的必然属于其定义的东西。根据密尔，如果人们根本就没有观察到分解事物聚集的独有的方法，进而区分这个数与其他的别的数之间的不同，人们实际上就不能确定$1000000 = 999999 + 1$。

§8 密尔似乎主张，在没有观察到提及的事实之前，就不允许给出$2 = 1 + 1$，$3 = 2 + 1$，$4 = 3 + 1$，等等的定义。事实上，如果人们没有将任何一种感觉与（2+1）相关联，人们也不可以将3定义为（2+1）。但是，是否有必要去观察那种聚合与分离则是成问题的。令人感到困惑不解的似乎是数0，因为迄今为止人们并没有看到过或摸到0个小石子。密尔在一

etwas Sinnloses, für eine blosse Redewendung erklären; die Rechnungen mit 0 würden ein blosses Spiel mit leeren Zeichen sein, und es wäre nur wunderbar, wie etwas Vernünftiges dabei herauskommen könnte. Wenn aber diese Rechnungen eine ernste Bedeutung haben, so kann auch das Zeichen 0 selber nicht ganz sinnlos sein. Und es zeigt sich die Möglichkeit, dass 2 + 1 in ähnlicher Weise wie die 0 einen Sinn auch dann noch haben könnte, wenn die von Mill erwähnte Thatsache nicht beobachtet wäre. Wer will in der That behaupten, dass die in der Definition einer 18zigrigen Zahl nach Mill enthaltene Thatsache je beobachtet sei, und wer will leugnen, dass ein solches Zahlzeichen trotzdem einen Sinn habe?

Vielleicht meint man, es würden die physikalischen Thatsachen nur für die kleineren Zahlen etwa bis 10, gebraucht, indem die übrigen aus diesen zusammengesetzt werden könnten. Aber, wenn man 11 aus 10 und 1 blos durch Definition bilden kann, ohne die entsprechende Sammlung gesehen zu haben, so ist kein Grund, weshalb man nicht auch die 2 aus 1 und 1 so zusammensetzen kann. Wenn die Rechnungen mit der Zahl 11 nicht aus einer für diese bezeichnenden Thatsache folgen, wie kommt es, dass die Rechnungen mit der 2 sich auf die Beobachtung einer gewissen Sammlung und deren eigenthümlicher Trennung stützen müssen?

Man fragt vielleicht, wie die Arithmetik bestehen könne, wenn wir durch die Sinne gar keine oder nur drei Dinge unterscheiden könnten. Für unsere Kenntniss der arithmetischen Sätze und deren Anwendungen würde ein solcher Zustand gewiss etwas Missliches haben, aber auch für ihre Wahrheit? Wenn man einen Satz empirisch nennt, weil wir Beobachtungen gemacht haben müssen, um uns seines Inhalte bewusst zu werden, so gebraucht man das Wort „empirisch"

定意义上将 0 解释成某种没有涵义的东西，一个空洞的习语。用 0 来计算不过是一种运用空洞的记号的游戏。因此，如果人们由此而得出某种合乎理性的东西，那才叫神奇呢。但是，如果这种关于 0 的计算具有严肃的意谓，那么，记号 0 自身就不是完全无意义的。这就表明了这一可能性，即 2 + 1 以类似的方式如同 0 一样也仍然具有涵义，即使不存在密尔所提到能被观察的事实。实际上谁愿意断定曾经观察到密尔的一个 18 位数的定义中所包含的事实？以及谁愿意否认，这样的一个 18 位的数字记号依然具有涵义？

人们或许以为，只对 10 以内的小数而言才需要物理的事实，剩余的数都能从其中复合而构成。但是，如果人们纯粹地通过定义从 10 与 1 中构造出 11，而没有看见相应的聚集，那么，为什么人们也不能以同样的方式从 1 与 1 中构成 2，这一点是没有理由的。如果用数 11 进行的计算并不出于一个这样可观察到的事实，那么如何会达到这一要求，即用 2 进行的计算自身必须以一个特定的聚集与其特定的分离为支撑呢？

人们或许会追问道，如果人们通过感知上根本就不能区分事物或只能区分三个事物，那么，算术如何会存在呢？我们关于算术命题和它的应用的知识在相当大的程度上处于这种麻烦棘手的状态，然而，关于它的真，也是处于这种麻烦棘手的状态吗？人们之所以将一个命题称为经验的，是因为我们必定已经做出了观察，以便我们能意识到其内容，所以，人们并不是在与"先天的"相对的意义上应用"经验的"这个语词的。因

nicht in dem Sinne, dass es dem „apriori" entgegengesetzt ist. Man spricht dann eine psychologische Behauptung aus, die nur den Inhalt des Satzes betrifft; ob dieser wahr sei, kommt dabei nicht in Betracht. In dem Sinne sind auch alle Geschichten Münchhausens empirisch; denn gewiss muss man mancherlei beobachtet haben, um sie erfinden zu können.

Sind die Gesetze der Arithmetik inductive Wahrheiten?

§9. Die bisherigen Erwägungen machen es wahrscheinlich, dass die Zahlformeln allein aus den Definitionen der einzelnen Zahlen mittels einiger allgemeinen Gesetze ableitbar sind, dass diese Definitionen beobachtete Thatsachen weder behaupten noch zu ihrer Rechtmässigkeit voraussetzen. Es kommt also darauf an, die Natur jener Gesetze zu erkennen.

Mill[1] will zu seinem vorhin erwähnten Beweise der Formel $5 + 2 = 7$ den Satz „was aus Theilen zusammengesetzt ist, ist aus Theilen von diesen Theilen zusammengesetzt" benutzen. Dies hält er für einen charakteristischern Ausdruck des sonst in der Form „die Summen von Gleichem sind gleich" bekannten Satzes. Er nennt ihn inductive Wahrheit und Naturgesetz von der höchsten Ordnung. Für die Ungenauigkeit

---

1 A. a. O. III. Buch, XXIV. Cap., §5

而，人们只说出了一个涉及命题内容的心理的断言，而并没有考虑过它是不是真的。在这种意义上，所有的孟豪森的故事[*]也是经验的，因为人们必须已经观察到多种多样的事实，才能虚构出这样的荒诞故事。

算术的法则是归纳的真吗？

§9 以往所做的研究似乎只是借助一些普遍的法则，仅从单个的数的定义中就推导出数的公式，但这些定义却既没有断定可观察的事实，也没有假定其合法性。关键在于认识到这些法则的性质。

密尔[1]想把"由部分而构成的复合的东西，就是由这些部分的部分而构成的复合的东西"这一命题用到刚才前面提到的公式 $5 + 2 = 7$ 的证明。他把这看作是对"等式相加之和相等"这一著名定理形式的独特的表述。他将其称为归纳的真与最高级的自然法则。他的表述是不准确的，特别是根据他的观点，

---

[*] 指荒诞不经的故事。另外，弗雷格曾在 1900 年 9 月 27 日给里布曼（Heinrich Liebmann）的信中批评希尔伯特的公理化研究方法存在的问题，认为这些公理的意义并没有确定下来，它们试图用公理来定义"点""线""面"等概念，但是这些概念又出现在这些公理之中，就如同"孟豪森人抓住自己的头发将自己从沼泽中拔出来"一样荒唐。参见 Gottlob Frege, "Frege to Liebmann 29.7.1900", *Philosophical and Mathematical Correspondence*, Edited by Gottfried Gabriel, Hans Hermes Friedrich Kambartel, Oxford: Basil Blackwell, 1980, p.91。

[1] 密尔，《演绎和归纳逻辑系统》，第 3 卷，第 24 章，第 5 节。

seiner Darstellung ist es bezeichnend, dass er diesen Satz gar nicht an der Stelle des Beweises heranzieht, wo er nach seiner Meinung unentbehrlich ist; doch scheint es, dass seine inductive Wahrheit Leibnizens Axiom vertreten soll: „Wenn man Gleiche, an die Stelle setzt, bleibt die Gleichung bestehen". Aber um arithmetische Wahrheiten Naturgesetze nennen zu können, legt Mill einen Sinn hinein, den sie nicht haben. Er meint z. B.[1] die Gleichung 1 = 1 könne falsch sein, weil ein Pfundstück nicht immer genau das Gewicht eines andern habe. Aber das will der Satz 1 = 1 auch gar nicht behaupten.

Mill versteht das + Zeichen so, dass dadurch die Beziehung der Theile eines physikalischen Körpers oder eines Haufens zu dem Ganzen ausgedrückt werde; aber das ist nicht der Sinn dieses Zeichens. 5 + 2 = 7 bedeutet nicht, dass wenn man zu 5 Raumtheilen Flüssigkeit 2 Raumtheile Flüssigkeit giesst, man 7 Raumtheile Flüssigkeit erhalte, sondern dies ist eine Anwendung jenes Satzes, die nur statthaft ist, wenn nicht infolge etwa einer chemischen Einwirkung eine Volumänderung eintritt. Mill verwechselt immer Anwendungen, die man von einem arithmetischen Satze machen kann, welche oft physikalisch sind und beobachtete Thatsachen zur Voraussetzung haben, mit dem rein mathematischen Satze selber. Das Pluszeichen kann zwar in manchen Anwendungen einer Haufenbildung zu entsprechen scheinen; aber dies ist nicht seine Bedeutung; denn bei andern Anwendungen kann von Haufen, Aggregaten, dem Verhältnisse eines physikalischen Körpers zu seinen Theilen keine Rede sein, z. B. wenn man die Rechnung auf Ereignisse bezieht. Zwar kann

---

1   A. a. O. II. Buch, VI. Cap., §3.

对于这个命题的不可缺少证明的地方，他根本就没有考虑这一定理，尽管看上去他的归纳的真代替的就是莱布尼茨的这一公理："如果人们在等式的两边代入相等的数，等式依然保持不变。"但是，为了能将算术的真称为自然法则，密尔为算术的真赋予了一种子虚乌有的涵义。比如，他认为，[1] 等式 $1 = 1$ 可能是假的，因为一个一磅重的物件可能并不总是与另一个一磅重的物件在重量上相等。但是命题 $1 = 1$ 断定的根本就不是这一事实。

密尔是这样理解"+"记号的，认为它表达了一种物理的物体的各个部分与它们的整体之间的关联，或者表达了堆集与整体的关系；但是这并不是这一记号的涵义。$5 + 2 = 7$ 并不意谓着，如果人们将 2 个单位容量的液体注入 5 个单位容量的液体中，就会获得 7 个单位容量的液体，这只是这样的命题的一种应用而已，并且只有在没有出现由于某种化学反应导致容积变化的条件下，这种应用才是允许的。密尔总是经常混淆物理的并以可观察到的事实为前提才能做出的数学命题的应用与数学命题自身之间的区别。虽然加法记号在有些应用中与堆集的构建是相适应的，但是这并不是它的意谓；因为在其他的应用中，可能根本就谈不上堆集、聚集的物理的物体与其各个部分之间的关系，比如当人们涉及事件的计算时。虽然人们也

1　密尔，《演绎和归纳逻辑系统》，第 2 卷，第 6 章，第 3 节。

man auch hier von Theilen sprechen; dann gebraucht man das Wort aber nicht im physikalischen oder geometrischen, sondern im logischen Sinne, wie wenn man die Ermordungen von Staatsoberhäuptern einen Theil der Morde überhaupt nennt. Hier hat man die logische Unterordnung. Und so entspricht auch die Addition im Allgemeinen nicht einem physikalischen Verhältnisse. Folglich können auch die allgemeinen Additionsgesetze nicht Naturgesetze sein.

§10. Aber sie könnten vielleicht dennoch inductive Wahrheiten sein. Wie wäre das zu denken? Von welchen Thatsachen soll man ausgehen, um sich zum Allgemeinen zu erheben? Dies können wohl nur die Zahlformeln sein. Damit verlören wir freilich den Vortheil wieder, den wir durch die Definitionen der einzelnen Zahlen gewonnen haben, und wir müssten uns nach einer ändern Begründungsweise der Zahlformeln umsehen. Wenn wir uns nun auch über dies nicht ganz leichte Bedenken hinwegsetzen, so finden wir doch den Boden für die Induction ungünstig; denn hier fehlt jene Gleichförmigkeit, welche sonst diesem Verfahren eine grosse Zuverlässigkeit geben kann. Schon Leibniz[1] lässt dem Philalèthe auf seine Behauptung:

„Die verschiedenen Modi der Zahl sind keiner ändern Verschiedenheit fähig, als des mehr oder weniger; daher sind es einfache Modi wie die des Raumes"

antworten:

---

1. Baumann a. a. O. II. S. 39; Erdm. S. 162.

能谈到部分，人们并不是在物理的意义或几何的意义上，而是在逻辑的意义上使用"部分"这个语词，正如当人们将弑君也称为谋杀的一部分时一样。在此有一种逻辑的从属关系。因而加法一般地也并不相应于一种物理的关联。由此得出，普遍的加法法则并不是自然法则。

§10 但是，普遍的加法法则也许仍然是归纳地为真的。我们应该如何设想这点呢？人们应该从哪些事实出发，以便将其提升为普遍的法则？这可能只能从数的公式出发。当然，我们会再次失去通过个别的数的定义而获得的优点，我们必须寻求其他的为数的公式奠基的方法。如果我们现在不能完全摆脱这些些许的质疑，就仍然会发现归纳的地基是不牢固的；因为这里缺少那种一致性，而这种一致性在其他情况下能给予这种方法相当大的可靠性。莱布尼茨[1]已经认识到这点，对于斐拉莱特的断言：

> 除了或多或少，数的样式不可能有其他的差别；因而它们像空间的方式那样简单。

莱布尼茨的回答是：

---

1 鲍曼，《时间、空间与数学教程》，第 2 卷，第 39 页，埃尔德曼版，第 243 页。

„Das kann man von der Zeit und der geraden Linie sagen, aber keinesfalls von den Figuren und noch weniger von den Zahlen, die nicht blos an Grösse verschieden, sondern auch unähnlich sind. Eine gerade Zahl kann in zwei gleiche Theile getheilt werden und nicht eine ungerade; 3 und 6 sind trianguläre Zahlen, 4 und 9 sind Quadrate, 8 ist ein Cubus u. s. f.; und dies findet bei den Zählen noch mehr statt als bei den Figuren; denn zwei ungleiche Figuren können einander vollkommen ähnlich sein, aber niemals zwei Zahlen".

Wir haben uns zwar daran gewöhnt, die Zahlen in vielen Beziehungen als gleichartig zu betrachten; das kommt aber nur daher, weil wir eine Menge allgemeiner Sätze kennen, die von allen Zahlen gelten. Hier müssen wir uns jedoch auf den Standpunkt stellen, wo noch keiner von diesen anerkannt ist. In der That möchte es schwer sein, ein Beispiel für einen Inductionsschluss zu finden, das unserem Falle entspräche. Sonst kommt uns oft der Satz zu statten, dass jeder Ort im Raume und jeder Zeitpunkt an und für sich so gut wie jeder andere ist. Ein Erfolg muss an einem andern Orte und zu einer andern Zeit ebensogut eintreten, wenn nur die Bedingungen dieselben sind. Das fällt hier hinweg, weil die Zahlen raum, und zeitlos sind. Die Stellen in der Zahlenreihe sind nicht gleichwerthig wie die Orte des Raumes.

Die Zahlen verhalten sich auch ganz anders als die Individuen etwa einer Thierart, da sie eine durch die Natur der Sache bestimmte Rangordnung haben, da jede auf eigne Weise gebildet ist und ihre Eigenart

人们可以这样说到时间和直线，但是，对于图形就不能这样说，对于数，就更不能这样说，数不是单纯地在量的方面不同，而且也不相似。一个偶数可以被分为两个相等的部分，而奇数则不行。3和6都是三角数，4和9都是平方数，8是一个立方数，等等，这种现象在数方面比在图形方面更多地出现；因为两个不等的图形相互之间可以完全相似，但是两个数绝不相似。*

虽然我们已经习惯于在多种联系中将数视为类似的，但这只是因为我们认识到了一组对于所有的数都有效的普遍命题。然而，我们必须坚持这种立场，即这些命题还没有得到普遍承认。事实上，很难为归纳推论找到一个与当前情况都符合的例子。此外，对于我们来说，经常出现的命题是，对于空间中的每一个点和时间中的每一时刻，彼此之间和其他的情况都是一样的。当前提条件都相同时，在其他的时间和地点出现的结果必须是一样的。然而，在这里却行不通，因为数是非时空的，数列中的位置并不等价于空间的点。

诸数之间的关系也完全不同于某类动物个体之间的关系，因为数的关系依其本性具有确定的等级次序，因为数是通过独

---

* 莱布尼茨，《人类理解新论》，第2卷，第16章，第5节。需要注意的是，第一句以斐拉莱特之口所说的观点其实代表的是洛克的观点，而下面一段则是莱布尼茨对于洛克观点的回应。洛克这句话出自《人类理解论》，第2卷，第16章，第5节。

hat, die besonders bei der 0, der 1 und der 2 hervortritt. Wenn man sonst einen Satz in Bezug auf eine Gattung durch Induction begründet, hat man gewöhnlich schon eine ganze Reihe gemeinsamer Eigenschaften allein schon durch die Definition des Gattungsbegriffes. Hier hält es schwer, nur eine einzige zu finden, die nicht selbst erst nachzuweisen wäre.

Am leichtesten möchte sich unser Fall noch mit folgendem vergleichen lassen. Man habe in einem Bohrloche eine mit der Tiefe regelmässig zunehmende Temperatur bemerkt; man habe bisher sehr verschiedene Gesteinsschichten angetroffen. Es ist dann offenbar aus den Beobachtungen, die man an diesem Bohrloche gemacht hat, allein nichts über die Beschaffenheit der tiefern Schichten zu schliessen, und ob die Regelmässigkeit der Temperaturvertheilung sich weiter bewähren würde, muss dahingestellt bleiben. Unter den Begriff „was bei fortgesetztem Bohren angetroffen wird" fällt zwar das bisher Beobachtete wie das Tieferliegende; aber das kann hier wenig nützen. Ebenso wenig wird es uns bei den Zahlen nützen, dass sie sämmtlich unter den Begriff „was man durch fortgesetzte Vermehrung um eins Erhält" fallen. Man kann eine Verschiedenheit der beiden Fälle darin finden, dass die Schichten nur angetroffen werden, die Zahlen aber durch die fortgesetzte Vermehrung um eins geradezu geschaffen und ihrem ganzen Wesen nach bestimmt werden. Dies kann nur heissen, dass man aus der Weise, wie eine Zahl, z. B. 8, durch Vermehrung um 1 entstanden ist, alle ihre Eigenschaften ableiten kann. Damit giebt man im Grunde zu, dass die Eigenschaften der Zahlen aus ihren Definitionen folgen, und es eröffnet sich die Möglichkeit, die allgemeinen Gesetze der Zahlen aus der allen gemeinsamen Entstehungsweise zu beweisen, während die besondern Eigenschaften der einzelnen aus der besondern Weise zu folgern wären, wie sie durch fortgesetzte Vermehrung um eins gebildet sind. So kann man auch was

有的方式而形成的，具有自己的特性，特别在 0、1、2 等数的情况下表现得尤为突出。如果人们在其他情况下通过归纳建立了属的关系的命题，那么，人们通常已经通过属的概念的定义获得了一整个序列的共同属性。在数这里，我们甚至很难发现单一的没被首次证明为共同的属性。

　　人们最喜欢将我们的情况与下面的情况相类比。人们注意到钻一口深井时，温度会有规律地升高。并且到目前为止，人们碰到了相当不同的岩层。因而，很明显仅仅从这一观察事实中，即从人们已经打出的一口深井中，并不能得出关于这个深岩层的特性和温度分布是否有规律的结论，对此还需要进一步的确证，关于这些必须存而不论。虽然，到目前为止所观察到的事实和处于更深层的东西，落到"继续钻探所碰到的东西"这一概念之下，但是这个事实很少能加以使用。同样地，如果数落入"人们不断加一所获得的东西"这一概念之下，那么，人们很少能使用这一概念。人们可以发现，以上两种情况的不同之处在于，岩层只能被碰到，而数恰恰是通过不断加一而创造出来的，它们的整体的本质被规定了。而这只是意味着，人们以这种方式，比如，通过不断加 1 而形成数 8，所有数的特性都可以被推导出来。由此，人们从根本上就从数的定义中得出数的属性，并且也开辟了一种可能性，即从数的所有共同形成的方法中证明数的普遍法则，单个数的特别的属性是从特定的方式中得出来的，如同数是通过不断加一而得到的。人们仅

bei den Erdschichten, schon durch die Tiefe allein bestimmt ist, in der sie getroffen werden, also ihre Lagenverhältnisse, eben daraus schliessen, ohne dass man die Induction nöthig hätte; was aber nicht dadurch bestimmt ist, kann auch die Induction nicht lehren.

Vernuthlich kann das Verfahren der Induction selbst nur mittels allgemeiner Sätze der Arithmetik gerechtfertigt werden, wenn man darunter nicht eine blosse Gewöhnung versteht. Diese hat nämlich durchaus keine wahrheitverbürgende Kraft. Während das wissenschaftliche Verfahren nach objectiven Maasstäben bald in einer einzigen Bestätigung eine hohe Wahrscheinlichkeit begründet findet, bald tausendfaches Eintreffen fast für werthlos erachtet, wird die Gewöhnung durch Zahl und Stärke der Eindrücke und subjective Verhältnisse bestimmt, die keinerlei Recht haben, auf das Urtheil Einfluss zu üben. Die Induction muss sich auf die Lehre von der Wahrscheinlichkeit stützen, weil sie einen Satz nie mehr als wahrscheinlich machen kann. Wie diese Lehre aber ohne Voraussetzung arithmetischer Gesetze entwickelt werden könne, ist nicht abzusehen.

§11. Leibniz[1] meint dagegen, dass die nothwendigen Wahrheiten, wie man solche in der Arithmetik findet. Principien haben müssen, deren Beweis nicht von den Beispielen und also nicht von dem Zeugnisse der Sinne abhangt, wiewohl ohne die Sinne sich niemand hätte einfallen lassen, daran zu denken, „Die ganze Arithmetik ist uns eingeboren und in uns auf virtuelle Weise". Wie er den Ausdruck „eingeboren" meint, verdeutlicht eine andere Stelle:[2] „Es ist nicht wahr, dass alles, was man lernt, nicht eingeboren sei; —die Wahrheiten der Zahlen sind in uns, und nichtsdestoweniger lernt man sie, sei es, indem man sie aus ihrer Quelle zieht, wenn man sie auf beweisende Art lernt, (was eben zeigt, dass sie eingeboren sind), sei es ...".

---

1   Baumann, a. a. O., II. S. 13 u. 14; Erdm. S. 195, S. 208 u. 209.
2   Baumann, a. a. O. II. S. 38; Erdm. S. 212.

由碰到的地层深度，就可以推出那些在地层中规定的东西和它的层级关系，这里就不必用到归纳法，但是不能由它确定的东西，归纳法也不能加以说明。

如果人们不把归纳法理解为一种单纯的习惯，归纳法自身或许仅通过算术的普遍命题就可以得到确证。因为习惯根本就没有确保真的力量。科学的研究方法，依据客观的尺度，时而在唯一的确证时就确定较高的概率，时而把上千次确证几乎看成是毫无价值的；而习惯通过印象的数目、强度和主观状态而确定，这些东西绝没有任何理由对判断施加影响。归纳自身必须以概率论为基础，因为它不可能做出超出概率的命题。但是，在没有算术的基本法则的前提下，如何能发展出这种理论，则是难以预料的。

§11　莱布尼茨[1]的观点与此相反，他认为，必然的真，如同人们在算术中发现的这样的真，必须具有原则，它的证明不依赖于具体的例证，也不依赖于感官的证据，虽然没有这种感觉，没有人会想去思考这些原则："整个算术是天赋的，是以潜在的方式存在于我们的心中。"人们如何理解"天赋的"这一表达式，可以在另外一处[2]得到阐明："人们所学习的一切不能不是天赋的，数的真在于我们心中，尽管如此，人们需要学习它，把它从其源泉中抽取出来，如果人们学习了证明的方法（如上所表明，这也是天赋的），它就是……"

1　鲍曼，《时间、空间与数学教程》，第 2 卷，第 13—14 页，埃尔德曼版，第195、208 和 209 页。
2　同上书，第 2 卷，第 38 页，埃尔德曼版，第 212 页。

Sind die Gesetze der Arithmetik synthetisch-apriori oder analytisch?

§12. Wenn man den Gegensatz von analytisch und synthetisch hinzunimmt, ergeben sich vier Combinationen, von denen jedoch eine, nämlich

analytisch aposteriori

ausfällt. Wenn man sich mit Mill für aposteriori entschieden hat, bleibt also keine Wahl, sodass für uns nur noch die Möglichkeiten

synthetisch apriori

und

analytisch

zu erwägen bleiben. Für die erstere entscheidet sich Kant. In diesem Falle bleibt wohl nichts übrig, als eine reine Anschauung als letzten Erkenntnissgrund anzurufen, obwohl hier schwer zu sagen ist, ob es eine räumliche oder zeitliche ist, oder welche es sonst sein mag. Baumann[1] stimmt Kant, wenngleich mit etwas anderer Begründung, bei. Auch nach Lipschitz[2] fliessen die Sätze, welche die Unabhängigkeit der Anzahl von der Art des Zählens und die Vertauschbarkeit und Gruppirbarkeit der Summanden behaupten, aus der inneren Anschauung. Hankel[3] gründet die Lehre von den reellen Zahlen auf drei Grundsätze, denen er den Charakter der notiones communes zuschreibt: „Sie werden durch Explication vollkommen evident, gelten für alle Grössengebiete nach der reinen Anschauung der Grösse und können, ohne ihren Charakter

---

1   A. a. O. Bd. II., S. 669.
2   Lehrbuch der Analysis, Bd. I., S. 1.
3   Theorie der complexen Zahlensysteme, S, 54 u. 55

算术的法则是先天综合的还是分析的？

§12 如果人们赞同分析的和综合的之间的对立，就会产生四种组合，然而从其中可以取消一种，即

分析的后天的。

如果人们明确地与密尔一起坚持后天的，那么，他就别无选择，因而对我们而言，只有两种可能性：

先天综合的

与

分析的

可供考虑。康德明确坚持关于第一种，即先天综合的。在康德的情况中，他除了诉诸将纯粹的直观视为认识的最终根据之外，别无他法，尽管纯粹直观到底是空间的还是时间的，或者它应该可能是哪些，都很难说清楚。鲍曼[1]赞同康德，尽管以不同的理由。根据利普希茨[2]的观点，独立于计数的方式的基数与断定加法的分配律和交换律的命题，都源于内在的直观。汉克尔[3]将实数学说奠基在三条原则之上，这些原则被认为具有普遍观念的性质："它们通过解释而显明，按照纯粹量的直观而适用于所有量的领域，在定义中得以变换而不损害其性质，由此人们会说：人们把量的加法理解为一种满足这

---

1 鲍曼，《时间、空间与数学教程》，第2卷，第669页。

2 利普希茨，《数学分析教程》，第1卷，第1页。

3 汉克尔，《复数系统理论》，第54、55页。

einzubüssen, in Definitionen verwandelt werden, indem man sagt: Unter der Addition von Grössen versteht man eine Operation, welche diesen Sätzen genügt". In der letzten Behauptung liegt eine Unklarheit. Vielleicht kann man die Definition machen; aber sie kann keinen Ersatz für jene Grundsätze bilden; denn bei der Anwendung würde es sich immer darum handeln: sind die Anzahlen Grössen, und ist das, was man Addition der Anzahlen zu nennen pflegt, Addition im Sinne dieser Definition? Und zur Beantwortung müsste man jene Sätze von den Anzahlen schon kennen. Ferner erregt der Ausdruck „reine Anschauung der Grösse" Anstoss. Wenn man erwägt, was alles Grösse genannt wird: Anzahlen, Längen, Flächeninhalte, Volumina, Winkel, Krümmungen, Massen, Geschwindigkeiten, Kräfte, Lichtstärken, galvanische Stromstärken u. s. f., so ist wohl zu verstehen, wie man dies einem Grössen begriffe unterordnen kann; aber der Ausdruck „Anschauung der Grösse" und gar „reine Anschauung der Grösse" kann nicht als zutreffend anerkannt werden. Ich kann nicht einmal eine Anschauung von 1000000 zugeben, noch viel weniger von Zahl im Allgemeinen oder gar von Grösse im Allgemeinen. Man beruft sich zu leicht auf innere Anschauung, wenn man keinen andern Grund anzugeben vermag. Aber man sollte dabei den Sinn des Wortes „Anschauung" doch nicht ganz aus dem Auge verlieren.

Kant definirt in der Logik (ed. Hartenstein, VIII, S. 88):

„Die Anschauung ist eine einzelne Vorstellung (repraesentatio singularis), der Begriff eine allgemeine (repraesentatio per notas communes) oder reflectirte Vorstellung (repraesentatio discursiva)".

些定律的运算。"在最后的断言中存在不清晰之处。人们可以给出这样的定义；但是他并不能为每一个基本命题构造一个替代者，因为在应用过程中总是涉及：如果基数就是数量的大小，那么什么叫做在人们习惯称之为基数加法、在这一定义意义上的加法呢？回答这一问题的人们必定已经知道这些数的所有命题。此外，"纯粹的数量直观"这一表述会激起愤懑：如果人们考虑所有那些被称为量的东西，完全理解如下概念，如数目、长度、面积、容积、角度、曲率、质量、速度、力、发光度、电流强度等等，人们就能理解把这些概念置于一个量的概念之下，但是"数量的直观"的表述与"纯粹的数量的直观"的表述绝不能被看成是精确的。我不可能承认一次关于1000000这个数的直观，更不可能承认对普遍的数和对普遍量的直观。当人们不能说明其他的理由时，就很容易满足于这种内在的直观。但是人们也不能因而就完全无视"直观"一词的涵义。

康德在《逻辑学》这本著作（哈滕施泰因版，第8卷，第88页）中这样定义道：

　　直观是一种单一的表象，概念是一种普遍的或反思的表象。

Hier kommt die Beziehung zur Sinnlichkeit gar nicht zum Ausdrucke, die doch in der transcendentalen Aesthetik hinzugedacht wird, und ohne welche die Anschauung nicht als Erkenntnissprincip für die synthetischen Urtheile apriori dienen kann. In der Kr. d. r. V. (ed. Hartenstein, III, S. 55) heisst es:

„Vermittelst der Sinnlichkeit also werden uns Gegenstände gegeben und sie allein liefert uns Anschauungen".

Der Sinn unseres Wortes in der Logik ist demnach ein weiterer als in der trancendentalen Aesthetik. Im logischen Sinne könnte man vielleicht 1000000 eine Anschauung nennen; denn ein allgemeiner Begriff ist es nicht. Aber in diesem Sinne genommen, kann die Anschauung nicht zur Begründung der arithmetischen Gesetze dienen.

§13. Ueberhaupt wird es gut sein, die Verwandtschaft mit der Geometrie nicht zu überschätzen. Ich habe schon eine leibnizische Stelle dagegen angeführt. Ein geometrischer Punkt für sich betrachtet, ist von irgendeinem andern gar nicht zu unterscheiden; dasselbe gilt von Geraden und Ebenen. Erst wenn mehre Punkte, Gerade, Ebenen in einer Anschauung gleichzeitig aufgefasst werden, unterscheidet man sie. Wenn in der Geometrie allgemeine Sätze aus der Anschauung gewonnen werden, so ist das daraus erklärlich, dass die angeschauten Punkte, Geraden, Ebenen eigentlich gar keine besondern sind und daher als Vertreter ihrer ganzen Gattung gelten können. Anders liegt die Sache bei den Zahlen: jede hat ihre Eigenthümlichkeit. Inwiefern eine bestimmte Zahl alle andern vertreten kann, und wo ihre Besonderheit sich geltend macht, ist ohne Weiteres nicht zu sagen.

这里完全不涉及表达式与感性的关联，不过这种感性在先验感性论中被思考过。没有这种感性，直观就不能起到先天综合判断的认识原则的作用。康德在《纯粹理性批判》（哈滕施泰因版，第3卷，第55页）中写道：

> 对象凭借感性被给予我们，只有感性为我们提供直观。

因而，在《逻辑学》中直观的涵义比在先验感性论中直观的涵义要更宽广。在《逻辑学》的意义上，人们或许可以将1000000称为直观，因为它并不是一个普遍的概念。但是，在这种意义上来考虑的话，直观并不能起到为算术法则奠基的作用。

§13　一般而言，不要过分高估算术的基本法则与几何学之间的亲缘关系。我已经引用了莱布尼茨的观点来反对这种观点。仅考察一个几何学的点本身，根本不能把它与其他的几何学的点完全区分开来，对于直线和平面也是如此。只有在一个同时发生的能被理解的直观中的诸多点、直线和平面，人们才能区分它们。如果在几何学中，普遍的命题都是从直观中获得的，那么由此就可以说明，能直观到的点、线、面本质上不是特定的东西，因而可以被看作是其整个种类的代表。在数的情况中，情形完全不同：每个数有其自身的独特性。人们并不能立即说出，在何种程度上一个特定的数能代表其他所有的数，以及数的独特性在何处有效。

§14. Auch die Vergleichung der Wahrheiten in Bezug auf das von ihnen beherrschte Gebiet spricht gegen die empirische und synthetische Natur der arithmetischen Gesetze.

Die Erfahrungssätze gelten für die physische oder psychologische Wirklichkeit, die geometrischen Wahrheiten beherrschen das Gebiet des räumlich Anschaulichen, mag es nun Wirklichkeit oder Erzeugniss der Einbildungskraft sein. Die tollsten Fieberphantasien, die kühnsten Erfindungen der Sage und der Dichter, welche Thiere reden, Gestirne stille stehen lassen, aus Steinen Menschen und aus Menschen Bäume machen, und lehren, wie man sich am eignen Schopfe aus dem Sumpfe zieht, sie sind doch, sofern sie anschaulich bleiben, an die Axiome der Geometrie gebunden. Von diesen kann nur das begriffliche Denken in gewisser Weise loskommen, wenn es etwa einen Raum von vier Dimensionen oder von positivem Krümmungsmaasse annimmt. Solche Betrachtungen sind durchaus nicht unnütz; aber sie verlassen ganz den Boden der Anschauung. Wenn man diese auch dabei zu Hilfe nimmt, so ist es doch immer die Anschauung des euklidischen Raumes, des einzigen, von dessen Gebilden wir eine haben. Sie wird dann nur nicht so, wie sie ist, sondern symbolisch für etwas anderes genommen; man nennt z. B. gerade oder eben, was man doch als Krummes anschaut. Für das begriffliche Denken kann man immerhin von diesem oder jenem geometrischen Axiome das Gegentheil annehmen, ohne dass man in Widersprüche mit sich selbst verwickelt wird, wenn man Schlussfolgerungen aus solchen der Anschauung widerstreitenden Annahmen zieht. Diese Möglichkeit zeigt, dass die geometrischen Axiome von einander und von den logischen Urgesetzen unabhängig, also synthetisch sind. Kann man dasselbe von den Grundsätzen der Zahlenwissenschaft sagen? Stürzt nicht alles in

68

§14　如果我们比较支配不同领域的真，这种比较会反驳算术法则的经验和综合的性质的说法。

经验命题对于物理学或心理学的实在性有效，而几何学的真支配的领域是直观的空间，它可能是实在的，或者是想象力的产物。传说和诗歌中最好的激情幻想，最疯狂的发明，让动物说话，让星辰静止不动，使得石头变成人，使得人变成树，它们还教导人们，如何抓住自己的头发将自己拽出泥沼，然而，只要它们是直观的，它们依然受到几何公理的约束。只有概念思维能以某种确定的方式摆脱这些公理，比如在假定四维时空或正曲率量时。这种考察根本不是无用的，但是它完全摆脱了直观的基础。如果人们认为这里也要借助于直观，那么，这种直观总是欧几里得空间的直观，即那唯一的、我们具有形状的空间的直观。再则，这种直观并非其实际所是的情形，而是被看成象征某种其他的东西，比如，人们将直观到的弯曲的东西称为直的、平的。对于这种概念思维来说，人们总是可以假定这条或那条几何学公理的对立面，而人们从这些与直观相悖的假定进行推论时，不陷入与其自身的矛盾。这种可能性表明，几何学的公理之间是相互独立的，且它们并不依赖于逻辑的初始法则，因而，它们是综合的。人们能对数的科学的原则说同样的话吗？如果人们想否认

Verwirrung, wenn man einen von diesen leugnen wollte? Wäre dann noch Denken möglich? Liegt nicht der Grund der Arithmetik tiefer als der alles Erfahrungswissens, tiefer selbst als der der Geometrie? Die arithmetischen Wahrheiten beherrschen das Gebiet des Zählbaren. Dies ist das umfassendste; denn nicht nur das Wirkliche, nicht nur das Anschauliche gehört ihm an, sondern alles Denkbare. Sollten also nicht die Gesetze der Zahlen mit denen des Denkens in der innigsten Verbindung stehen?

§ 15. Dass Leibnizens Aussprüche sich nur zu Gunsten der analytischen Natur der Zahlgesetze deuten lassen, ist vorauszusehen, da für ihn das Apriori mit dem Analytischen zusammenfällt. So sagt er,[1] dass die Algebra ihre Vortheile einer viel höhern Kunst, nämlich der wahren Logik entlehne. An einer andern Stelle[2] vergleicht er die nothwendigen und zufälligen Wahrheiten mit den commensurabeln und incommensurabeln Grössen und meint, dass bei nothwendigen Wahrheiten ein Beweis oder eine Zurückführung auf Identitäten möglich sei. Doch diese Aeusserungen verlieren dadurch an Gewicht, dass Leibniz dazu neigt, alle Wahrheiten als beweisbar anzusehen:[3] „... dass jede Wahrheit ihren apriorischen, aus dem Begriff der Termini gezogenen Beweis hat, wiewohl es nicht immer in unserer Macht steht, zu dieser Analyse zu kommen". Der Vergleich mit der Commensurabilität und Incommensurabilität richtet freilich doch wieder eine für uns wenigstens unüberschreitbare Schranke zwischen zufälligen und nothwendigen Wahrheiten auf.

Sehr entschieden im Sinne der analytischen Natur der Zahlgesetze

---

1 Baumann, a. a. O., II., S. 56; Erdm. S. 424.
2 Baumann, a. a. O., II., S. 57; Erdm. S. 83.
3 Baumann, a. a. O., II., S. 57; Erdm. II., S. 55.

某一原则，难道不是就让所有的东西都陷入混乱了么？如果这样的话，思考仍然是可能的吗？算术的基础难道不能处在比所有经验科学，或比几何学的基础更深的位置？算术的真支配着可计数的领域。这一领域是最全面的，因为它不仅包括实在的东西，不仅包括直观的东西，而且包括所有可被思考的东西。数的法则难道不是与思维的法则之间有着最紧密的关系？

§15 可以预见，莱布尼茨的说法有利于说明数的法则的分析的性质，因为对他来说，先天的东西就是与分析的东西重合在一起的。他说，[1] 代数借鉴吸收了一门高级的艺术，即真正逻辑学的优点。在其他地方，[2] 他将必然的真与偶然的真，比作可公约的量与不可公约的量，并且主张，在必然的真中，证明或还原为同一性应是可能的。然而，这种主张因而会失去了其分量，因为莱布尼茨倾向于认为，所有的真都应被视为是可证的："……每个真都有它们自身的从概念术语中得出的先天证明，尽管我们并非总是在我们的能力范围内达到这种分析。"[3] 可公约性与不可公约性的比较，对我们来说，在偶然的与必然的真之间建立起了不可跨越的界限。

W.S.耶芳斯曾就数的法则的分析性质的意义这样肯定

---

1 鲍曼，《时间、空间与数学教程》，第 2 卷，第 56 页，埃尔德曼版，第 424 页。
2 同上书，第 2 卷，第 57 页，埃尔德曼版，第 83 页。
3 同上书，第 2 卷，第 57 页，佩尔茨版，第 2 卷，第 55 页。

spricht sich W. Stanley Jevons aus:[1] „Zahl ist nur logische Unterscheidung und Algebra eine hoch entwickelte Logik".

§16. Aber auch diese Ansicht hat ihre Schwierigkeiten. Soll dieser hochragende, weitverzweigte und immer noch wachsende Baum der Zahlenwissenschaft in blossen Identitäten wurzeln? Und wie kommen die leeren Formen der Logik dazu, aus sich heraus solchen Inhalt zu gewinnen?

Mill meint: „Die Lehre, dass wir durch kunstfertiges Handhaben der Sprache Thatsachen entdecken, die verborgene Naturprocesse enthüllen können, ist dem gesunden Menschenverstande so entgegen, dass es schon einen Fortschritt in der Philosophie verlangt, um sie zu glauben". Gewiss dann, wenn man sich bei dem kunstfertigen Handhaben nichts denkt. Mill wendet sich hier gegen einen Formalismus, der kaum von irgendwem vertreten wird. Jeder, der Worte oder mathematische Zeichen gebraucht, macht den Anspruch, dass sie etwas bedeuten, und niemand wird erwarten, dass aus leeren Zeichen etwas Sinnvolles hervorgehe. Aber es ist möglich, dass ein Mathematiker längere Rechnungen vollführt, ohne unter seinen Zeichen etwas sinnlich Wahrnehmbares, Anschauliches zu verstehen. Darum sind diese Zeichen noch nicht sinnlos; man unterscheidet dennoch ihren Inhalt von ihnen selbst, wenn dieser auch vielleicht nur mittels der Zeichen fassbar wird. Man ist sich bewusst, dass andere Zeichen für Dasselbe hätten festgesetzt werden können. Es genügt zu wissen, wie der in den Zeichen versinnlichte Inhalt logisch zu behandeln ist, und wenn man Anwendungen auf die Physik machen will, wie der Uebergang zu den Erscheinungen geschehen

---

1 The principles of Science. London 1879. S. 156.

地说道："数不过是逻辑的区分，而代数是一种高度发展的逻辑。"[1]

§16 但是这种观点也有其自身的困难。这种高耸入云、枝繁叶茂、仍然不断茁壮成长的数的科学之树，应该植根于纯粹的同一性之中吗？如何能从逻辑的这种空洞的形式出发，获得这样的内容呢？

密尔认为："主张通过对语言的巧妙的运用，我们就能发现事实，能揭示隐藏的自然的过程的这一教导，竟然与人类健全的理智相悖，以至于要已经在哲学中取得了的进步才能让人信服它。"

当然，人们在语言熟练运用方面根本就不思考。密尔在这里批评的是一种几乎没有人主张的形式主义。每个运用数学记号或语词的人都会提出这种要求，即它们必须意谓某种东西，没有人指望从空洞的记号中引出什么有意义的东西。一个数学家进行很长的计算，而没有理解与这些数学记号相关的、直观的或可感知的东西，这一点是可能的。因而这些数学记号并不是没有意义的，人们因而将这些记号的内容与记号自身区分开来，而记号内容或许也只能借助于记号而被理解。人们意识到，似乎能提前规定不同的记号表示相同的内容。只要知道以下两点就足够了：记号中可感知的内容如何可以在逻辑上加以处理，并且，如果人们想将之应用到物理学上，必须如何实现

---

1 耶芳斯，《科学原理》，伦敦，1879 年版，第 156 页。

muss. Aber in einer solchen Anwendung ist nicht der eigentliche Sinn der Sätze zu sehen. Dabei geht immer ein grosser Theil der Allgemeinheit verloren, und es kommt etwas Besonderes hinein, das bei andern Anwendungen durch Anderes ersetzt wird.

§17. Man kann trotz aller Herabsetzung der Deduction doch nicht leugnen, dass die durch Induction begründeten Gesetze nicht genügen. Aus ihnen müssen neue Sätze abgeleitet werden, die in keinem einzelnen von jenen enthalten sind. Dass sie in allen zusammen schon in gewisser Weise stecken, entbindet nicht von der Arbeit, sie daraus zu entwickeln und für sich herauszustellen. Damit eröffnet sich folgende Möglichkeit. Statt eine Schlussreihe unmittelbar an eine Thatsache anzuknüpfen, kann man, diese dahingestellt sein lassend, ihren Inhalt als Bedingung mitführen. Indem man so alle Thatsachen in einer Gedankenreihe durch Bedingungen ersetzt, wird man das Ergebniss in der Form erhalten, dass von einer Reihe von Bedingungen ein Erfolg abhängig gemacht ist. Diese Wahrheit wäre durch Denken allein, oder, um mit Mill zu reden, durch kunstfertiges Handhaben der Sprache begründet. Es ist nicht unmöglich, dass die Zahlgesetze von dieser Art sind. Sie wären dann analytische Urtheile, obwohl sie nicht durch Denken allein gefunden zu sein brauchten; denn nicht die Weise des Findens kommt hier in Betracht, sondern die Art der Beweisgründe; oder, wie Leibniz sagt:[1] „es handelt sich hier nicht um die Geschichte unserer Entdeckungen, die verschieden ist in verschiedenen Menschen, sondern um die Verknüpfung und die natürliche Ordnung der Wahrheiten, die immer dieselbe ist". Die Beobachtung hätte, dann zuletzt zu entscheiden, ob die in dem so begründeten

---

1 Nouveaux Essais IV 89· Erdm S. 360

向现象的转化。但是，需要注意的是，在这样的一种应用中，这并非是命题的实际涵义。因而更多份额的普遍性总是会失去，这就进入到某种特殊性的东西之中，而在其他应用中它们将被其他的东西所替换。

§17 尽管存在着对演绎的各种贬低，但是人们不能否认的是，通过归纳所奠基的法则是不充分的。从这些法则中必然要推出新的命题，而任何一个单一的法则并不包含这些新的命题。这些命题以某种确定的方式隐藏于各种法则集合之中，因而人们并不能免于这一工作，即将其发展并证明出来。因此这开启了以下可能性。不是将一个推论链条直接与事实相关联，人们可暂不讨论事实，而是将其内容作为条件来使用。因此，人们可以在一个思想系列中通过若干个条件来替换所有的事实，这样人们在形式上就会得到这一结果：成功取决于思想系列中的若干个条件。这种真是仅通过思维，或者按照密尔的说法，是通过语言的熟练使用而建立起来的。数的法则就是这种方式的法则，这点也不是不可能的。数的法则应该是分析的判断，尽管它并不需要仅通过思维就被发现；因为在这里，我们并不考察这种发现的方式，而是要考察证明根据的种类；或者正如莱布尼茨 [1] 所言："这里所考察的并不是我们发现的历史，历史会因人而异，而是考察发现永远相同的真理的自然秩序与关联。"这种探究应该依赖于观察来最终判定，这样奠基的法

1　莱布尼茨，《人类理解新论》，第 4 章，第 9 节，埃尔德曼版，第 360 页。

Gesetze enthaltenen Bedingungen erfüllt sind. So würde man schliesslich eben dahin gelangen, wohin man durch unmittelbare Anknüpfung der Schlussreihe an die beobachteten Thatsachen gekommen wäre. Aber die hier angedeutete Art des Vorgehens ist in vielen Fällen vorzuziehen, weil sie auf einen allgemeinen Satz führt, der nicht nur auf die grade vorliegenden Thatsachen anwendbar zu sein braucht. Die Wahrheiten der Arithmetik würden sich dann zu denen der Logik ähnlich verhalten wie die Lehrsätze zu den Axiomen der Geometrie. Jede würde in sich eine ganze Schlussreihe für den künftigen Gebrauch verdichtet enthalten, und ihr Nutzen würde darin bestehen, dass man die Schlüsse nicht mehr einzeln zu machen braucht, sondern gleich das Ergebniss der ganzen Reihe aussprechen kann.[1] Angesichts der gewaltigen Entwickelung der arithmetischen Lehren und ihrer vielfachen Anwendungen wird sich dann freilich die weit verbreitete Geringschätzung der analytischen Urtheile und das Märchen von der Unfruchtbarkeit der reinen Logik nicht halten lassen.

Wenn man diese nicht hier zuerst geäusserte Ansicht im Einzelnen so streng durchführen könnte, dass nicht der geringste Zweifel zurückbliebe, so würde das, wie mir scheint, kein ganz unwichtiges Ergebniss sein.

II. Meinungen einiger Schriftsteller über den Begriff der Anzahl.

§18. Indem wir uns nun den ursprünglichen Gegenständen der

---

1 Es ist auffallend, dass auch Mill a. a. O. II. Buch, VI. Cap. §4 diese Ansicht auszusprechen scheint. Sein gesunder Sinn durchbricht eben von Zeit zu Zeit sein Vorurtheil für das Empirische. Aber dieses bringt immer wieder Alles in Verwirrung, indem es ihn die physikalischen Anwendungen der Arithmetik mit dieser selbst verwechseln lässt. Er scheint nicht zu wissen, dass ein hypothetisches Urtheil auch dann wahr sein kann, wenn die Bedingung nicht wahr ist.

则所包含的那些条件是否得到了满足。人们恰好就最终到达将推论链条与可观察的事实相关联的地方。但是这里所建议的方法在很多情况下显得更合适，因为它提及的是普遍的命题，而这些命题不必仅应用于直接现有的事实。算术的真与几何的真之间的关系如同几何学的定理与公理的关系一样。每个命题都被包含在整个推论系列之中以便将来使用，它们的用处就在于，人们不再需要做出单一的推论，而是要能谈论整个推论序列的结果。[1] 鉴于算术学说的快速发展及其多方面的应用，它无疑终结了人们对于分析判断的广泛的轻蔑，同时也终结了关于纯粹逻辑不结果实的传说。

这里所表述的观点并不新鲜，如果人们在此能严格具体地坚持所表述的观点，从而不留丝毫怀疑，正如我们所看到的，其结果并不是完全不重要的。

II　一些学者关于基数概念的观点

§18　我们转而考虑原初的算术对象时，我们区分单个的

1　引人注意的是，密尔似乎也曾（《演绎和归纳逻辑系统》，第 2 卷，第 6 章，第 4 节）谈到这种观点。他那健全的理解力常常打破经验主义的偏见。但是这种偏见总是一而再，再而三地将一切弄混淆，因为这使得他将算术的物理应用与算术自身相混淆。他似乎不知道，即使前提条件不真，一个假言判断也仍然可能是真的。

Arithmetik zuwenden, unterscheiden wir die einzelnen Zahlen 3, 4 u. s. f. von dem allgemeinen Begriffe der Anzahl. Nun haben wir uns schon dafür entschieden, dass die einzelnen Zahlen am besten in der Weise von Leibniz, Mill, H. Grassmann und Andern aus der Eins und der Vermehrung um eins abgeleitet werden, dass aber diese Erklärungen unvollständig bleiben, solange die Eins und die Vermehrung um eins unerklärt sind. Wir haben gesehen, dass man allgemeiner Sätze bedarf, um aus diesen Definitionen die Zahlformeln abzuleiten. Solche Gesetze können eben wegen ihrer Allgemeinheit nicht aus den Definitionen der einzelnen Zahlen folgen, sondern nur aus dem allgemeinen Begriffe der Anzahl. Wir unterwerfen diesen jetzt einer genaueren Betrachtung. Dabei werden voraussichtlich auch die Eins und die Vermehrung um eins erörtert werden müssen und somit auch die Definitionen der einzelnen Zahlen eine Ergänzung zu erwarten haben.

§19. Hier möchte ich mich nun gleich gegen den Versuch wenden, die Zahl geometrisch als Verhältnisszahl von Längen oder Flächen zu fassen. Man glaubte offenbar die vielfachen Anwendungen der Arithmetik auf Geometrie dadurch zu erleichtern, dass man gleich die Anfänge in die engste Beziehung setzte.

Newton [1] will unter Zahl nicht so sehr eine Menge von Einheiten als das abstracte Verhältniss einer jeden Grösse zu einer andern derselben Art verstehen, die als Einheit genommen wird. Man kann zugeben, dass hiermit die Zahl im weitern Sinne, wozu auch die Brüche und Irrationalzahlen gehören, zutreffend beschrieben sei; doch werden hierbei die Begriffe der Grösse und des Grössenverhältnisses vorausgesetzt. Danach scheint es, dass die Erklärung der Zahl im engern Sinne, der Anzahl, nicht

---

1 Baumann a. a. O. Bd. I. S. 475.

数 3、4 等与一般的基数的概念。现在，我们已确定，单个数最好以莱布尼茨、密尔、H.格拉斯曼和其他人的方式，从一与加一中推导出来，但是只要一这个数与加一没有说明清楚，这种说明就并不能令人满意。我们已看到，为了从这些定义中推导出数的公式，人们需要普遍的命题。这些法则由于其普遍性，不能从这些单个数的定义中得出，而只能通过普遍的基数的概念而得出。现在，我们需要更精确地考察这点。此外，大概我们还必须要讨论一这个数和加一，还必须期待增补对单个数的定义。

§19 在此，我想反对那种试图以几何学方式把数理解为长度或面积的关系数的看法。人们显然相信，通过一开始将它们放入最亲密的关系之中，就可以简化算术在几何学中的多重应用。

牛顿[1] 认为，与其说把数理解为单位集合，不如理解为同类的作为单位的任一量与其他的量之间的抽象关系。人们可以说，这是在宽泛的意义上，以恰当的方式描述数，包括分数与无理数，然而，这就需要假定量和量的关系的概念。因而这就表明，数的说明在狭义的或基数（Anzahl）的意义上并非是多

1 鲍曼，《时间、空间与数学教程》，第 1 卷，第 475 页。

überflüssig werde; denn Euklid braucht den Begriff des Gleichvielfachen um die Gleichheit von zwei Längenverhältnissen zu definiren; und das Gleichvielfache kommt wieder auf eine Zahlengleichheit hinaus. Aber es mag sein, dass die Gleichheit von Längenverhältnissen unabhängig vom Zahlbegriffe definirbar ist. Man bliebe dann jedoch im Ungewissen darüber, in welcher Beziehung die so geometrisch definirte Zahl zu der Zahl des gemeinen Lebens stände. Dies wäre dann ganz von der Wissenschaft getrennt. Und doch kann man wohl von der Arithmetik verlangen, dass sie die Anknüpfungspunkte für jede Anwendung der Zahl bieten muss, wenn auch die Anwendung selbst nicht ihre Sache ist. Auch das gewöhnliche Rechnen muss die Begründung seines Verfahrens in der Wissenschaft finden. Und dann erhebt sich die Frage, ob die Arithmetik selbst mit einem geometrischen Begriffe der Zahl auskomme, wenn man an die Anzahl der Wurzeln einer Gleichung, der Zahlen, die prim zu einer Zahl und kleiner als sie sind, und ähnliche Vorkommnisse denkt. Dagegen kann die Zahl, welche die Antwort auf die Frage wieviel? giebt, auch bestimmen, wieviel Einheiten in einer Länge enthalten sind. Die Rechnung mit negativen, gebrochenen, Irrationalzahlen kann auf die mit den natürlichen Zahlen zurückgeführt werden. Newton wollte aber vielleicht unter Grössen, als deren Verhältniss die Zahl definirt wird, nicht nur geometrische, sondern auch Mengen verstehen. Dann wird jedoch die Erklärung für unsern Zweck unbrauchbar, weil von den Ausdrücken „Zahl, durch die eine Menge bestimmt wird" und „Verhältniss einer Menge zur Mengeneinheit" der letztere keine bessere Auskunft als der erstere giebt.

§20.   Die erste Frage wird nun sein, ob Zahl definirbar ist. Hankel[1]

---

1   Theorie der complexen Zahlensysteme, S. 1.

余的；因为欧几里得为了定义两个长度关系的相等就需要多重相等（Gleichvielfachen）的概念，并且多重相等需要再从数相等中得出。长度关系的相等独立于数的概念的定义这一点是可能的。人们依然不确定的是，以这种几何学方式所定义的数，与共同生活中的数之间到底处于什么关系。阐明这一点似乎与这门科学完全无关。然而，人们仍然完全可以要求，算术必须提供每次数的应用的结合点，即使数的应用也不是算术这门科学自身的任务。在日常计算中必定也能发现这门科学的研究方法的基础。人们由此会提出疑问，如果人们思考一个方程的根的个数，比一个数要小的质数以及诸如此类的事情时，算术自身能否用几何方式的数的概念来处理这些问题。而对于有"多少"问题的回答的数，也能规定一个长度包含多少单位。负数、分数和无理数的计算也可以归约为自然数的计算。牛顿或许也想把定义为数的关系的量，不仅理解为几何学的关系，而且理解为集合的关系。然而，这种解释对于我们的目的来说也就不适用了，因为在"由一个集合所规定的数"与"一个集合和一个集合单位之间的关系数"这两个表述中，后一个表述并不比前一个表述回答得更好。

§20 首要问题就是数能否被定义的问题。汉克尔[1]曾这

---

1 汉克尔，《复数系统理论》，第 1 页。

spricht sich dagegen aus: „Was es heisst, ein Object 1mal, 2mal, 3mal ....
denken oder setzen, kann bei der principiellen Einfachheit des Begriffes
der Setzung nicht definirt werden". Hier kommt es jedoch weniger auf
das Setzen als auf das 1mal, 2mal, 3mal an. Wenn dies definirt, werden
könnte, so würde die Undefinirbarkeit des Setzens uns wenig beunruhigen.
Leibniz ist geneigt, die Zahl wenigstens annähernd als adaequate Idee
anzusehen, d. h. als eine solche, die so deutlich ist, dass alles, was in ihr
vorkommt, wieder deutlich ist.

Wenn man im Ganzen mehr dazu neigt, die Anzahl für
undefinirbar zu halten, so liegt das wohl mehr an dem Misslingen darauf
gerichteter Versuche als an dem Bestehen der Sache selbst entnommener
Gegengründe.

Ist die Anzahl eine Eigenschaft der äusseren Dinge?

§21. Versuchen wir wenigstens der Anzahl ihre Stelle unter unsern
Begriffen anzuweisen! In der Sprache erscheinen Zahlen meistens in
adjectivischer Form und in attributiver Verbindung ähnlich wie die Wörter
hart, schwer, roth, welche Eigenschaften der äusseren Dinge bedeuten.
Es liegt die Frage nahe, ob man die einzelnen Zahlen auch so auffassen
müsse, und ob demgemäss der Begriff der Anzahl etwa mit dem der Farbe
zusammengestellt werden könne.

Dies scheint die Meinung von G. Cantor [1] zu sein, wenn er die
Mathematik, eine Erfahrungswissenschaft nennt, insofern sie von der
Betrachtung von Objecten der Aussenwelt ihren Anfang nehme. Nur

---

1 Grundzüge einer Elementarmathematik, S. 2, §4. Aehnlich Lipschitz, Lehrbuch der Analysis,
Bonn 1877. S. 1.

样反对说："什么叫做一个对象被思考或被确定 1 次、2 次或 3 次，这是不能被定义的，因为确定在原则上是简单的。"然而，在此重要的是 1 次、2 次或 3 次，而不是确定。如果这（数）能得到定义，那么，确定的不可定义性就不会使得我们感到不安。莱布尼茨倾向于认为，数至少大致地被看作充足的理念，即这样一种清晰明了的理念：在其中出现的所有东西都是清晰的。

人们总体上更倾向于认为基数是不可定义的，更多的是由于人们针对数的定义的尝试都已经失败了，而不是在定义数的这一件事本身得出反对理由不能这样做。

基数是外在事物的一种性质吗？

§21 我们起码要尝试在我们的概念之下规定基数的位置！在语言中，数主要以类似于坚硬的、沉重的、红的等表示外在事物性质的语词，以形容词形式或以定语的联系的方式而出现。这近似于追问，人们是否必须也能如此这般地理解各个数，基数的概念是否是某种能与颜色的概念并列在一起的概念。

这似乎是 G. 康托尔[1] 的观点，当他称数学为一门经验科学时，就此而言，他认为，一开始数学考虑的是关于外在世界

---

1 康托尔，《初等数学基础》，第 2 页，第 4 节。类似地，参见利普希茨，《数学分析教程》，波恩，1877 年版，第 1 页。

durch Abstraction von Gegenständen entstehe die Zahl.

E. Schröder[1] lässt die Zahl der Wirklichkeit nachgebildet, aus ihr entnommen werden, indem die Einheiten durch Einer abgebildet würden. Dies nennt er Abstrahiren der Zahl. Bei dieser Abbildung würden die Einheiten nur in Hinsicht ihrer Häufigkeit dargestellt, indem von allen andern Bestimmungen der Dinge als Farbe, Gestalt abgesehen werde. Hier ist Häufigkeit nur ein anderer Ausdruck für Anzahl. Schröder stellt also Häufigkeit oder Anzahl in eine Linie mit Farbe und Gestalt und betrachtet sie als eine Eigenschaft der Dinge.

§22. Baumann[2] verwirft den Gedanken, dass die Zahlen von den äussern Dingen abgezogene Begriffe seien: „Weil nämlich die äussern Dinge uns keine strengen Einheiten darstellen; sie stellen uns abgegränzte Gruppen oder sinnliche Punkte dar, aber wir haben die Freiheit, diese selber wieder als Vieles zu betrachten". In der That, während ich nicht im Stande bin, durch blosse Auffassungsweise die Farbe eines Dinges oder seine Härte im Geringsten zu verändern, kann ich die Ilias als Ein Gedicht, als 24 Gesänge oder als eine grosse Anzahl von Versen auffassen. Spricht man nicht in einem ganz andern Sinne von 1000 Blättern als von grünen Blättern des Baumes? Die grüne Farbe legen wir jedem Blatte bei, nicht so die Zahl 1000. Wir können alle Blätter des Baumes unter dem Namen seines Laubes zusammenfassen. Auch dieses ist grün, aber nicht 1000. Wem kommt nun eigentlich die Eigenschaft 1000 zu? Fast scheint es weder dem einzelnen Blatte noch der Gesammtheit; vielleicht gar nicht eigentlich den Dingen der Aussenwelt? Wenn ich jemandem einen

---

1 Lehrbuch der Arithmetik und Algebra, Leipz. 1873, S. 6, 10 u. 11.
2 A. u. O. Bd. II, S. 669.

84

的对象。只有通过对外在对象的抽象，才能形成数。

E. 施罗德[1] 允许数复制存在，并通过用一复制的单位的实在得出数。他将此称为数的抽象。只有在这种摹绘过程中，单位才能以频率的方式得到表征，而不考虑事物所有其他的规定，比如颜色、形状。在此，数的频率是基数的另外的表述。施罗德把频率或基数与颜色和形状并列，并将它看成事物的一种性质。

§22　鲍曼[2] 摒弃了认为数是从外在事物抽象而得出的概念这一思想。"因为外在事物并没有为我们表征严格的单位，它们向我们表征的只是分离的群或可感的点，但是我们可任意地将这些点群看成多数。"实际上，虽然我通过纯粹观念方式丝毫不会改变一个事物的颜色或硬度，但我能把《伊利亚特》理解为一部史诗，或 24 卷的诗，或包含许多行诗句的史诗。难道人们不是在与言说这棵树的绿色树叶完全不同的意义上言说 1000 片树叶？我们是赋予每一片树叶以绿色，而不是数 1000。我们能把所有树叶都概括于树叶的名称之下。这些树叶是绿色的，但是 1000 不是绿色的。现在谁本质上具有 1000 这个性质？似乎这里所涉及的既不是单片的树叶，也不是树叶的整体，或许完全本质上不属于外在世界的事物？如果

1　施罗德，《算术与代数教程》，莱比锡，1873 年版，第 6、10 和 11 页。
2　鲍曼，《时间、空间与数学教程》，第 2 卷，第 669 页。

Stein gebe mit den Worten: bestimme das Gewicht hiervon, so habe ich ihm damit den ganzen Gegenstand seiner Untersuchung gegeben. Wenn ich ihm aber einen Pack Spielkarten in die Hand gebe mit den Worten: bestimme die Anzahl hiervon, so weiss er nicht, ob ich die Zahl der Karten oder der vollständigen Spiele oder etwa der Wertheinheiten beim Skatspiele erfahren will. Damit, dass ich ihm den Pack in die Hand gebe, habe ich ihm den Gegenstand seiner Untersuchung noch nicht vollständig gegeben; ich muss ein Wort: Karte, Spiel, Wertheinheit hinzufügen. Man kann auch nicht sagen, dass die verschiedenen Zahlen hier so wie die verschiedenen Farben neben einander bestehen. Auf die einzelne farbige Fläche kann ich hindeuten, ohne ein Wort zu sagen, nicht so auf die einzelne Zahl. Wenn ich einen Gegenstand mit demselben Rechte grün und roth nennen kann, so ist das ein Zeichen, dass dieser Gegenstand nicht der eigentliche Träger des Grünen ist. Diesen habe ich erst in einer Fläche, die nur grün ist. So ist auch ein Gegenstand, dem ich mit demselben Rechte verschiedene Zahlen zuschreiben kann, nicht der eigentliche Träger einer Zahl.

Ein wesentlicher Unterschied zwischen Farbe und Anzahl besteht demnach darin, dass die blaue Farbe einer Fläche unabhängig von unserer Willkühr zukommt. Sie ist ein Vermögen, gewisse Lichtstrahlen zurückzuwerfen, andere mehr oder weniger zu verschlucken, und daran kann unsere Auffassung nicht das Geringste ändern. Dagegen kann ich nicht sagen, dass dem Pack Spielkarten die Anzahl 1 oder 100 oder irgend eine andere an sich zukomme, sondern höchstens in Bezug auf unsere willkührliche Auffassungsweise, und dann auch nicht so, dass wir ihm die Anzahl einfach als Praedicat beilegen könnten. Was wir ein vollständiges Spiel nennen wollen, ist offenbar eine willkührliche Festsetzung und der Pack Spielkarten weiss nichts davon. Indem wir ihn aber in dieser Einsicht

86

我给某人一块石头并说：确定其重量，因而我们就已经给予了他研究的整个对象。但是如果我给予他一摞纸牌，放到他手里并说：确定其数目，他并不因而就知道我想获悉的是纸牌的数目，还是整个游戏的玩法数，还是譬如在斯卡特玩法中的花牌数。因而，我将纸牌给予他手中，我并没有完整地给予他研究的对象，我们必须补充一个词：纸牌、游戏玩法与花牌数。人们在此也不能说，不同的数就如同不同的颜色一样并列存在。我可以指明单个的有颜色的平面，而无需说出一个语词，但是不用语词就不能指明单个的数。如果我有相同的理由将一个对象称为绿色的和红色的，那么这就表明，这些对象根本不是绿色的真正的载体。只有首先是在一个平面上，我才会有一个绿色的对象。因而，一个我能用相同的理由去描述不同的数的对象，根本就不是数的真正的载体。

因而，颜色和基数之间本质的区别在于，一个平面的蓝色独立于我们的任意的理解。它是一种能反射特定光线的能力，或多或少地能吸收其他光线的能力，对此我们的看法不可能有丝毫改变。相反，我并不能说，这摞纸牌的数目是1，或者100，或者其他的什么数目，而至多只能说，这与我们所意欲的理解方式之间存在最紧密的关联，此外，我们也不能说，我们可以简便地将数作为谓词赋予它。我们愿意称为完整的游戏的东西，很明显只是一个任意的设定，我们根本就不知道这摞

betrachten, entdecken wir vielleicht, dass wir ihn zwei vollständige Spiele nennen können. Jemand, der nicht wüsste, was man ein vollständiges Spiel nennt, würde wahrscheinlich irgend eine andere Anzahl eher an ihm herausfinden, als grade die Zwei.

§23. Die Frage, wem die Zahl als Eigenschaft zukomme, beantwortet Mill [1] so:

> „Der Name einer Zahl bezeichnet eine Eigenschaft, die dem Aggregat von Dingen angehört, welche wir mit dem Namen benennen; und diese Eigenschaft ist die charakteristische Weise, in welcher das Aggregat zusammengesetzt ist oder in Theile zerlegt werden kann".

Hier ist zunächst der bestimmte Artikel in dem Ausdrucke „die charakteristische Weise" ein Fehler; denn es giebt sehr verschiedene Weisen, wie man ein Aggregat zerlegen kann, und man kann nicht sagen, dass Eine allein charakteristisch wäre. Ein Bündel Stroh kann z. B. so zerlegt werden, dass man alle Halme durchschneidet, oder so, dass man es in einzelne Halme auflöst, oder so dass man zwei Bündel daraus macht. Ist denn ein Haufe von hundert Sandkörnern ebenso zusammengesetzt wie ein Bündel von 100 Strohhalmen? und doch hat man dieselbe Zahl. Das Zahlwort „Ein" in dem Ausdruck „Ein Strohhalm" drückt doch nicht aus, wie dieser Halm aus Zellen oder aus Molekeln zusammengesetzt ist. Noch mehr Schwierigkeit macht die Zahl 0. Müssen denn die Strohhalme überhaupt ein Bündel bilden, um gezählt werden zu können? Muss man die Blinden im Deutschen Reiche durchaus in einer Versammlung vereinigen, damit der Ausdruck „Zahl der Blinden im Deutschen Reiche" einen Sinn habe? Sind tausend Weizenkörner, nachdem sie ausgesäet sind,

---

1 A. a. O. III. Buch, XXIV. Cap. §5.

纸牌的数目。但是我们由此观察认识这些纸牌时，或许会发现我们能称它为两种完整的游戏的东西。更确切地说，那些没有意识到人们称作完整的游戏的人，大概会从这一游戏中弄清楚某个其他个别的数，而这个数恰恰不是2。

§23　对于作为性质的数应归属于谁的问题，密尔这样回答：

> 数的名称标记一种属于事物的聚集的性质，我们用名称命名这种聚集，这些性质就是这种聚集能复合在一起，或能被分解为部分的典型方式。[1]

在这个表达式"这种典型方式"中的定冠词是一个错误；因为人们有很多不同的方式去分解某个聚集物，人们并不能说，只存在一种唯一的典型的方式。比如，一捆稻草可以通过从中切断所有的稻草而被分解，或者被分解为一根根稻草，或者被分解成两捆稻草。一堆100颗沙粒是以如同一捆100根稻草一样的方式聚集的吗？然而，人们具有的却是相同的数。尽管如此，在表达式"一根稻草"中的数词"一"并不表述该根稻草是如何由诸多细胞或分子所构成的。数字0会产生更多的困难。为了能计数，这些稻草必须形成一捆吗？人们必须把整个德国的盲人们聚集在一起，以便使得这一表达式"整个德国的盲人数"具有意义？成千的小麦粒在被播种之后就不再

1　密尔，《演绎和归纳逻辑系统》，第3卷，第24章，第5节。

nicht mehr tausend Weizenkörner? Giebt es eigentlich Aggregate von Beweisen eines Lehrsatzes oder von Ereignissen? und doch kann man auch diese zählen. Dabei ist es gleichgiltig, ob die Ereignisse gleichzeitig oder durch Jahrtausende getrennt sind.

§24. Damit kommen wir auf einen andern Grund, die Zahl nicht mit Farbe und Festigkeit zusammenzustellen: die bei weitern grössere Anwendbarkeit.

Mill[1] meint, die Wahrheit, dass, was aus Theilen zusammengesetzt ist, aus Theilen dieser Theile zusammengesetzt ist, sei von allen Naturerscheinungen giltig, weil alle gezählt werden könnten. Aber kann nicht noch weit Mehr gezählt werden? Locke[2] sagt: „Die Zahl findet Anwendung auf Menschen, Engel, Handlungen, Gedanken, jedes Ding, das existirt oder vorgestellt werden kann". Leibniz[3] verwirft die Meinung der Scholastiker, dass die Zahl auf unkörperliche Dinge unanwendbar sei, und nennt die Zahl gewissermaassen eine unkörperliche Figur, entstanden aus der Vereinigung irgendwelcher Dinge, z. B. Gottes, eines Engels, eines Menschen, der Bewegung, welche zusammen vier sind. Daher, meint er, ist die Zahl etwas ganz Allgemeines und zur Metaphysik gehörig. An einer andern Stelle[4] sagt er: „Gewogen kann nicht werden, was nicht Kraft und Vermögen hat; was keine Theile hat, hat demgemäss kein Maass; aber es giebt nichts, was nicht die Zahl zulässt. So ist die Zahl gleichsam die metaphysische Figur".

Es wäre in der That wunderbar, wenn eine, von äussern Dingen

---

1 A. a. O. III. Buch, XXIV. Cap. §5.
2 Baumann a. a. O. Bd. I, S. 409.
3 Ebenda, Bd. II, S. 56.
4 Ebenda, Bd. II, S. 2.

是成千的小麦粒吗？难道根本上存在定理的证明或事件的聚集？然而人们仍然能对这些东西进行计数。某些事件同时发生，抑或两者相隔千年才发生都是无关紧要的。

§24　因此，我们获得了另外一种根据，数并不能与颜色或强度相提并论：数的应用范围应该更宽更大。

密尔[1]认为，由部分中复合而来的东西，都是从这些部分的部分中复合而来的这一真理，对于所有的自然现象都是有效的，因为所有自然现象都可以被计数的。但是可计数的难道不能更多吗？洛克[2]曾说："数应用于人类、天使、行为、思想、每个存在或可设想的事物。"莱布尼茨[3]摒弃了经院哲学家那种认为数不能应用于非物质的事物之上的观点，在一定程度上把数称为非物质的图形（Figur），由任何一种事物结合而成，比如神、天使、人、运动这些事物总共为四。因此他认为，数是完全普遍的，是属于形而上学的。在另一处，[4]他说："没有力量与能力的东西就不能被称量，没有部分的东西，因而就无法测量；但是没有什么东西是数不能计数的。因而数仿佛是一个形而上学的图形（Figur）。"

确实，将一个从外在事物抽象出来的性质转化为事件、表

1　密尔，《演绎和归纳逻辑系统》，第 3 卷，第 24 章，第 5 节。

2　鲍曼，《时间、空间与数学教程》，第 1 卷，第 409 页。

3　同上书，第 2 卷，第 56 页。

4　同上书，第 2 卷，第 2 页。

abstrahirte Eigenschaft, auf Ereignisse, auf Vorstellungen, auf Begriffe ohne Aenderung des Sinnes Übertragen werden könnte. Es wäre grade so, als ob man von einem schmelzbaren Ereignisse, einer blauen Vorstellung, einem salzigen Begriffe, einem zähen Urtheile reden wollte.

Es ist ungereimt, dass an Unsinnlichem vorkomme, was seiner Natur nach sinnlich ist. Wenn wir eine blaue Fläche sehen, so haben wir einen eigenthümlichen Eindruck, der dem Worte „blau" entspricht; und diesen erkennen wir wieder, wenn wir eine andere blaue Fläche erblicken. Wollten wir annehmen, dass in derselben Weise beim Anblick eines Dreiecks etwas Sinnliches dem Worte „drei" entspräche, so müssten wir dies auch in drei Begriffen wiederfinden; etwas Unsinnliches würde etwas Sinnliches an sich haben. Man kann wohl zugeben, dass dem Worte dreieckig, eine Art sinnlicher Eindrücke entspreche, aber man muss dabei dies Wort als Ganzes nehmen. Die Drei darin sehen wir nicht unmittelbar; sondern wir sehen etwas, woran eine geistige Thätigkeit anknüpfen kann, welche zu einem Urtheile führt, in dem die Zahl, vorkommt. Womit nehmen wir denn etwa die Anzahl der Schlussfiguren wahr, die Aristoteles aufstellt? etwa mit den Augen? wir sehen höchstens gewisse Zeichen für diese Schlussfiguren, nicht sie selbst. Wie sollen wir ihre Anzahl sehen können, wenn sie selbst unsichtbar bleiben? Aber, meint man vielleicht, es genügt, die Zeichen zu sehen; deren Zahl ist gleich der Zahl der Schlussfiguren. Woher weiss man denn das? Dazu muss man doch schon auf andere Weise die letztere bestimmt haben. Oder ist der Satz „die Anzahl der Schlussfiguren ist vier" nur ein anderer Ausdruck für „die Anzahl der Zeichen der Schlussfiguren ist vier"? Nein, von den Zeichen soll nichts ausgesagt werden; von den Zeichen will niemand etwas wissen, wenn nicht deren Eigenschaft zugleich eine der Bezeichneten ausdrückt. Da ohne

象与概念而不发生意义的变化，这似乎是不可思议的。这就好比人们谈论可溶解的事件，一个蓝色的表象，一种咸的概念，一个坚硬的判断一样荒谬。

在一种没有感觉的事物上出现依其本质是有感觉的东西，这是荒谬的。当我们看见一块蓝色的平面时，我们就获得与语词"蓝色"相应的一种独特的印象，当我们瞥见其他的蓝色平面时，我们就重新认出这种印象。如果我们想假定，瞥见一个三角形，就有某种可感觉的东西以相同的方式与"三"这个语词相对应，我们必定在三这个概念中再次发现这个东西，那样的话，在某种没有感觉的东西上，就会出现有感觉的东西。人们也许会承认有一种感觉印象与语词"三角形"，相对应，但是人们必须将三角形这个语词看成一个整体。我们在这点上并非直接地看到三，而是我们看到某种与精神活动联系在一起的东西，这种精神活动引导在其中出现 3 这个数的判断。我们凭借什么认为亚里士多德所建立的三段论的格的基数就是正确的？是通过某种眼睛的方式吗？我们所见的至多不过是标记这些三段论格的一些确定的记号，而非三段论的格自身。如果它们自身是不可见的，我们应该如何能看见它们的基数呢？但是，人们或许意谓的是，看到记号就足够了，这些记号的数与三段论的格的基数是一样的。人们从哪里知道这点原因呢？因此人们必定已经以其他的方式，最终确定了三段论的格的基数。或者这句话"三段论的格的基数是 4"，只是对于这句话"三段论的格的基数记号是 4"的另外的表述？不，关于记号并没有说出什么，如果所标记的东西不能同时表达其属性，人们也就不会知道关于记号的任何东西。因为相同的数可以有不

logischen Fehler dasselbe verschiedene Zeichen haben kann, braucht nicht einmal die Zahl der Zeichen mit der des Bezeichneten übereinzustimmen.

§25. Während für Mill die Zahl etwas Physikalisches ist, besteht sie für Locke und Leibniz nur in der Idee. In der That sind, wie Mill[1] sagt, zwei Aepfel von drei Aepfeln, zwei Pferde von einem Pferd physikalisch verschieden, ein davon verschiedenes sichtliches und fühlbares Phänomen.[2] Aber ist daraus zu schliessen, dass die Zweiheit, Dreiheit, etwas Physikalisches ist? Ein Paar Stiefel kann dieselbe sichtbare und fühlbare Erscheinung sein, wie zwei Stiefel. Hier haben wir einen Zahlenunterschied, dem kein physikalischer entspricht; denn zwei und Ein Paar sind keineswegs dasselbe, wie Mill sonderbarer Weise zu glauben scheint. Wie ist es endlich möglich, dass sich zwei Begriffe von drei Begriffen physikalisch unterscheiden?

So sagt Berkeley:[3] „Es ist zu bemerken, dass die Zahl nichts Fixes und Festgestelltes ist, was realiter in den Dingen selber existirte. Sie ist gänzlich Geschöpf des Geistes, wenn er entweder eine Idee an sich oder eine Combination von Ideen betrachtet, der er einen Namen geben will und sie so für eine Einheit gelten lässt. Jenachdem der Geist seine Ideen variirend combinirt, variirt die Einheit, und wie die Einheit so variirt auch die Zahl, welche nur eine Sammlung von Einheiten ist. Ein Fenster = 1; ein Haus, in dem viele Fenster sind, = 1; viele Häuser machen Eine Stadt aus".

---

1 A. a. O. III. Buch, XXIV. Cap. §5.
2 Genau genommen müsste hinzugefügt werden: sobald sie überhaupt ein Phänomen sind. Wenn aber Jemand ein Pferd in Deutschland und eines in Amerika (und sonst keines) hat, so besitzt er zwei Pferde. Diese bilden jedoch kein Phänomen, sondern nur jedes Pferd für sich könnte so genannt werden.
3 Baumann a. a. O, Bd, II, S. 428

同的记号表示而并没有任何逻辑的缺陷，因而记号的数，不必与记号所标记东西的数相符合。

§25　对于密尔来说，数是某种物理的东西，而对于洛克和莱布尼茨来说，数只存在于观念之中。事实上诚如密尔[1] 所言，在物理上能区分 2 个苹果与 3 个苹果，2 匹马与 1 匹马，因此它们是一种不同的可见的与有形的现象。[2] 但是，由此能得出结论说，2 和 3 也是某种物理的东西吗？1 双雨靴如同 2只雨靴一样，都是同样可见的有形的现象，在此，我们有了数的区分，但没有物理的东西与之相应；因为 2 只和 1 双决不是相同的，正如密尔奇怪的相信方式所显现的那样。究竟如何可能在物理上区分 2 这个概念与 3 这个概念？

贝克莱[3] 这样说："注意到，实际上数并不是事物自身中存在的、固定的和确定的东西。数完全是精神的创造物。它要么是一种观念，要么是可观察到的观念的结合，人们给它一个名称，然后将之看成一个统一体。依据精神以可变的方式结合其观念，单位发生改变；而一旦单位发生变化，单位聚合成的数也发生变化。一个窗户 = 1，一间具有许多窗户的房子 = 1，许多房屋组成一座城市。"

1　密尔，《演绎和归纳逻辑系统》，第 3 卷，第 24 章，第 5 节。
2　准确地说，这里必须做如下补充：只要它们仍然是现象就行。但是如果某个人在德国有一匹马，在美国也有一匹马（其他地方没有），那么，他就有两匹马。然而，这并不构成现象，而是每匹马自身才能如此命名。
3　鲍曼，《时间、空间与数学教程》，第 2 卷，第 428 页。

Ist die Zahl etwas Subjectives?

§26. In diesem Gedankengange kommt man leicht dazu, die Zahl für etwas Subjectives anzusehen. Es scheint die Weise, wie die Zahl in uns entsteht, über ihr Wesen Aufschluss geben zu können. Auf eine psychologische Untersuchung also würde es dann ankommen. In diesem Sinne sagt wohl Lipschitz:[1]

„Wer über gewisse Dinge einen Ueberblick gewinnen will, der wird mit einem bestimmten Dinge beginnen und immer ein neues Ding den früheren hinzufügen". Dies scheint viel besser darauf zu passen, wie wir etwa die Anschauung eines Sternbildes erhalten, als auf die Zahlbildung. Die Absicht, einen Ueberblick zu gewinnen, ist unwesentlich; denn man wird kaum sagen können, dass eine Herde übersichtlicher wird, wenn man erfährt, aus wieviel Häuptern sie besteht.

Eine solche Beschreibung der innern Vorgänge, die der Fällung eines Zahlurtheils vorhergehen, kann nie, auch wenn sie zutreffender ist, eine eigentliche Begriffsbestimmung ersetzen. Sie wird nie zum Beweise eines arithmetischen Satzes herangezogen werden können; wir erfahren durch sie keine Eigenschaft der Zahlen. Denn die Zahl ist so wenig ein Gegenstand der Psychologie oder ein Ergebniss psychischer Vorgänge, wie es etwa die Nordsee ist. Der Objectivität der Nordsee thut es keinen Eintrag, dass es von unserer Willkühr abhangt, welchen Theil der allgemeinen Wasserbedeckung der Erde wir abgrenzen und mit dem Namen „Nordsee" belegen wollen. Das ist kein Grund, dies Meer auf psychologischem Wege erforschen zu wollen. So ist auch die Zahl etwas Objectives. Wenn man

---

1 Lehrbuch der Analysis, S. 1. Ich nehme an, dass Lipschitz einen innern Vorgang im Sinne hat.

数是某种主观的东西吗？

§26 在这种思想过程中，人们很容易将数看成是某种主观的东西。数在我们心中出现的方式似乎能给出关于数的本质的说明。对数进行心理学的研究似乎变得很关键。在这个意义上，利普希茨[1]明确地说：

"谁想获得关于一堆事物的整体把握，谁就要从特定的事物开始，并且总是为前面选定的事物添加一个新的事物。"这似乎更好地适合于说明我们对星座之类事物的直觉，却不太适合于说明数的形成。获得一种整体把握的意图是无足轻重的，因为人们不可能说，当获知一个畜群由多少头牲畜构成之后，人们就更容易把握这个畜群。

对前面所提的数的判断解释的内在过程的描述，即使它是精确无误的，它也决不能取代根本的概念规定的任务。它们绝对不能被用来对算术命题进行证明；我们也不能通过它们来获知数的特性。正如北海不是心理上的对象一样，数也不是心理学的对象或精神过程的产物。我们划出覆盖地球水域的一部分的边界，并将其用"北海"命名，这完全取决于我们的意愿，但是这并不妨碍北海的客观性。这也绝不是想要用心理学的方式研究这片海域的理由。因而，数也是某种客观的东西。

---

1 利普希茨，《数学分析教程》，第 1 页。我认为，利普希茨具有这种感官中的内在过程。

sagt „die Nordsee ist 10000 Quadratmeilen gross", so deutet man weder durch „Nordsee" noch durch „10000" auf einen Zustand oder Vorgang in seinem Innern hin, sondern man behauptet etwas ganz Objectives, was von unsern Vorstellungen und dgl, unabhängig ist. Wenn wir etwa ein ander Mal die Grenzen der Nordsee etwas anders ziehen oder unter „10000" etwas Anderes verstehen wollten, so würde nicht derselbe Inhalt falsch, der vorher richtig war; sondern an die Stelle eines wahren Inhalts wäre vielleicht ein falscher geschoben, wodurch die Wahrheit jenes ersteren in keiner Weise aufgehoben würde.

Der Botaniker will etwas ebenso Thatsächliches sagen, wenn er die Anzahl der Blumenblätter einer Blume, wie wenn er ihre Farbe angiebt. Das eine hangt so wenig wie das andere von unserer Willkühr ab. Eine gewisse Aehnlichkeit der Anzahl und der Farbe ist also da; aber diese besteht nicht darin, dass beide an äusseren Dingen sinnlich wahrnehmbar, sondern darin, dass beide objectiv sind.

Ich unterscheide das Objective von dem Handgreiflichen, Räumlichen, Wirklichen. Die Erdaxe, der Massenmittelpunkt des Sonnensystems sind objectiv, aber ich möchte sie nicht wirklich nennen, wie die Erde selbst. Man nennt den Aequator oft eine gedachte Linie; aber es wäre falsch, ihn eine erdachte Linie zu nennen; er ist nicht durch Denken entstanden, das Ergebniss eines seelischen Vorgangs, sondern nur durch Denken erkannt, ergriffen. Wäre das Erkanntwerden ein Entstehen, so könnten wir nichts Positives von ihm aussagen in Bezug auf eine Zeit, die diesem vorgeblichen Entstehen vorherginge.

Der Raum gehört nach Kant der Erscheinung an. Es wäre möglich, dass er andern Vernunftwesen sich ganz anders als uns darstellte. Ja, wir können nicht einmal wissen, ob er dem einen Menschen so wie dem

当人们说"北海的面积是10000平方英里"时，人们意指的并不是通过"北海"或通过"10000"在他的心中引起的一种状态或心理过程，人们断定的是完全客观的东西，这些东西独立于我们的表象，并且独立于诸如此类的主观状态。当我们在别的场合对北海的边界做不同划分，或将"10000"理解成别的东西，这并不能使得前面相同为真的内容变为假的；而是说在这点上，一个真的内容，或许被一个假的内容所取代，但此前真的内容是绝不会被取消的。

当植物学家说明一束花的花瓣的基数时，如同他对花的颜色所说的一样，都是事实。两者都不依赖于我们的任意性。因为基数和颜色具有一定的相似性。但是这种相似性并不在于两者都是一种外在可感知的事物，而是在于两者都是客观的。

我在客观的事物与可触的、空间的事物，以及实在事物之间做出区分。地轴、太阳系质量中心点都是客观的，但是我不想将它们像地球自身那样称为实在的。人们经常把赤道称为一条虚构的线，但是把赤道称为一种虚构的线的观点是错误的，因为它并不是通过思维即心理过程的结果而形成，而是通过思维而认知和理解把握。如果被认知就是形成过程，那么我们就不能对关于这个所谓过程形成之前的时刻说出任何肯定的东西。

根据康德，空间属于现象。有可能，在我们面前显现的现象与其他的理性生物面前显现的现象是不同的。是的，我们并不知道，一个人面前所显现的现象是否与其他人面前显现的现

andern erscheint; denn wir können die Raumanschauung des einen nicht neben die des andern legen, um sie zu vergleichen. Aber dennoch ist darin etwas Objectives enthalten; Alle erkennen dieselben geometrischen Axiome, wenn auch nur durch die That, an und müssen es, um sich in der Welt zurechtzufinden. Objectiv ist darin das Gesetzmässige, Begriffliche, Beurtheilbare, was sich in Worten ausdrücken lässt. Das rein Anschauliche ist nicht mittheilbar. Nehmen wir zur Verdeutlichung zwei Vernunftwesen an, denen nur die projectivischen Eigenschaften und Beziehungen anschaulich sind: das Liegen von drei Punkten in einer Gerade, von vier Punkten in einer Ebene u. s. w.; es möge dem einen das als Ebene erscheinen, was das andere als Punkt anschaut und umgekehrt. Was dem einen die Verbindungslinie von Punkten ist, möge dem andern die Schnittkante von Ebenen sein u. s. w. immer dualistisch entsprechend. Dann könnten sie sich sehr wohl mit einander verständigen und würden die Verschiedenheit ihres Anschauens nie gewahr werden, weil in der projectivischen Geometrie jedem Lehrsatze ein anderer dualistisch gegenübersteht; denn das Abweichen in einer ästhetischen Werthschätzung würde kein sicheres Zeichen sein. In Bezug auf alle geometrische Lehrsätze wären sie völlig im Einklange; sie würden sich nur die Wörter in ihre Anschauung verschieden übersetzen. Mit dem Worte „Punkt" verbände etwa das eine diese, das andere jene Anschauung. So kann man immerhin sagen, dass ihnen dies Wort etwas Objectives bedeute; nur darf man unter dieser Bedeutung nicht das Besondere ihrer Anschauung verstehn. Und in diesem Sinne ist auch die Erdaxe objectiv.

Man denkt gewöhnlich bei „weiss" an eine gewisse Empfindung, die natürlich ganz subjectiv ist; aber schon im gewöhnlichen Sprachgebrauche, scheint mir, tritt ein objectiver Sinn vielfach hervor. Wenn man den

象一样；因为我们并不能把一个人的空间直观与另一个人的空间直观并列起来加以比较。但是尽管如此，这其中还是包含了某些客观性的东西；所有人都辨别出相同的几何学公理，尽管只能通过自己的行动，然而为了认识世界，他自己就必须这么做。客观性的东西是合乎规律的、概念的和可判断的东西，可通过语词表达出来。纯粹的直观是不可传达的。我们假设两个理性生物来澄清这点，对他们来说，只有投影的特性与关系是直观的：一条直线上放置3个点，一个平面上放置4个点，等等，很有可能对于其中一个理性生物来说显现为平面的，对另一个生物来说直观为点，反之亦然。对其中一个生物来说是点的连接线的东西，对另一个理性生物来说可能是几个平面相交的切面，如此等等，而且总是这样二元对应的。他们当然能相互理解，他们并不能察觉到他们直观之间的不同，因为射影几何学中的每条定理都有另一条其他的定理与之对应；因为一种感官评价方面的分歧并不是可靠的标志。所有关于几何学的定理，他们之间应是完全一致的；他们只是在直观上对语词解释不同。其中之一者将语词"点"与这个直观相连接，而另一个则将它与别的直观相连接。因而，人们总可以说，对于他们来说，这个语词意谓某种客观的东西；只是不能把这个意谓理解成他们直观的特定的东西。在这个意义上，地轴也是客观的。

对于"白的"这个词，人们习惯于想到某种感觉，这自然完全是主观的；但是我认为，在通常的语言使用中也会经常显露出客观的意义。当人把雪叫做白的，人们就在表达一种客观的

Schnee weiss nennt, so will man eine objective Beschaffenheit ausdrücken, die man beim gewöhnlichen Tageslicht an einer gewissen Empfindung erkennt. Wird er farbig beleuchtet, so bringt man das bei der Beurtheilung in Anschlag. Man sagt vielleicht: er erscheint jetzt roth, aber er ist weiss. Auch der Farbenblinde kann von roth und grün reden, obwohl er diese Farben in der Empfindung nicht unterscheidet. Er erkennt den Unterschied daran, dass Andere ihn machen, oder vielleicht durch einen physikalischen Versuch. So bezeichnet das Farbenwort oft nicht unsere subjective Empfindung, von der wir nicht wissen können, dass sie mit der eines Andern übereinstimmt—denn offenbar verbürgt das die gleiche Benennung keineswegs—sondern eine objective Beschaffenheit. So verstehe ich unter Objectivität eine Unabhängigkeit von unserm Empfinden, Anschauen und Vorstellen, von dem Entwerfen innerer Bilder aus den Erinnerungen früherer Empfindungen, aber nicht eine Unabhängigkeit von der Vernunft; denn die Frage beantworten, was die Dinge unabhängig von der Vernunft sind, hiesse urtheilen, ohne zu urtheilen, den Pelz waschen, ohne ihn nass zu machen.

§27. Deswegen kann ich auch Schloemilch[1] nicht zustimmen, der die Zahl Vorstellung der Stelle eines Objects in einer Reihe nennt.[2]

---

1 Handbuch der algebraischen Analysis, S. 1.

2 Man kann dagegen auch einwenden, dass dann immer dieselbe Vorstellung einer Stelle erscheinen müsste, wenn dieselbe Zahl auftritt, was offenbar falsch ist. Das Folgende würde nicht zutreffen, wenn er unter Vorstellung eine objective Idee verstehen wollte; aber welcher Unterschied wäre dann zwischen der Vorstellung der Stelle und der Stelle selbst?
Die Vorstellung im subjectiven Sinne ist das, worauf sich die psychologischen Associationsgesetze beziehen; sie ist von sinnlicher, bildhafter Beschaffenheit. Die Vorstellung im objectiven Sinne gehört der Logik an und ist wesentlich unsinnlich, obwohl das Wort, welches eine objective Vorstellung bedeutet, oft auch eine subjective mit sich führt, die jedoch nicht seine Bedeutung ist. Die subjective Vorstellung ist oft nachweisbar verschieden in verschiedenen Menschen, die objective für alle dieselbe. Die objectiven (particle下页)

特性，即人们在通常的日光下能察觉出的某种感觉。只要雪在有颜色的照明下，人们对它做判断时就要将其考虑在内。人们或许这样说，它现在显现的是红色，实际上它是白色。虽然色盲的人会谈及红色和绿色，但是他并不能在经验上区别这两种颜色。他认出这种区别，是因为他人做出这种区别，或许是通过一种物理的实验的方式做出的。因此，颜色词并不经常表示我们主观的感觉，我们并不知道这种感觉是否与他人的感觉相一致——很明显相同的命名并不能确保这种一致——而是确保客观的特性。所以，我把客观性理解为独立于我们感觉、直观和表象的东西，也独立于从以前的感觉记忆中勾画的内在的图像，但并不独立于理性；因为对什么东西独立于理性这一问题的回答，等同于不经判断活动而下判断，不淋湿大衣而清洗大衣那样不可能。

§27　由此，我也不同意施罗密尔西[1]的观点，他把数称[2]

1　施罗密尔西，《代数分析手册》，第1页。

2　人们也可以提出如下反对意见，即如果出现相同的数，那么一个位置上必须出现相同的表象，而这很明显是错误的。如果他理解的是一个客观观念的表象，我的论证就不会成功；但是，一个位置的表象与一个位置自身之间有哪些区别？

主观意义上的表象是指它涉及心理学的联想规律；它具有感觉的、图像的性质。客观意义的表象属于逻辑，本质上是非感觉的，虽然意谓客观表象的语词经常携带一种主观的东西，但是它仍然不是其意谓。主观的表象对于不同的人有不同的证明，但是客观的表象对于所有人都是相同的。人们可以用概念和对象划分（eintheilen）客观表象。为了避免混淆，我只在主观的意义上使用"表象"（Vorstellung）。因此，康德对这个词的使用涉及双重意谓，他赋予其理论相当主观的、观念论的色彩，这使得人们难以把握他的真正观点。有理由认为，这里所做的区分也就是心理学和逻辑学之间的区分。人们总是想正确严格地区分这点！

Wäre die Zahl eine Vorstellung, so wäre die Arithmetik Psychologie. Das ist sie so wenig, wie etwa die Astronomie es ist. Wie sich diese nicht mit den Vorstellungen der Planeten, sondern mit den Planeten selbst beschäftigt, so ist auch der Gegenstand der Arithmetik keine Vorstellung. Wäre die Zwei eine Vorstellung, so wäre es zunächst nur die meine. Die Vorstellung eines Andern ist schon als solche eine andere. Wir hätten dann vielleicht viele Millionen Zweien. Man müsste sagen: meine Zwei, deine Zwei, eine Zwei, alle Zweien. Wenn man latente oder unbewusste Vorstellungen annimmt, so hätte man auch unbewusste Zweien, die dann später wieder bewusste würden. Mit den heranwachsenden Menschen entständen immer neue Zweien, und wer weiss, ob sie sich nicht in Jahrtausenden so veränderten, dass $2 \times 2 = 5$ würde. Trotzdem wäre es zweifelhaft, ob es, wie man gewöhnlich meint, unendlich viele Zahlen gäbe. Vielleicht wäre 10^{10} nur ein leeres Zeichen, und es gäbe gar keine Vorstellung, in irgendeinem Wesen, die so benannt werden könnte.

Wir sehen, zu welchen Wunderlichkeiten es führt, wenn man den Gedanken etwas weiter ausspinnt, dass die Zahl eine Vorstellung sei. Und wir kommen zu dem Schlusse, dass die Zahl weder räumlich und physikalisch ist, wie Mills Haufen von Kieselsteinen und Pfeffernüssen, noch auch subjectiv wie die Vorstellungen, sondern unsinnlich und objectiv. Der Grund der Objectivität kann ja nicht in dem Sinneseindrucke liegen, der als Affection unserer Seele ganz subjectiv ist, sondern, soweit

---

(接上页) Vorstellungen kann man eintheilen in Gegenstände und Begriffe. Ich werde, um Verwirrung zu vermeiden, „Vorstellung" nur im subjectiven Sinne gebrauchen. Dadurch, dass Kant mit diesem Worte beide Bedeutungen verband, hat er seiner Lehre eine sehr subjective, idealistische Färbung gegeben und das Treffen seiner wahren Meinung erschwert. Die hier gemachte Unterscheidung ist so berechtigt wie die zwischen Psychologie und Logik. Möchte man diese immer recht streng auseinanderhalten!

为一个对象在一个序列中位置的表象。如果数果真是一种表象的话，那么算术就是心理学。正如天文学不是心理学一样，算术也不是一种心理学。正如天文学并不研究行星的表象，而是对行星自身开展研究，算术的研究对象也不是表象。如果2是一种表象的话，它首先应该只是我的表象。一个他人的2的表象已经是一个其他的表象。那样的话，我们就会有几百万个2。人们必须说：我的2，你的2，一个2，所有的2。如果人们承认潜在的或无意识的表象的话，那么，人们就会有无意识的2，而这个无意识的2又会再变成有意识的2。随着青少年人群的兴起，总会形成新的2，谁会知道是否一千年以后它们不会改变，以至于 $2 \times 2 = 5$？然而尽管如此，仍然值得怀疑的是，是否存在人们通常所假定的无穷多的数？或许 10^{10} 只是一个空的记号，一个以无论什么方式关于它被认知的表象完全不存在。

我们可以看到，如果人们继续发挥这一思想即数应是一种表象，它会引出哪些稀奇古怪的结果。我们会得出这一结论，即数既不是像密尔的姜汁糕点和鹅卵石堆集那样的空间的和物理的东西，也不是像表象那样的主观的东西，而是非感觉的与客观的东西。数的客观性的依据不可能在感觉印象之中，因为感觉印象例如我们心灵的影响完全是主观的，据我所见，客观

ich sehe, nur in der Vernunft.

Es wäre wunderbar, wenn die allerexacteste Wissenschaft sich auf die noch zu unsicher tastende Psychologie stützen sollte.

Die Anzahl als Menge.

§28. Einige Schriftsteller erklären die Anzahl als eine Menge, Vielheit oder Mehrheit. Ein Uebelstand besteht hierbei darin, dass die Zahlen 0 und 1 von dem Begriffe ausgeschlossen werden. Jene Ausdrücke sind recht unbestimmt: bald nähern sie sich mehr der Bedeutung von „Haufe", „Gruppe", „Aggregat"—wobei an ein räumliches Zusammensein gedacht wird—bald werden sie fast gleichbedeutend mit „Anzahl" gebraucht, nur unbestimmter. Eine Auseinanderlegung des Begriffes der Anzahl kann darum in eitler solchen Erklärung nicht gefunden werden. Thomae[1] verlangt zur Bildung der Zahl, dass verschiedenen Objectenmengen verschiedene Namen gegeben werden. Damit ist offenbar eine schärfere Bestimmung jener Objectenmengen gemeint, für welche die Namengebung nur das äussere Zeichen ist. Welcher Art nun diese Bestimmung, sei, das ist die Frage. Es würde offenbar die Idee der Zahl nicht entstehen, wenn man für „3 Sterne", „3 Finger", „7 Sterne" Namen einführen wollte, in denen keine gemeinsamen Bestandtheile erkennbar wären. Es kommt nicht darauf an, dass überhaupt Namen gegeben werden, sondern dass für sich bezeichnet werde, was Zahl daran ist. Dazu ist nöthig, dass es in seiner Besonderheit erkannt sei.

---

1 Elementare Theorie der analytischen Functionen, S. 1.

性的基础只能在理性之中。

如果这门最精确的科学仍然需要不稳固的、尚处于探索阶段的心理学作为支撑的话，那将是不可思议的。

作为集合的基数。

§28　有些学者将基数解释为集合、众多或多数。这种观点的弊端在于它将数 0 或数 1 排除在数的概念之外。那些表达式没有恰当地被规定：它们时而更多地近似于"堆""群"与"集"的意谓——这些词使人思考的是一种空间的集合——时而它们几乎与"基数"使用相同意谓，只是更加不确定。因而在这样的解释中不可能找到对基数概念的分析。为了形成数，托迈[1]要求给不同项的集合不同的名称。因而这显然意谓着更严格地规定那些项的集合，而对集合的命名仅是外在的记号。该用哪种方式进行这种规定呢？这是一个问题。如果人们想采用"3 颗星""3 根手指""7 颗星"这些名称，很明显这里并没有形成数的概念，因为在其中并无可辨别的共同的构成部分。给出名称这点完全不重要，重要的在于表明数是什么。因此，我们有必要辨认出数的特殊性。

1　托迈，《解析函数的基本理论》，第 1 页。

Noch ist folgende Verschiedenheit zu beachten. Einige nennen die Zahl eine Menge von Dingen oder Gegenständen; Andere wie schon Euklid[1], erklären sie als eine Menge von Einheiten. Dieser Ausdruck bedarf einer besondern Erörterung.

III. Meinungen über Einheit und Eins.

Drückt das Zahlwort „Ein" eine Eigenschaft von Gegenständen aus?

§29. In den Definitionen, die Euklid am Anfange des 7. Buches der Elemente giebt, scheint er mit dem Worte „μονάς" bald einen zu zählenden Gegenstand, bald eine Eigenschaft eines solchen, bald die Zahl Eins zu bezeichnen. Ueberall kommt man mit der Uebersetzung „Einheit" durch, aber nur, weil dies Wort selbst in diesen verschiedenen Bedeutungen schillert.

Schröder[2] sagt: „Jedes der zu zählenden Dinge wird Einheit genannt".

Es fragt sich, weshalb man die Dinge erst unter den Begriff der Einheit bringt und nicht einfach erklärt: Zahl ist eine Menge von Dingen, womit wir wieder auf das Vorige zurückgeworfen wären. Man könnte zunächst in der Benennung der Dinge als Einheiten eine nähere Bestimmung finden wollen, indem man der sprachlichen Form folgend „Ein" als Eigenschaftswort ansieht und „Eine Stadt" so auffasst wie „weiser Mann". Dann würde eine Einheit ein Gegenstand sein, dem die Eigenschaft „Ein" zukäme und

---

1 7. Buch der Elemente im Anfange: Μονάς ἐστιν, καθ᾽ ἣν ἕκαστον τῶν ὄντων ἓν λέγεται· Ἀριθμὸς δὲ τὸ ἐχ μονάδων συγκείμενον πλῆθος·

2 A, a, Ω, S, 5.

仍然需要注意下面的差异。有些学者将数称为事物或对象的集合，其他人如欧几里得[1]将数解释为单位的集合。这种说法需要特别的评析。

III 关于单位和一的观点

数词"一"表达对象的一种性质吗？

§29 欧几里得在《几何原理》第 7 卷一开始就给出的定义中，用"μονάς"时而表示一个可数的对象，时而表示一个这样对象的属性，时而表示数 1。虽然人们可一致地用"单位"来翻译这个词，但是仅仅因为这个词自身显示了这些不同的意谓。

施罗德[2]曾说："每一个可被计数的东西都被称为单位。"要问的是，为什么人们首先将事物放置于单位概念之下，而不是简单地解释为：数是事物的聚集，以此我们再一次倒退到以前的观点中。首先，人们通过将语言形式"一"看成形容词，像理解"智慧的人"那样去理解"一个城市"，人们就能把事物称为单位，并想着发现进一步的规定。那么，一个单位就成为对象，这个对象的性质"一"就会出现，单位和"一"之间

---

1 《几何原理》第 7 卷开篇：单位是这样的东西，各个存在的事物凭借它而成为一。数是由一些单位构成的多。
2 施罗德，《算术与代数教程》，第 5 页。

würde sich zu „Ein" ähnlich verhalten wie „ein Weiser" zu dem Adjectiv „weise". Zu den Gründen, die oben dagegen geltend gemacht sind, dass die Zahl eine Eigenschaft von Dingen sei, treten hier noch einige besondere hinzu. Auffallend wäre zunächst, dass jedes Ding diese Eigenschaft hätte. Es wäre unverständlich, weshalb man Überhaupt noch einem Dinge ausdrücklich die Eigenschaft beilegt. Nur durch die Möglichkeit, dass etwas nicht weise sei, gewinnt die Behauptung. Solon sei weise, einen Sinn. Der Inhalt eines Begriffes nimmt ab, wenn sein Umfang zunimmt; wird dieser allumfassend, so muss der Inhalt ganz verloren gehen. Es ist nicht leicht zu denken, wie die Sprache dazu käme, ein Eigenschaftswort zu schaffen, das gar nicht dazu dienen könnte, einen Gegenstand näher zu bestimmen.

Wenn „Ein Mensch" ähnlich wie „weiser Mensch" aufzufassen wäre, so sollte man denken, dass „Ein" auch als Praedicat gebraucht werden könnte, sodass man wie „Solon war weise" auch sagen könnte „Solon war Ein" oder „Solon war Einer". Wenn nun der letzte Ausdruck auch vorkommen kann, so ist er doch für sich allein nicht verständlich. Er kann z. B. heissen: Solon war ein Weiser, wenn „Weiser" aus dem Zusammenhange, zu ergänzen ist. Aber allein scheint „Ein" nicht Praedicat sein zu können.[1] Noch deutlicher zeigt sich dies beim Plural. Während man „Solon war weise" und „Thales war weise" zusammenziehen kann in „Solon und Thales waren weise", kann man nicht sagen „Solon und Thales waren Ein". Hiervon wäre die Unmöglichkeit nicht einzusehen, wenn

---

1 Es kommen Wendungen vor, die dem zu widersprechen scheinen; aber bei genauerer Betrachtung wird man finden, dass ein Begriffswort zu ergänzen ist, oder dass „Ein" nicht als Zahlwort gebraucht wird, dass nicht die Einzigkeit, sondern die Einheitlichkeit behauptet werden soll

的关系就类似于"一个有智慧的人"与形容词"有智慧的"之间的关系。上面已经提出一些理由反对认为数是事物的性质，这里只补充几点特殊理由。首先，需要注意的是，既然每个单个事物都已具有这种一的性质，究竟为什么人们还要赋予一个事物这种可表述的一的性质，这似乎是不可理喻的。只有存在某种东西不是智慧的可能性时，才使得梭伦是智慧的这一断定获得一种意义。如果概念的外延增加，那么其内涵就会减少；如果概念外延无所不包，那么内涵就会完全失去。很难设想语言如何能创造一个完全没有起到更进一步规定一个对象的作用的形容词来。

当人们理解"一个人"类似于"有智慧的人"时，人们就应该能想到，"一"也可能被当成谓词使用，正如"梭伦是有智慧的"那样，人们也可以说"梭伦是一"或"梭伦是一个个体"。现在，如果最后一个表述也能出现的话，仅凭这句话自身来说仍然是不可理解的。比如，如果"有智慧的"是从上下文赋予的，那么，它可能意谓着：梭伦是一个智者。但是单独的"一"不能成为谓词。[1] 在复数中展现这点还要清楚些。虽然人们可以将"梭伦是有智慧的"与"泰勒斯是有智慧的"合并为"梭伦和泰勒斯都是有智慧的"，但是人们却不能说"梭伦和泰勒斯都是一"。因此，如果"一"也像"有智慧的"既

---

[1] 也会出现看上去似乎与此矛盾的变化，但是通过更严格的观察，人们会发现，要么需要补充一个概念词，要么"一"并不是作为数词而使用，应该得到断定的不是唯一性，而应该是其单位性。

„Ein" sowie „weise" eine Eigenschaft sowohl des Solon als auch des Thales wäre.

§30. Damit hangt es zusammen, dass man keine Definition der Eigenschaft „Ein" hat geben können. Wenn Leibniz[1] sagt: „Eines ist, was wir durch Eine That des Verstandes zusammenfassen", so erklärt er „Ein" durch sich selbst. Und können wir nicht auch Vieles durch Eine That des Verstandes zusammenfassen? Dies wird von Leibniz an derselben Stelle zugestanden. Aehnlich sagt Baumann:[2] „Eines ist, was wir als Eines auffassen" und weiter: „Was wir als Punkt setzen oder nicht mehr als getheilt setzen wollen, das sehen wir als Eines an; aber jedes Eins der äussern Anschauung, der reinen wie der empirischen, können wir auch als Vieles ansehen. Jede Vorstellung ist Eine, wenn abgegränzt gegen eine andere Vorstellung; aber in sich kann sie wieder in Vieles unterschieden werden". So verwischt sich jede sachliche Begrenzung des Begriffes und alles hangt von unserer Auffassung ab. Wir fragen wieder: welchen Sinn kann es haben, irgendeinem Gegenstande die Eigenschaft „Ein" beizulegen, wenn je nach der Auffassung jeder Einer sein und auch nicht sein kann? Wie kann auf einem so verschwommenen Begriffe eine Wissenschaft beruhen, die grade in der grössten Bestimmtheit und Genauigkeit ihren Ruhm sucht?

§31. Obwohl nun Baumann[3] den Begriff der Eins auf innerer Anschauung beruhen lässt, so nennt er doch in der eben angeführten Stelle als Merkmale die Ungetheiltheit und die Abgegränztheit. Wenn diese

---

1 Baumann a. a. O. Bd. II. S. 2; Erdm. S. 8.
2 A. a. O. Bl. II. S. 669.
3 A. a. O. Bd. II. S. 669.

是梭伦的性质，也是泰勒斯的性质，那么就不会发现这种不可能性，即不能说"梭伦和泰勒斯都是一"。

§30　与此相应的是，人们不能给 1 这个性质下定义。当莱布尼茨[1]说："1 是我们通过一次理智活动而总括的东西。"他是通过 1 自身来解释 1。难道我们不能通过一次理智行为而总括多吗？莱布尼茨在相同的地方承认了这点。类似地，鲍曼[2]也说："1 是我们理解成 1 的东西"，他还说："我们确定当做点的东西，或者想规定不能再分割的东西，我们就把它看成 1；但是每个 1 所表现的直观，像纯粹经验性的东西，我们也可以把它看成多。"每个表象与其他的表象界限分明时就是1，但是它们自身又可以区分为多。每个事物本身的概念界限就会消失，一切都取决于我们的理解。我们再一次追问：根据这种观点，每个对象既是 1 又不可能是 1，那么为一些对象赋予"1"这个性质，这种做法到底具有什么意义？如何能将追寻最大的严格性与精确性名声的学科奠基在如此模糊不清的概念之上呢？

§31　现在虽然鲍曼[3]让一的概念奠基在内在的直观之上，他仍然在刚才提到的地方将未分性（Ungetheiltheit）与分界性（Abgegrenztheit）称为判据。如果这点合适的话，那么我

1　鲍曼，《时间、空间与数学教程》，第 2 卷，第 2 页，埃尔德曼版，第 8 页。
2　同上书，第 669 页。
3　同上。

zuträfen, so wäre zu erwarten, dass auch Thiere eine gewisse Vorstellung von Einheit haben könnten. Ob wohl ein Hund beim Anblick des Mondes eine wenn auch noch so unbestimmte Vorstellung von dem hat, was wir mit dem Worte „Ein" bezeichnen? Schwerlich! Und doch unterscheidet er gewiss einzelne Gegenstände: ein andrer Hund, sein Herr, ein Stein, mit dem er spielt, erscheinen ihm gewiss ebenso abgegrenzt, für sich bestehend, ungetheilt wie uns. Zwar wird er einen Unterschied merken, ob er sich gegen viele Hunde zu vertheidigen hat oder nur gegen Einen, aber dies ist der von Mill physikalisch genannte Unterschied. Es käme darauf besonders an, ob er von dem Gemeinsamen, welches wir durch das Wort „Ein" ausdrücken, ein wenn auch noch so dunkles Bewusstsein hat z. B. in den Fällen, wo er von Einem grössern Hunde gebissen wird, und wo er Eine Katze verfolgt. Das ist mir unwahrscheinlich. Ich folgere daraus, dass die Idee der Einheit nicht, wie Locke[1] meint, dem Verstande durch jenes Object draussen, und jede Idee innen zugeführt, sondern von uns durch die höhern Geisteskräfte erkannt wird, die uns vom Thiere unterscheiden. Dann können solche Eigenschaften der Dinge wie Ungetheiltheit und Abgegrenztheit, die von den Thieren ebenso gut wie von uns bemerkt werden, nicht das Wesentliche an unserm Begriffe sein.

§32.   Doch kann man einen gewissen Zusammenhang vermuthen. Darauf deutet die Sprache hin, indem sie von „Ein" „einig" ableitet. Etwas ist desto mehr geeignet, als besonderer Gegenstand aufgefasst zu werden, je mehr die Unterschiede in ihm gegenüber den Unterschieden von der Umgebung zurücktreten, je mehr der innere Zusammenhang den mit der Umgebung überwiegt. So bedeutet „einig" eine Eigenschaft, die dazu

---

1   Baumann a. a. O. Bd. 1. S. 409.

们就会期待，动物在一定程度上也具有单位的表象。是否一条狗一看见月亮，它就具有我们能用语词"一"说明的那种不确定的关于月亮的表象？简直不可能！不过，这只狗能确定地区别单一的对象：一条别的狗，它的主人，一块它玩的石头，这些东西向它显现为某种分界的、自身存在的、未分的东西，如同向我们显现的一样。它注意到一种区别：是否它必须防卫多条狗，还是必须防卫一条狗，但这是密尔所谓的物理的区别。特别关键的是，这条狗是否可能意识到，我们通过语词"一"所表达的共同的东西，当它在以下情况中所具有的意识状态无论多么昏暗，比如当它被一只大狗咬了，或者它追逐一只猫等情形时。我认为这是不可能的。我做出如下推论：单位的观念并不像洛克[1]所意谓的那样，通过外在对象与内在观念所建议的那样去理解，而是通过我们高级的理智力量而被认识，这种理智力量使得我们与动物们区别开来。因而，动物和我们一样都注意到对象的一些特性，比如未分性与分界性，但是这并不是我们概念的本质的东西。

§32　然而，人们可推测到某种关联。通过从"一"（Ein）派生出"统一的"（einig），语言表明了这种联系。这些对象之间的区别与环境的区别相比越无足轻重，它们内在关联越超过它们与环境之间的关联，某种东西就越被理解成特定的对象。因而，"统一的"意谓一种性质，促使将理解中的某种东

1　鲍曼，《时间、空间与数学教程》，第 1 卷，第 409 页。

veranlasst, etwas in der Auffassung von der Umgebung abzusondern und für sich zu betrachten. Wenn das französische „uni" „eben", „glatt" heisst, so ist dies so zu erklären. Auch das Wort „Einheit" wird in ähnlicher Weise gebraucht, wenn von politischer Einheit eines Landes. Einheit eines Kunstwerks gesprochen wird.[1] Aber in diesem Sinne gehört „Einheit" weniger zu „Ein" als zu „einig" oder „einheitlich". Denn, wenn man sagt, die Erde habe Einen Mond, so will man diesen damit nicht für einen abgegrenzten, für sich bestehenden, ungetheilten Mond erklären; sondern man sagt dies im Gegensatze zu dem, was bei der Venus, dem Mars oder dem Jupiter vorkommt. In Bezug auf Abgegrenztheit, und Ungetheiltheit könnten sich die Monde des Jupiter wohl mit unserm messen und sind in dem Sinne ebenso einheitlich.

§33. Die Ungetheiltheit wird von einigen Schriftstellern bis zur Untheilbarkeit gesteigert. G. Köpp[2] nennt jedes unzerlegbar und für sich bestehend gedachte sinnlich oder nicht sinnlich wahniehmbare Ding ein Einzelnes und die zu zählenden Einzelnen Einse, wo offenbar „Eins" in dem Sinne von „Einheit" gebraucht wird. Indem Baumann seine Meinung, die äussern Dinge stellten keine strengen Einheiten dar, damit begründet, dass wir die Freiheit hätten, sie als Vieles zu betrachten, giebt auch er die Unzerlegbarkeit für ein Merkmal der strengen Einheit aus. Dadurch dass man den innern Zusammenhang bis zum Unbedingten steigert, will man offenbar ein Merkmal der Einheit gewinnen, das von der willkührlichen Auffassung unabhängig ist. Dieser Versuch scheitert daran, dass dann fast nichts übrig bliebe, was Einheit genaint und gezählt werden dürfte.

---

1 Über die Geschichte des Wortes „Einheit" vergl. Eucken, Geschichte der philosophischen Terminologie. S. 122—123, S. 136, S. 220.
2 Schularithmetik. Eisenach 1867. S. 5 u. 6.

西与环境分开而考察自身。如果"uni"这个法文词意谓"平的""平整的",那么,对这个词也应做这样的解释。当人们谈论一个国家的政治统一体或谈到一件艺术作品的统一时,人们也以相似的方式使用语词"统一(单位)"(Einheit)。[1] 但是,在这个意义上,"统一"更多地属于"不可分的"(einig)或"一致的"(einheitlich),而不是"一"(Ein)。因为当人们说,地球有一个卫星时,并非是为了说明一个界限分明的、独立自存的与不可分的卫星,而是为了在谈到地球的卫星时,用来与谈到金星、火星或木星的卫星形成鲜明的对比。在涉及分界、不可分时,木星的卫星完全能符合我们的标准,在这个意义上,它们也是统一的。

§33 有些学者将未分性(Ungetheiltheit)强化为不可分性(Untheilbarkeit)。G. 科珀[2] 将每个未分开的东西与独立自存的、虚构的感觉的或非感觉的所能想到的事物,都称为统一的或可数的单个的一,在此他明显是在"单位"的意义上使用"一"的。鲍曼认为,说出事物并不表征严格的统一性,根据在于我们有将它们看成多的自由,这时,他也宣称不可分性作为严格统一性的标准。因此,人们将内在的关联强化为无条件的地步,人们明显想获得独立于任意理解的单位的标准。以上观点失败了,即几乎不许留下任何被称为单位和可计数的东

---

1 关于语词"统一体"的历史,参见欧肯,《哲学术语史》,第122—123、136、220页。

2 科珀,《学校算术》,埃森纳赫版,1867年版,第5—6页。

Deshalb wird auch sofort der Rückzug damit angetreten, dass man nicht die Unzerlegbarkeit selbst, sondern das als unzerlegbar Gedachtwerden als Merkmal aufstellt. Damit ist man denn bei der schwankenden Auffassung wieder angekommen. Und wird denn dadurch etwas gewonnen, dass man sich die Sachen anders denkt als sie sind? Im Gegentheil! aus einer falschen Annahme können falsche Folgerungen fliessen. Wenn man aber aus der Unzerlegbarkeit nichts schliessen will, was nützt sie dann? wenn man von der Strenge des Begriffes ohne Schaden etwas ablassen kann, ja es sogar muss, wozu dann diese Strenge? Aber vielleicht soll man an die Zerlegbarkeit nur nicht denken. Als ob durch Mangel an Denken etwas erreicht werden könnte! Es giebt aber Fälle, wo man gar nicht vermeiden kann, an die Zerlegbarkeit zu denken, wo sogar ein Schluss auf der Zusammensetzung der Einheit, beruht, z. B. bei der Aufgabe: Ein Tag hat 24 Stunden, wieviel Stunden haben 3 Tage?

Sind die Einheiten einander gleich?

§34. So misslingt denn jeder Versuch, die Eigenschaft „Ein" zu erklären, und wir müssen wohl darauf verzichten, in der Bezeichnung der Dinge als Einheiten eine nähere Bestimmung zu sehen. Wir kommen wieder auf unsere Frage zurück: weshalb nennt man die Dinge Einheiten, wenn „Einheit" nur ein andrer Name für Ding ist, wenn alle Dinge Einheiten sind oder als solche aufgefasst werden können? E. Schröder[1] giebt als Grund die den Objecten der Zählung zugeschriebene Gleichheit an. Zunächst ist nicht zu sehen, warum die Wörter „Ding" und „Gegenstand" dies nicht ebenso gut andeuten könnten. Dann

---

1 A. a. O. J. J.

118

西。当人们不是将不可分性自身，而是将不可分的被思考的东西确立为标准，人们又立即撤退下来。因而，人们又再次回到了摇摆不定的理解之中。由此，人们将事物思考为不同于实际所是就会得到某些东西吗？恰恰相反！从一个错误的假定只会得出一个错误的推论。但是，如果人们不想从不可分性出发进行推论，那它还有什么用处？如果人们放弃了严格的概念而无害处，甚至必须要放弃它，那么，这种严格的目的是什么？但是，或许人们只是不应该思考可分性。好像思考的缺失就能办成什么事情似的！但是也存在这样的情况，在其中，人们不可避免地思考可分性，甚至推论也是基于单位的组合而构成，比如这样的任务：一天有 24 小时，3 天有多少小时？

单位是彼此相同吗？

§34　因此各种试图解释"一"性质的尝试都失败了，我们必须彻底放弃将单位看作事物名称的更进一步规定的观点。我们再次回到我们以前的问题：如果"单位"只是事物的另一个名称，如果所有的事物都是单位，或者都能被理解为单位，那么，为什么人们将事物称为单位？E. 施罗德[1]给出了将相同归为计数对象的理由。首先，看不出为什么语词"事物"与"对象"不能同样清楚地表明这一点。然而要问的是：为什么

1　施罗德，《算术与代数教程》，第 5 页。

fragt es sich: weshalb wird den Gegenständen der Zählung Gleichheit zugeschrieben? Wird sie ihnen nur zugeschrieben, oder sind sie wirklich gleich? Jedenfalls sind nie zwei Gegenstände durchaus gleich. Andrerseits kann man wohl fast immer eine Hinsicht ausfindig machen, in der zwei Gegenstände übereinstimmen. So sind wir wieder bei der willkührlichen Auffassung angelangt, wenn wir nicht gegen die Wahrheit den Dingen eine weitergehende Gleichheit zuschreiben wollen, als ihnen zukommt. In der That nennen viele Schriftsteller die Einheiten ohne Einschränkung gleich.

Hobbes[1] sagt: „Die Zahl, absolut gesagt, setzt in der Mathematik unter sich gleiche Einheiten voraus, aus denen sie hergestellt wird". Hume[2] hält die zusammensetzenden Theile der Quantität und Zahl für ganz gleichartig. Thomae[3] nennt ein Individuum der Menge Einheit und sagt: „Die Einheiten sind einander gleich". Ebenso gut oder vielmehr richtiger könnte man sagen: die Individuen der Menge sind von einander verschieden. Was hat nun diese vorgebliche Gleichheit für die Zahl zu bedeuten? Die Eigenschaften, durch die sich die Dinge unterscheiden sind für ihre Anzahl etwas Gleichgiltiges und Fremdes. Darum will man sie fern halten. Aber das gelingt in dieser Weise nicht. Wenn man, wie Thomae verlangt, „von den Eigenthümlichkeiten der Individuen einer Objectenmenge, abstrahirt oder" bei der Betrachtung getrennter Dinge von den Merkmalen absieht, durch welche sich die Dinge unterscheiden", so bleibt nicht, wie Lipschitz meint, „der Begriff der Anzahl der betrachteten Dinge" zurück, sondern man erhält einen allgemeinen Begriff, unter den jene Dinge fallen. Diese

1 Baumann a. a. O. Bd. I. S. 242.
2 Ebenda Bd. II. S. 568.
3 A. a. O. O. 1.

计数对象具有相同？计数对象被规定为相同，还是计数对象确实相同？无论如何，两个对象是绝不会相同的。另一方面，人们几乎总是可以找到，在某一方面两个对象是相符一致的。除非我们想要不考虑真，把超出事物应得的相同归之于事物，否则我们又会陷入任意理解的困境。事实上，许多学者将单位称为无限制的相同。霍布斯[1]说："绝对而言，数在数学中以相同的单位为前提，由此数才能确立起来。"休谟[2]认为，复合体的组成部分的量与数是同类的。托迈[3]将集合的个体称为单位，并说："诸多单位之间是相同的。"同样正确的或更正确的说法是：集合的个体之间必定不同。现在，这些所谓的相同对于数来说应该意谓着什么？通过这些相同的属性，事物之间相互区别，而这对于它们的基数来说是无所谓的、无关的东西。因此人们要避开这种观点。但是如下这种方式也不会成功。如果人们像托迈所要求的那样，"从对象集合中的个体的特性进行抽象"，或者在考虑分开的事物时不看区别事物的标准，所留下的不是回到像利普希茨所说的"考察事物的基数的概念"，而是人们会获得一个普遍的概念，每个对象都落入其下。这些

1 鲍曼，《时间、空间与数学教程》，第 1 卷，第 242 页。
2 同上书，第 2 卷，第 568 页。
3 托迈，《解析函数的基本理论》，第 1 页。

selbst verlieren dadurch nichts von ihren Besonderheiten. Wenn ich z. B. bei der Betrachtung einer weissen und einer schwarzen Katze von den Eigenschaften absehe, durch die sie sich unterscheiden, so erhalte ich etwa den Begriff „Katze". Wenn ich nun auch beide unter diesen Begriff bringe und sie etwa Einheiten nenne, so bleibt die weisse doch immer weiss und die schwarze schwarz. Auch dadurch, dass ich an die Farben nicht denke oder mir vornehme, keine Schlüsse aus deren Verschiedenheit zu ziehen, werden die Katzen nicht farblos und bleiben ebenso verschieden, wie sie waren. Der Begriff „Katze" der durch die Abstraction gewonnen ist, enthält zwar die Besonderheiten, nicht mehr, ist aber eben dadurch nur Einer.

§35.   Durch blos begriffliche Verfahrungsweisen gelingt es nicht, verschiedene Dinge gleich zu machen; gelänge es aber, so hätte man nicht mehr Dinge, sondern nur Ein Ding; denn, wie Descartes[1] sagt, die Zahl—besser: die Mehrzahl—in den Dingen entspringt aus deren Unterscheidung. E. Schröder[2] behauptet mit Recht: „Die Anforderung Dinge zu zählen kann vernünftiger Weise nur gestellt werden, wo solche Gegenstände vorliegen, welche deutlich von einander unterscheidbar z. B. räumlich und zeitlich getrennt und gegen einander abgegrenzt erscheinen". In der That erschwert zuweilen die zu grosse Aehnlichkeit z. B. der Stäbe eines Gitters die Zählung. Mit besonderer Schärfe drückt sich W. Stanley Jevons[3] in diesem Sinne aus: „Zahl ist nur ein andrer Name für Verschiedenheit. Genaue Identität ist Einheit, und mit Verschiedenheit

---

1   Baumann a. a. O. Bd. I. S. 103.
2   A. a. O. S. 3.
3   The principles of Science, 3 d. Ed. S. 156.

落入概念之下的事物，并不会因而失去其独特性。比如，当我在考察一只白猫和一只黑猫时，不考虑区别它们的性质，我就得到"猫"的概念。当我也将两只猫放在猫这个概念之下，将它们称为单位的东西，白猫永远是白色的，黑猫永远是黑色的。即使我不对颜色进行思考，或者不从颜色的不同得出任何结论，猫也不会变得无色，实际上，它们依然保持区别。由此我们得到"猫"的概念的抽象，尽管这个概念不再包含独特性，但是正因为如此它们才只是一个一。

§35　以纯粹的概念的研究方式，将不同的事物做成相同，是不会成功的；而如果人们所拥有的不是多个事物，而是一个事物的话，那么以上方法才会成功；因为正如笛卡尔[1]所说，事物中的数——更准确的说法是：多数——源自它们之间的差异。E. 施罗德[2]合理地主张："对事物计数的要求，只能通过合理的方式来提出，在那里，可以将现存的这些明确可在时间上或空间上区别的对象分离开来，使得它们相互之间显得界限分明。"事实上，比如，有时栅栏的栏杆过于密集相似，会使得人们对其计数变得很困难。W. 斯坦利·耶芳斯[3]特别敏锐地指出："数不过是差异的别名。严格的同一性就是单

1　鲍曼，《时间、空间与数学教程》，第 1 卷，第 103 页。
2　施罗德，《算术与代数教程》，第 3 页。
3　耶芳斯，《科学原理》，第 3 版，第 156 页。

entsteht Mehrheit". Und weiter (S. 157): „Es ist oft gesagt, dass Einheiten Einheiten sind, insofern sie einander vollkommen gleichen; aber, obwohl sie in einigen Rücksichten vollkommen gleich sein mögen, müssen sie mindestens in Einem Punkte verschieden sein; sonst wäre der Begriff der Mehrheit auf sie unanwendbar. Wenn drei Münzen, so gleich wären, dass sie denselben Raum zu derselben Zeit einnähmen, so wären sie nicht drei Münzen, sondern Eine Münze".

§36. Aber es zeigt sich bald, dass die Ansicht von der Verschiedenheit der Einheiten auf neue Schwierigkeiten stösst. Jevons erklärt: „Eine Einheit (unit) ist irgendein Gegenstand des Denkens, der von irgendeinem andern Gegenstande unterschieden werden kann, der als Einheit in derselben Aufgabe behandelt wird". Hier ist Einheit durch sich selbst erklärt und der Zusatz „der von irgendeinem andern Gegenstande unterschieden werden kann" enthält keine nähere Bestimmung, weil er selbstverständlich ist. Wir nennen den Gegenstand eben nur darum einen andern, weil wir ihn vom ersten unterscheiden können. Jevons[1] sagt ferner: „Wenn ich das Symbol 5 schreibe, meine ich eigentlich

$$1 + 1 + 1 + 1 + 1$$

und es ist vollkommen klar, dass jede dieser Einheiten von jeder andern verschieden ist. Wenn erforderlich, kann ich sie so bezeichnen:

$$1' + 1'' + 1''' + 1'''' + 1'''''".$$

Gewiss ist es erforderlich, sie verschieden zu bezeichnen, wenn sie verschieden sind; sonst würde ja die grösste Verwirrung entstehen. Wenn schon die verschiedene Stelle, an der die Eins erschiene, eine

---

1 A. a. O. S. 162.

位，通过差异就形成了多数。"他还说（第157页）："人们常说，就它们相互等同而言，单位还是单位；虽然它们在某些考虑方面可能完全相等同，但是它们至少在某一点上是不同的。否则，多数的概念就不能应用到它们之上。如果三枚硬币如此相互等同，以至于它们占据相同的时间和相同的空间，那么它们就不是三枚硬币，而是一枚硬币。"

§36　但是很快会表明，关于单位差异的观点会遇到新的困难。耶芳斯解释道："一个单位是任意的一个可被思考的对象，它可以与在同一任务中作为单位处理的任何其他对象区分开来。"在此，单位是通过自身而被解释的，"能与任何其他的对象相区别"这个补充短句，并不包含进一步的规定，因为它是不言而喻的。我们称这个对象为另一个对象，是因为我们能将它与前一个对象区分开来。此外，耶芳斯[1]还说："如果我写下5这个符号，我其实意指的是：

$$1+1+1+1+1$$

这很清楚，每一个这样的单位与其他的单位相区别。如果有必要，我可以这样写：

$$1'+1''+1'''+1''''+1'''''。"$$

当然，如果它们是不同的，就必须要标出它们之间的不同，否则的话，就会引起极大的混乱。如果一出现的位置上的差异意

1　耶芳斯，《科学原理》，第162页。

Verschiedenheit bedeuten sollte, so müsste das als ausnahmslose Regel hingestellt werden, weil man sonst nie wüsste, ob 1 + 1 2 bedeuten solle oder 1. Dann müsste man die Gleichung 1 = 1 verwerfen und wäre in der Verlegenheit, nie dasselbe Ding zum zweiten Male bezeichnen zu können. Das geht offenbar nicht an. Wenn man aber verschiedenen Dingen verschiedene Zeichen geben will, so ist nicht einzusehen, weshalb man in diesen noch einen gemeinsamen Bestandtheil festhält und nicht lieber statt

$$1' + 1'' + 1''' + 1'''' + 1'''''$$

schreibt

$$a + b + c + d + e.$$

Die Gleichheit ist doch nun einmal verloren gegangen, und die Andeutung einer gewissen Aehnlichkeit nützt nichts. So zerrinnt uns die Eins unter den Händen; wir behalten die Gegenstände mit allen ihren Besonderheiten. Diese Zeichen

$$1', 1'', 1'''$$

sind ein sprechender Ausdruck für die Verlegenheit: wir haben die Gleichheit nöthig; deshalb die 1; wir haben die Verschiedenheit nöthig; deshalb die Indices, die nur leider die Gleichheit wieder aufheben.

§37. Bei andern Schriftstellern stossen wir auf dieselbe Schwierigkeit. Locke[1] sagt: „Durch Wiederholung der Idee einer Einheit und Hinzufügung derselben zu einer andern Einheit machen wir demnach eine collective Idee, die durch das Wort ‚zwei' bezeichnet wird. Und wer das thun und so weitergehen kann, immer noch Eins hinzufügend zu der letzten collectiven Idee, die er von einer Zahl hatte, und ihr einen Namen

---

1. Baumann a. a. O. Bd. I. S. 409—411

指的是单位中自身的差异，那么人们就必须把这一约定确立为没有例外的规则，因为否则的话，人们就根本不知道 1 + 1 意指 1 还是意指 2。相应地，人们似乎必须要拒斥 1 = 1 等式，那样就会陷入绝不能第二次表示相同事物的困境。这显然是行不通的。但是如果人们想给不同的事物不同的记号，那么就看不出为什么人们在这种情况下，仍然坚持一个共同构成部分，并且宁愿去写：

$$1' + 1'' + 1''' + 1'''' + 1'''''$$

而不是去写：

$$a + b + c + d + e。$$

然而，相等再次失去了，某种相似性的暗示并不管用。因而，我们手中的一化为乌有；我们用所有对象的特殊性的东西维持着对象。这种符号：

$$1', \ 1'', \ 1'''$$

都生动地表达着困境：我们必须有相等，因此必须有 1；我们必须有差异，因此才有这些上标，很可惜上标再次取消了相等。

§37　在其他的学者那里，我们也遇到了同样的困难。洛克[1]说："通过重复一个单位的观念，并将其与原来的单位的观念附加在一起，我们就会获得另一个单位的集合的观念，我们用'二'表示这个集合观念。谁只要这样做并且继续这样做，对他关于数的最终的集合观念总是不停地附加单位，并给予它

1　鲍曼，《时间、空间与数学教程》，第 1 卷，第 409—411 页。

127

geben kann, der kann zählen". Leibniz[1] definirt Zahl als 1 und 1 und 1 oder als Einheiten. Hesse[2] sagt: „Wenn man sich eine Vorstellung machen kann von der Einheit, die in der Algebra mit dem Zeichen 1 ausgedrückt wird, ... so kann man sich auch eine zweite gleichberechtigte Einheit denken und weitere derselben Art. Die Vereinigung der zweiten mit der ersten zu einem Ganzen giebt die Zahl 2".

Hier ist auf die Beziehung zu achten, in der die Bedeutungen der Wörter „Einheit" und „Eins" zu einander stehen. Leibniz versteht unter Einheit einen Begriff, unter den die Eins und die Eins und die Eins fallen, wie er denn auch sagt: „Das Abstracte von Eins ist die Einheit". Locke und Hesse scheinen Einheit und Eins gleichbedeutend zu gebrauchen. Im Grunde thut dies wohl auch Leibniz; denn indem er die einzelnen Gegenstände, die unter den Begriff der Einheit fallen, sämmtlich Eins nennt, bezeichnet er mit diesem Worte nicht den einzelnen Gegenstand, sondern den Begriff, unter den sie fallen.

§38. Um nicht Verwirrung einreissen zu lassen, wird es jedoch gut sein, einen Unterschied zwischen Einheit und Eins streng aufrecht zu erhalten. Man sagt „die Zahl Eins" und deutet mit dem bestimmten Artikel einen bestimmten, einzelnen Gegenstand der wissenschaftlichen Forschung an. Es giebt nicht verschiedene Zahlen Eins, sondern nur Eine. Wir haben in 1 einen Eigennamen, der als solcher eines Plurals ebenso unfähig ist wie „Friedrich der Grosse" oder „das chemische Element Gold". Es ist nicht Zufall und nicht eine ungenaue Bezeichnungsweise, dass man 1 ohne unterscheidende Striche schreibt. Die Gleichung

---

1   Baumann a. a. O. Bd. II. S. 3.
2   Vier Species S. 2.

一个名称，谁就能计数。"莱布尼茨[1]将数定义为1+1+1，或者定义为多个单位。黑塞[2]说："谁能形成关于单位的表象，在代数中用1表示它……谁就也能如同思考第一个单位一样平等地看待第二个单位，以及平等地看待更多同样的单位。第二个单位与第一个单位的结合的整体产生了数2。"

在此，需要注意的是语词"单位"（Einheit）与"一"（Eins）的意谓之间存在的关系。莱布尼茨把"单位"理解为概念，这个一与那个一，与其他的一都落入这个概念之下，正如他这样说道："对一的抽象就是单位。"洛克和黑塞似乎在相同的意义上使用"单位"与"一"。从根本上说，莱布尼茨也是这样做的；因为他将落入单位概念之下的这些单个的对象，全都称为一，他用这样的语词，并不表示单个的对象，而是表示这些单个的对象落入其下的概念。

§38　然而，为了不让混乱蔓延，好的做法是在单位与一之间坚持严格的区分。人们说"这个数一"，并用定冠词表示一个确定的、单一的科学研究的对象。不存在不同的数一，而只有一个一。我用一个专名表示一，它不能有复数，就如同"弗里德里希大帝"或"金这个化学元素"不可能有复数一样。人们写下1而无需标线的区分，这不是偶然的，也不是不精确的表示方法。这个等式

1　鲍曼，《时间、空间与数学教程》，第2卷，第3页。
2　黑塞，《四物种》，第2页。

$$3 - 2 = 1$$

würde St. Jevons etwa so wiedergeben:

$$(1' + 1'' + 1''') - (1' + 1'') = 1'$$

Was würde aber das Ergebniss von

$$(1' + 1'' + 1''') - (1'''' + 1''''')$$

sein? Jedenfalls nicht $1'$. Daraus geht hervor, dass es nach seiner Auffassung nicht nur verschiedene Einsen, sondern auch verschiedene Zweien u. s. w. geben würde; denn $1'' + 1'''$ könnte nicht durch $1'''' + 1'''''$ vertreten werden. Man sieht hieraus recht deutlich, dass die Zahl nicht eine Anhäufung von Dingen ist. Die Arithmetik würde aufgehoben werden, wollte man statt der Eins, die immer dieselbe ist, verschiedene Dinge einführen, wenn auch in noch so ähnlichen Zeichen; gleich dürften sie ja ohne Fehler nicht sein. Man kann doch nicht annehmen, dass das tiefste Bedürfniss der Arithmetik eine fehlerhafte Schreibung sei. Darum ist es unmöglich 1 als Zeichen für verschiedene Gegenstände anzusehen, wie Island, Aldebaran, Solon u. dgl. Am greifbarsten wird der Unsinn, wenn man an den Fall denkt, dass eine Gleichung drei Wurzeln hat, nämlich 2 und 5 und 4. Schreibt man nun nach Jevons für 3:

$$1' + 1'' + 1'''$$

so würde $1'$ hier 2, $1''$ 5 und $1'''$ 4 bedeuten, wenn man unter $1'$, $1''$, $1'''$ Einheiten und folglich nach Jevons die hier vorliegenden Gegenstände des Denkens versteht. Wäre es dann nicht verständlicher für $1' + 1'' + 1'''$ zu schreiben

$$2 + 5 + 4?$$

Ein Plural ist nur von Begriffswörtern möglich. Wenn man also von „Einheiten" spricht, so kann man dies Wort nicht gleichbedeutend mit dem Eigennamen „Eins" gebrauchen, sondern als Begriffswort.

$$3 - 2 = 1$$

按照耶芳斯应该这样复述：

$$（1' + 1'' + 1'''）-（1'' + 1'''）= 1'$$

但是：

$$（1' + 1'' + 1'''）-（1'''' + 1''''')$$

的结果是什么呢？无论如何肯定不是 $1'$。由此得知，根据耶芳斯的观点，不仅给出了不同的 1，而且也给出了不同的 2，那么，$1'' + 1'''$ 并不能被 $1'''' + 1'''''$ 代替。由此，人们会正确地看到，数并不是事物的累积。如果人们想引入的不是相同的一，而是不同的事物，尽管这些不同的事物在记号方面如此相似，但是同样不可能没有错误，那么，算术就会被废除了。人们仍然不能接受算术最深的需求竟然是一种错误的书写。因此，1就不可能被看作不同的对象，比如冰岛、毕宿五、梭伦等等的记号。考虑一个方程式有三个根，即 2、5 和 4 的情况，这种荒谬变得最为明显。人们现在根据耶芳斯的观点来写 3：

$$1' + 1'' + 1'''$$

如果人们把 $1'$、$1''$、$1'''$ 理解为单位，仍然根据耶芳斯观点，并将它们看作现在思考的对象，那么这里用 $1'$ 意谓 2，$1''$ 意谓 5，$1'''$ 意谓 4。写下

$$2 + 5 + 4$$

来表示 $1' + 1'' + 1'''$，难道不是更明白易懂的吗？

复数只能是概念词。当人们说"多个单位"，人们不可能是在与专名"一"相同的意义上使用"多个单位"这个词的，它应被看作概念词。

Wenn „Einheit" „zu zählender Gegenstand" bedeutet, so kann man nicht Zahl als Einheiten definiren. Wenn man unter „Einheit" einen Begriff versteht, der die Eins und nur diese unter sich fasst, so hat ein Plural keinen Sinn, und es ist wieder unmöglich, mit Leibniz Zahl als Einheiten oder als 1 und 1 und 1 zu definiren. Wenn man das „und" so gebraucht wie in „Bunsen und Kirchhof", so ist 1 und 1 und 1 nicht 3, sondern 1, sowie Gold und Gold und Gold nie etwas anderes als Gold ist. Das Pluszeichen in

$$1 + 1 + 1 = 3$$

muss also anders als das „und" aufgefasst werden, das eine Sammlung, eine „collective Idee" bezeichnen hilft.

§39. Wir stehen demnach vor folgender Schwierigkeit:

Wenn wir die Zahl durch Zusammenfassung von verschiedenen Gegenständen entstehen lassen wollen, so erhalten wir eine Anhäufung, in der die Gegenstände mit eben den Eigenschaften enthalten sind, durch

当"单位"意谓"可数的对象",所以人们并不能把数定义为多个单位。当人们把"单位"理解成一个概念,有且只有一才能被容纳在这个概念之下,那么复数就是没有意义的,又不可能跟随莱布尼茨将数定义为多个单位或 1 加 1 加 1。如果人们就像在"本生和(und)基尔霍夫"*中使用"和"**一样地使用"加"的话,那么 1 加 1 加 1 就不是 3,而是 1,如同金子加金子加金子绝不是不同于金子的东西一样。在

$$1 + 1 + 1 = 3$$

中的加法记号也必定不同于被理解为有助于标明"集合观念"的聚集的"和"。

§39　因此我们面临着以下的困难:

当我们想要通过不同对象的集合而形成数时,我们得到的是一个包含对象及其性质(对象以性质相互区分)的累积,但

---

*　本生(Robert Bunsen, 1811—1899)与基尔霍夫(Gustav Kirchhoff, 1824—1887)都是 19 世纪德国著名的化学家,他们在 19 世纪 60 年代通过非常重要且幸运的合作,共同发明了实用光谱学,证明了光谱学可作为定性化学分析的新方法,在化学上发现了不少新的元素,并对天文学中恒星的光谱进行了深入的研究,对后来天文学的发展做出了重要的贡献。

**　德文的"und"有"和"与"加"两种含义。在"本生和基尔霍夫"这一短语中,明显不是在"加"的意义上使用的,而是在"和"即聚集的意义上使用的,弗雷格这里故意使用这一例子,来说明数学中的"加"的理解不同于一般日常意义上的整体意义上的汇聚的"和"的理解。另外,弗雷格在 1902 年 7 月 28 日给罗素的一封信中明确指出:"本生和基尔霍夫奠定了光谱分析的基础,我必须将'本生和基尔霍夫'两人看成一个整体。"参见: Gottlob Frege, Frege to Russell 28.7.1902, in *Philosophical Correspondence*, ed. Gottfried Gabriel, Hans Hermes, Friedrich Kambartel, Christian Thiel, Albert Veraart, trans. Hans Kaal, Oxford: Basil Blackwell, 1980, p. 140。

die sie sich unterscheiden, und das ist nicht die Zahl. Wenn wir die Zahl andrerseits durch Zusammenfassung von Gleichem bilden wollen, so fliesst dies immerfort in eins zusammen, und wir kommen nie zu einer Mehrheit. Wenn wir mit 1 jeden der zu zählenden Gegenstände bezeichnen, so ist das ein Fehler, weil Verschiedenes dasselbe Zeichen erhält. Versehen wir die 1 mit unterscheidenden Strichen, so wird sie für die Arithmetik unbrauchbar.

Das Wort „Einheit" ist vortrefflich geeignet, diese Schwierigkeit zu verhüllen; und das ist der—wenn auch unbewusste—Grund, warum man es den Wörtern „Gegenstand" und „Ding" vorzieht. Man nennt zunächst die zu zählenden Dinge Einheiten, wobei die Verschiedenheit ihr Recht erhält; dann geht die Zusammenfassung. Sammlung. Vereinigung. Hinzufügung, oder wie man es sonst nennen will, in den Begriff der arithmetischen Addition über und das Begriffswort „Einheit" verwandelt sich unvermerkt in den Eigennamen „Eins". Damit hat man dann die Gleichheit. Wenn ich an den Buchstaben **u** ein **n** und daran ein **d** füge, so sieht jeder leicht ein, dass das nicht die Zahl 3 ist. Wenn ich aber **u, n** und **d** unter den Begriff „Einheit" bringe und nun für „**u** und **n** und **d**" sage „eine Einheit und eine Einheit und noch eine Einheit", oder „1 und 1 und 1", so glaubt man leicht damit die 3 zu haben. Die Schwierigkeit wird durch das Wort „Einheit" so gut versteckt, dass gewiss nur wenige Menschen eine Ahnung von ihr haben.

Hier könnte Mill mit Recht tadelnd von einem kunstfertigen Handhaben der Sprache reden; denn hier ist es nicht die äussere Erscheinung eines Denkvorganges, sondern es spiegelt einen solchen nur vor. Hier hat man in der That den Eindruck, als ob den von Gedanken leeren Worten eine gewisse geheimnissvolle Kraft beigelegt werde, wenn Verschiedenes blos dadurch, dass man es Einheit nennt, gleich werden soll.

是这个累积不是数；当我们想要通过构造相等的集合而形成数时，这些相等就不断地合流为一，我们根本到达不了多。

如果我们用 1 表示每个可数的对象，这是一种缺陷，因为相同的记号保存了不同。如果我们把 1 附加上不同的标线，那么它们对于算术来说就成了无用的东西。

语词"单位"是出色地掩盖困难的有用办法，这也是人们为什么（无意识地）不喜欢用语词"对象"或"事物"而喜欢用"单位"的原因。首先，人们称可数的事物为单位，在这方面恰当地保存了它们的差异，然后正如人们通常愿意命名的那样，综合、集合、结合、附加；这些概念统统转变为算术中的加法概念，概念词"单位"悄悄地转化为专名"一"。因此人们就有了相等。如果我在字母 u 后面添加一个字母 n，在字母 n 后面添加 d，那么，很容易地看出，这不是 3 这个数。但是如果我把 u、n 与 d 放置在"单位"概念之下，那么"u 和 n 和 d"所说的是："一个单位与一个单位与另一个单位"或者"1+1+1"，以此人们相信很轻易地获得了 3 这个数。这个困难通过语词"单位"隐藏得如此隐秘，所以只有极少数的人才知晓这个困难。

在此，密尔在谈到一种对于语言巧妙运用的艺术时，对此加以谴责是有道理的，因为这根本不是思维过程的外在的现象，而只是这样的一种过程的假象。在此，人们实际上有这种印象，好像差异的东西仅通过单位而变成相等的东西，那么，关于思想的空洞的语词就被附加了某种神秘的力量。

Versuche, die Schwierigkeit zu überwinden.

§40. Wir betrachten nun einige Ausführungen, die sich als Versuche zur Ueberwindung dieser Schwierigkeit darstellen, wenn sie auch wohl nicht immer mit klarem Bewusstsein in dieser Absicht gemacht sind.

Man kann zunächst eine Eigenschaft des Raumes und der Zeit zu Hilfe rufen. Ein Raumpunkt ist nämlich von einem andern, eine Gerade oder Ebene von einer andern congruente Körper, Flächen- oder Linienstücke von einander, für sich allein betrachtet, gar nicht zu unterscheiden, sondern nur in ihrem Zusammensein als Bestandtheile einer Gesammtanschauung. So scheint sich hier Gleichheit mit Unterscheidbarkeit zu vereinen. Aehnliches gilt von der Zeit. Daher meint wohl Hobbes[1], dass die Gleichheit der Einheiten anders als durch Theilung des Continuums entstehe, könne kaum gedacht werden. Thomae[2] sagt: „Stellt man eine Menge von Individuen oder Einheiten im Raume vor und zählt man sie successive, wozu Zeit erforderlich ist, so bleibt bei aller Abstraction als unterscheidendes Merkmal der Einheiten noch ihre verschiedene Stellung im Raume und ihre verschiedene Aufeinanderfolge in der Zeit übrig".

Zunächst erhebt sich das Bedenken gegen eine solche Auffassungsweise, dass dann das Zählbare auf das Räumliche und Zeitliche beschränkt wäre. Schon Leibniz[3] weist die Meinung der Scholastiker zurück, die Zahl entstehe aus der blossen Theilung des Continuums und könne

---

1 Baumann a. a. O. Bd. I. S. 432.
2 Elementare Theorie der analyt. Functionen, S. 1.
3 Baumann a. a. O. Bd. II S. 2.

克服这个困难的努力。

§40 我们现在考察几种解释，这些解释展现为克服这种困难的努力，尽管人们在进行解释时并没有一直清醒地意识到这一目的。

首先，人们可能求助于空间和时间的特性。单独地看，一个空间上的点与另一个点、一条直线或一个平面与其他的直线或平面是不可区分的，全等的立方体、平面或线段相互之间也是不可区分的，它们只能在它们的关联即作为直觉总体的构成部分中才能相互区分。在此，它们将相等与可区别性（Unterscheidbarkeit）结合起来。就时间来说，情形类似。这也就是为什么霍布斯[1]主张，很难想象，除了通过连续的分割之外，单位相等的形成还有什么其他方式。托迈[2]说："如果人们设想空间中的一个关于个体或单位的集合，并对其进行连续地计数，对此时间是不可缺少的，那么对其进行最大化的抽象，仍然留下空间中不同的位置与时间中相继的跟随作为单位的区分标记。"

其次，对于这种解释观点可以提出这样的反对意见：如果那样的话，可计数的东西就仅限于时间和空间的东西。莱布尼茨[3]已经驳斥了经院哲学家们的这种认为数仅通过连续地分割

1 鲍曼，《时间、空间与数学教程》，第 1 卷，第 432 页。
2 托迈，《解析函数的基本理论》，第 1 页。
3 鲍曼，《时间、空间与数学教程》，第 2 卷，第 2 页。

nicht auf unkörperliche Dinge angewandt werden. Baumann[1] betont die Unabhängigkeit von Zahl und Zeit. Der Begriff der Einheit sei auch ohne die Zeit denkbar. St. Jevons[2] sagt: „Drei Münzen sind drei Münzen, ob wir sie nun nach einander zählen oder sie alle zugleich betrachten. In vielen Fällen ist weder Zeit noch Raum der Grund des Unterschiedes, sondern allein Qualität. Wir können Gewicht, Trägheit und Härte des Goldes als drei Eigenschaften auffassen, obgleich keine von diesen vor noch nach der andern ist weder im Raum noch in der Zeit. Jedes Mittel der Unterscheidung kann eine Quelle der Vielheit sein". Ich füge hinzu: wenn die gezählten Gegenstände nicht wirklich auf einander folgen, sondern nur nach einander gezählt werden, so kann die Zeit nicht der Grund der Unterscheidung sein. Denn, um sie nach einander zählen zu können, müssen wir schon unterscheidende Kennzeichen haben. Die Zeit ist nur ein psychologisches Erforderniss zum Zählen, hat aber mit dem Begriffe der Zahl nichts zu thun. Wenn man unräumliche und unzeitliche Gegenstände durch Raum- oder Zeitpunkte vertreten lässt, so kann dies vielleicht für die Ausführung der Zählung vortheilhaft sein; grundsätzlich wird aber dabei die Anwendbarkeit des Zahlbegriffes auf Unräumliches und Unzeitliches vorausgesetzt.

§41. Wird denn aber der Zweck der Vereinigung von Unterscheidbarkeit und Gleichheit wirklich erreicht, wenn wir von allen unterscheidenden Kennzeichen ausser den räumlichen und zeitlichen absehen? Nein! Wir sind der Lösung nicht um Einen Schritt näher gekommen. Die grössere oder geringere Aehnlichkeit der Gegenstände thut nichts zur Sache, wenn sie doch zuletzt aus einander gehalten werden müssen. Ich darf die einzelnen Punkte. Linien u. s. f. hier ebenso wenig alle mit 1 bezeichnen,

---

1 A. a. O. Bd. II. S 668.
2 The principles of science, S 157

而形成，数不能应用于非实体的事物之上的观点。鲍曼[1]强调了数对于时间和空间的独立性。单位的概念即使没有时间也是可设想的。耶芳斯[2]说："无论我们对它们连续地计数，还是同时计数，三枚硬币依然是三枚硬币。在许多情况下，区别的根据既不是时间也不是空间，而仅仅是质的区别。我们能把金子的重量、惯性和硬度理解成三种性质，尽管没有一种区分先于或后于其他另一种区分，这些区分既不在空间之中，也不在时间之中。每种区分的方法都是多数的来源。"我补充一点：被计数的对象并非实际上相互跟随，而只是一个接一个地能被计数，所以，时间并不是区分的根据。因为，为了能一个接一个地进行计数，我们必须已经有进行区分的标记记号。时间只是进行计数的心理上的必要条件，与数的概念本身无关。当人们让空间或时间的点代表非空间的和非时间的对象，这或许对于计数的说明是有用的，但是从根本上而言，这必须以数的概念可应用于非空间的和非时间的东西为前提。

§41 但是，如果除了空间和时间的区别，不考虑任何差异的记号，我们是否就真的实现了差异和相等相结合的目的呢？非也！我们并没有朝着问题解决的方向前进一步。如果这些对象最终仍然必须相互保持着，对象之间的更大或更小的相似性并不重要。在此，我不允许将单个的点、线，如此等

1　鲍曼，《时间、空间与数学教程》，第 2 卷，第 668 页。
2　耶芳斯，《科学原理》，第 157 页。

als ich sie bei geometrischen Betrachtungen sämmtlich A nennen darf; denn hier wie dort ist es nöthig, sie zu unterscheiden. Nur für sich, ohne Rücksicht auf ihre räumlichen Beziehungen sind die Raumpunkte einander gleich. Soll ich sie aber zusammenfassen, so muss ich sie in ihrem räumlichen Zusammensein betrachten, sonst schmelzen sie unrettbar in Einem zusammen. Punkte stellen in ihrer Gesammtheit vielleicht irgendeine sternbildartige Figur vor oder sind irgendwie auf einer Geraden angeordnet, gleiche Strecken bilden vielleicht mit den Endpunkten zusammenstossend eine einzige Strecke oder liegen getrennt von einander. Die so entstehenden Gebilde können für dieselbe Zahl ganz verschieden sein. So würden wir auch hier verschiedene Fünfen, Sechsen u. s. w. haben. Die Zeitpunkte sind durch kurze oder lange, gleiche oder ungleiche Zwischenzeiten getrennt. Alles dies sind Verhältnisse, die mit der Zahl an sich gar nichts zu thun haben. Ueberall mischt sich etwas Besonderes ein, worüber die Zahl in ihrer Allgemeinheit weit erhaben ist. Sogar ein einzelner Moment hat etwas Eigenthümliches, wodurch er sich etwa von einem Raumpunkte unterscheidet, und wovon nichts in dem Zahlbegriffe vorkommt.

§42. Auch der Ausweg, räumliche und zeitliche Anordnung durch einen allgemeinern Reihenbegriff zu ersetzen, führt nicht zum Ziele; denn die Stelle in der Reihe kann nicht der Grund des Unterscheidens der Gegenstände sein, weil diese schon irgendworan unterschieden sein müssen, um in eine Reihe geordnet werden zu können. Eine solche Anordnung setzt immer Beziehungen zwischen den Gegenständen voraus, seien es nun räumliche oder zeitliche oder logische oder Tonintervalle oder welche sonst, durch die man sich von einem zum andern leiten lässt, und die mit deren Unterscheidung nothwendig verbunden sind.

等，无论什么东西统统都用 1 来表示，同样，我也不许在几何学的研究中把所有这些东西都称为 A；因为在这里与在那里一样，都是有必要区别开它们的。不考虑它们之间的关联，空间点从自身来说是相等的。但是，我应该总结它们，所以我必须将它们放在它们所处的空间的关联中加以考察，否则它们就会不可避免地合而为一。点在其整体中或许表征为任何一个星座状的图形，或者以任何方式被排列为一条直线，一些相等的线段通过端点相连接形成一条线段，或者几条线段处于相互分离状态。这样产生的构型对于相等的数来说，是完全不同的。那样的话，我们在此将会有多个不同的 5，不同的 6，如此等等。时间之点通过或短或长、相等或不等的时间间隔来分离。所有这些都是比例关系，它们与数本身完全无关。到处掺杂了特殊性的东西，数则因其普遍性远远超越了这些特殊的东西。虽然一个片刻具有某种独特性的东西，以此它与某个空间点区分开来，但是这些东西并不出现在数的概念之中。

§42 通过一种更普遍的序列概念来替换空间和时间排列的办法，也不能实现其目的，因为序列中的位置并不是对象差异的根据，因为这些对象必定只有在某些方面进行了区别，才能在序列中排序。一种序列中位置的这样的排列，总是以对象间的关联为前提，它们应是空间的或时间的关联，或逻辑的或声音间隔的关联，无论是什么关联，它们都可引导人们从一个对象进到另一个对象，以此这必然与它们的差异联系起来。

Wenn Hankel[1] ein Object 1 mal, 2 mal, 3 mal denken oder setzen lässt, so scheint auch dies ein Versuch zu sein, die Unterscheidbarkeit mit der Gleichheit des zu Zählenden zu vereinen. Aber man sieht auch sofort, dass es kein gelungener ist; denn diese Vorstellungen oder Anschauungen desselben Gegenstandes müssen, um nicht in Eine zusammenzufliessen, irgendwie verschieden sein. Ich meine auch, dass man berechtigt ist, von 45 Millionen Deutschen zu sprechen, ohne vorher 45 Millionen mal einen Normal-Deutschen gedacht oder gesetzt zu haben; das möchte etwas umständlich sein.

§43. Wahrscheinlich um die Schwierigkeiten zu vermeiden, die sich ergeben, wenn man mit St. Jevons jedes Zeichen 1 einen der gezählten Gegenstände bedeuten lässt, will E. Schröder dadurch einen Gegenstand nur abbilden. Die Folge ist, dass er nur das Zahlzeichen, nicht die Zahl erklärt. Er sagt nämlich:[2] „Um nun ein Zeichen zu erhalten, welches fähig ist auszudrücken wieviele jener Einheiten[3] vorhanden sind, richtet man die Aufmerksamkeit der Reihe nach einmal auf eine jede derselben und bildet sie mit einem Strich: 1 (eine Eins, ein Einer) ab; diese Einer setzt man in eine Zeile neben einander, verbindet sie jedoch unter sich durch das Zeichen + (plus) da sonst zum Beispiel 111 nach der gewöhnlichen Zahlenbezeichnung als einhundert und elf gelesen würde". Man erhält auf diese Weise ein Zeichen wie:

$$1 + 1 + 1 + 1 + 1$$

dessen Zusammensetzung man dadurch beschreiben kann, dass man sagt:

„Eine natürliche Zahl ist eine Summe von Einern".

---

1 Theorie der complexen Zahlensysteme, S. 1.
2 Lehrbuch der Arithmetik und Algebra, S. 5 ff.
3 zu zählenden Gegenstände.

当汉克尔[1]要求思考或确定对象 1 次、2 次或 3 次，这也表现为一种试图将可区分性与相等结合到可计数的东西之上的努力。但是人们会很快看到，汉克尔的方法不会更成功；因为无论如何，这些相同对象的表象或直观必定是不同的东西，以便不要合多为一。我也认为，一个人有理由言说 4500 万德国人，他不必对普通德国人提前思考或提前确定 4500 万次，这可能是很繁琐迂腐的事情。

§43 也许为了避免人们追随耶芳斯将每个记号 1 意谓一个可计数的对象这一观点所产生的困难，E.施罗德主张要用记号 1 摹绘一个对象。结果是他只解释了数字记号，而没有解释数本身。他这样说道：[2]"现在为了得到一个能表述有多少个现存单位[3]的记号，我们要依次注意每一个单位，并用线条 1 来摹绘它（一个一，一个个体），人们将这些个体在一行中彼此排列，并且将它们之间用记号 +（加号）连接起来，因为否则的话，就会出现按照通常的数字记号那样的理解，比如将 111 看成一百一十一。"人们以这种方式得到的记号如下：

$$1 + 1 + 1 + 1 + 1$$

因此，人们可以通过如下说法描述以上组合体的成分：

"一个自然数是多个个体的总和。"

---

1 汉克尔，《复数系统理论》，第 1 页。
2 施罗德，《算术与代数教程》，第 5 页。
3 可计数的对象。

Hieraus sieht man, dass für Schröder die Zahl ein Zeichen ist. Was durch dies Zeichen ausgedrückt wird, das, was ich bisher Zahl genannt habe, setzt er mit den Worten „wieviele jener Einheiten vorhanden sind" als bekannt voraus. Auch unter dem Worte „Eins" versteht er das Zeichen 1, nicht dessen Bedeutung. Das Zeichen + dient ihm zunächst nur als äusserliches Verbindungsmittel ohne eignen Inhalt; erst später wird die Addition erklärt. Er hätte wohl kürzer so sagen können: man schreibt ebensoviele Zeichen 1 neben einander, als man zu zählende Gegenstände hat, und verbindet sie durch das Zeichen +. Die Null würde dadurch auszudrücken sein, dass man nichts hinschreibt.

§44. Um nicht die unterscheidenden Kennzeichen der Dinge in die Zahl mitaufzunehmen, sagt St. Jevons:[1]

„Es wird jetzt wenig schwierig sein, eine klare Vorstellung von der Zahlen-Abstraction zu bilden. Sie besteht im Abstrahiren von dem Charakter der Verschiedenheit, aus der Vielheit entspringt, indem man lediglich ihr Vorhandensein beibehält. Wenn ich von drei Männern spreche, so brauche ich nicht gleich die Kennzeichen einzeln anzugeben, an denen man jeden von ihnen von jedem unterscheiden kann. Diese Kennzeichen müssen vorhanden sein, wenn sie wirklich drei Männer und nicht ein und derselbe sind, und indem ich von ihnen als von vielen rede, behaupte ich damit zugleich das Vorhandensein der erforderlichen Unterschiede. Unbenannte Zahl ist also die leere Form der Verschiedenheit".

Wie ist das zu verstehn? Man kann entweder von den unterscheidenden Eigenschaften der Dinge abstrahiren, bevor man sie zu einem Ganzen vereinigt; oder man kann erst ein Ganzes bilden und dann von der Art der Unterschiede abstrahiren. Auf dem ersten Wege würden wir gar nicht zur

---

1 A a O S 158

144

由此可见，对于施罗德来说，数就是记号。他假设，这些记号所表达的东西，也即我至今一直称为数的东西，以及"现存有多少个单位"几个词语都已被人熟知。他把语词"一"理解成记号1，而不是记号1的意谓。首先，对他来说，记号＋只起到外在连接工具的作用，而没有本质的内容，直到后来才解释加法。他本来可以更加简略地说：人们写下与可计数对象一样多的彼此并列的记号1，并用记号＋将它们连接起来。0将会这样表述：人们根本什么也没有写。

§44　为了不将刻画事物差异的标记带进数中来，耶芳斯[1]说：

> 现在形成一个清晰的关于数的抽象的表象，这不是什么难事。它对源自出现多个不同的特征进行抽象，同时人们保存它的现有状态。当我谈到三个男人时，我并不需要立即说明能使其中每个人与其他的每个人相互差别的标记。如果实际上他们是三个男人，而不是同一个男人，那么这些标记必定已经存在在那里了，人们将它们看成多来谈论，因而人们也同时断定了所需要的差异的存在。未知数就是差异的空洞的形式。

我们应该如何理解这种观点呢？人们要么在将事物联合成一个整体之前对事物的差异的性质进行抽象，要么人们首先建构一个整体，然后对差异的方式进行抽象。关于第一种方法，

1　耶芳斯，《科学原理》，第158页。

Unterscheidung der Dinge kommen und also auch das Vorhandensein der Unterschiede nicht festhalten können; den zweiten Weg scheint Jevons zu meinen. Aber ich glaube nicht, dass wir so die Zahl 10000 gewinnen würden, weil wir nicht im Stande sind, so viele Unterschiede gleichzeitig aufzufassen und ihr Vorhandensein festzuhalten; denn, wenn es nach einander geschähe, so würde die Zahl nie fertig werden. Wir zählen zwar in der Zeit; aber dadurch gewinnen wir nicht die Zahl, sondern bestimmen sie nur. Uebrigens ist die Angabe der Weise des Abstrahirens keine Definition.

Was soll man sich unter der „leeren Form der Verschiedenheit" denken? etwa einen Satz wie

„a ist verschieden von b",

wobei a und b unbestimmt bleiben? Wäre dieser Satz etwa die Zahl 2? Ist der Satz

„die Erde hat zwei Pole"

gleichbedeutend mit

„der Nordpol ist vom Südpol verschieden"?

Offenbar nicht. Der zweite Satz könnte ohne den ersten und dieser ohne jenen bestehen. Für die Zahl 1000 würden wir dann

$$\frac{1000 \cdot 999}{1 \cdot 2}$$

solche Sätze haben, die eine Verschiedenheit ausdrücken.

我们根本不能达到事物的差异，也不能保持这种差异的存在；第二种方法就表现为耶芳斯所主张的方法。但是我并不认为，通过这种方法我们可以获得数10000，因为我们并不能同时理解这么多的差异，以及保存这些差异的存在；因为如果它们一个接一个地出现，那么数就绝不会完成。毕竟我们是在时间中计数；但是，我们由此并不能获得数自身，而仅仅是能确定数。顺带说一句，数的抽象的方式的说明不是定义什么是数。

人们应该如何思考"差异的空洞的形式"？某种命题如：

"a 是不同于 b 的"

在此，a 和 b 都是不确定的吗？这个命题是某种数 2 吗？以下这个命题

"地球有两个极"

与这个命题

"北极不同于南极"

意谓相同么？很明显并非如此。第二个命题可以没有第一个命题而存在，第一个命题可以没有第二个命题而存在。对于1000 这个数，我们会有下面：

$$\frac{1000 \cdot 999}{1 \cdot 2}$$

这么多个数的命题来表达差异。*

---

* 这里是指在 1000 个命题中任意取 2 个命题进行排列组合的总个数。

Was Jevons sagt, passt insbesondere gar nicht auf die 0 und die 1. Wovon soll man eigentlich abstrahiren, um z. B. vom Monde auf die Zahl 1 zu kommen? Durch Abstrahiren erhält man wohl die Begriffe: Begleiter der Erde, Begleiter eines Planeten, Himmelskörper ohne eignes Licht, Himmelskörper, Körper, Gegenstand; aber die 1 ist in dieser Reihe nicht anzutreffen; denn sie ist kein Begriff, unter den der Mond fallen könnte. Bei der 0 hat man gar nicht einmal einen Gegenstand, von dem bei der Abstraction auszugehen wäre. Man wende nicht ein, dass 0 und 1 nicht Zahlen in demselben Sinne seien wie 2 und 3! Die Zahl antwortet auf die Frage wieviel? und wenn man z. B. fragt: wieviel Monde hat dieser Planet? so kann man sich ebenso gut auf die Antwort 0 oder 1 wie 2 oder 3 gefasst machen, ohne dass der Sinn der Frage ein andrer wird. Zwar hat die Zahl 0 etwas Besonderes und ebenso die 1, aber das gilt im Grunde von jeder ganzen Zahl; nur fällt es bei den grösseren immer weniger in die Augen. Es ist durchaus willkührlich, hier einen Artunterschied zu machen. Was nicht auf, oder, passt, kann für den Begriff der Zahl nicht wesentlich sein.

Endlich wird durch die Annahme dieser Entstehungsweise der Zahl die Schwierigkeit gar nicht gehoben, auf die wir bei der Betrachtung der Bezeichnung

$$1' + 1'' + 1''' + 1'''' + 1'''''$$

für 5 gestossen sind. Diese Schreibung steht gut im Einklange mit dem, was Jevons über die zahlenbildende Abstraction sagt; die obern Striche deuten nämlich an, dass eine Verschiedenheit da ist, ohne jedoch ihre Art anzugeben. Aber das blosse Bestehen der Verschiedenheit genügt schon, wie wir gesehen haben, um bei der Jevons'schen Auffassung verschiedene Einsen, Zweien, Dreien hervorzubringen, was mit dem Bestande der

148

耶芳斯所说的内容完全不适合处理 0 和 1 这两个数。例如，为了从月亮达到 1 这个数，到底是对什么进行抽象呢？人们通过抽象可能保存如下概念：地球的卫星、一颗行星的卫星、不发光的天体、天体、物体、对象；但是 1 这个数并不出现在这个序列之中，因为它不是月亮能落入其下的概念。在 0 这个数这里，根本就没有一个人们试图对其进行抽象的对象。人们并不能反对说，0 和 1 这些数与 2 和 3 这些数根本不同！数回答了"多少"这一问题。例如，当人们问：这颗行星有多少颗卫星？人们可以冷静地回答 0 或 1，这与回答 2 或 3 一样好，这都不会使得问题的意义发生改变。虽然 0 这个数就如同 1 这个数一样具有某种独特性，但是这对每个整数的情况都一样；[*]只不过数越大越难以引起注意罢了。给出区分的种类是完全任意的。不适合于 0 和 1 这两个数的东西，对于数的概念来说就不可能是本质性的东西。

最后，通过假设这种数的形成的方式并不能消除我们在考察

$$1' + 1'' + 1''' + 1'''' + 1'''''$$

与 5 之间联系时所碰到的困难。这种写法与耶芳斯关于数的形成的抽象所说的写法高度一致。上标线表示这里有差异，尽管没有说明差异的方式。但是，正如我们所看见的，按照耶芳斯的观点，仅有差异就已经足以导致不同的 1、2 和 3，而这

---

[*] 指每个整数都像 0、1 一样具有独特性。

Arithmetik durchaus unverträglich ist.

Lösung der Schwierigkeit.

§45. Ueberblicken wir nun das bisher von uns Festgestellte und die noch unbeantwortet gebliebenen Fragen!

Die Zahl ist nicht in der Weise, wie Farbe, Gewicht, Härte von den Dingen abstrahirt, ist nicht in dem Sinne wie diese Eigenschaft der Dinge. Es blieb noch die Frage, von wem durch eine Zahlangabe etwas ausgesagt werde.

Die Zahl ist nichts Physikalisches, aber auch nichts Subjectives, keine Vorstellung.

Die Zahl entsteht nicht durch Hinzufügung von Ding zu Ding. Auch die Namengebung nach jeder Hinzufügung ändert darin nichts.

Die Ausdrücke „Vielheit", „Menge", „Mehrheit" sind wegen ihrer Unbestimmtheit ungeeignet, zur Erklärung der Zahl zu dienen.

In Bezug auf Eins und Einheit blieb die Frage, wie die Willkühr der Auffassung zu beschränken sei, die jeden Unterschied zwischen Einem und Vielen zu verwischen schien.

Die Abgegrenztheit, die Ungetheiltheit, die Unzerlegbarkeit sind keine brauchbaren Merkmale für das, was wir durch das Wort „Ein" ausdrücken.

Wenn man die zu zählenden Dinge Einheiten nennt, so ist die unbedingte Behauptung, dass die Einheiten gleich seien, falsch. Dass sie in gewisser Hinsicht gleich sind, ist zwar richtig aber werthlos. Die Verschiedenheit der zu zählenden Dinge ist sogar nothwendig, wenn die Zahl grösser als, werden soll.

So schien es, dass wir den Einheiten zwei widersprechende Eigenschaften beilegen müssten: die Gleichheit und die Unterscheidbarkeit.

些不同的数与算术的存在是不一致的。

困难的解决。

§45　现在让我们概览一下至此已经确定的东西与仍然没有回答的持存的问题！

数并不是通过像事物的颜色、重量和硬度那样的抽象方式抽象而来的，在这个意义上，数并不像事物的这些性质。仍然有一个问题，通过数的陈述所说的东西是关于什么呢？

数不是物理的东西，也不是主观的东西，不是表象。

数不是通过事物和事物之间的并列附加而形成的，在这点上，每次附加动作之后的命名也不能改变什么。

"大量""聚集"与"多数"这些表述因其自身的不确定性，不适合起到定义数的作用。

有一个关于一和单位之间关系的问题，即如何限定任意的理解，因为这种任意的理解似乎使得一和多之间的差异消失不见。

对于我们用"一"这个词所述的东西来说，分界性、未分性与不可分性都不是可用的标准。

当人们将可数的事物称为单位，这种无条件的对于单位相等的断定是错误的。它们在某些方面确实相等，这尽管正确，但是却毫无价值。当数比 1 要大时，可数事物的差异甚至是必要的。

这就表明，我们在单位中加入两种相互冲突的性质：相等与差异。

151

Es ist ein Unterschied zwischen Eins und Einheit zu machen. Das Wort „Eins" ist als Eigenname eines Gegenstandes der mathematischen Forschung eines Plurals unfähig. Es ist also sinnlos. Zahlen durch Zusammenfassen von Einsen entstehen zu lassen. Das Pluszeichen in $1 + 1 = 2$ kann nicht eine solche Zusammenfassung bedeuten.

§46. Um Licht in die Sache zu bringen, wird es gut sein, die Zahl im Zusammenhange eines Urtheils zu betrachten, wo ihre ursprüngliche Anwendtingsweise hervortritt. Wenn ich in Ansehung derselben äussern Erscheinung mit derselben Wahrheit sagen kann: „dies ist eine Baumgruppe" und „dies sind fünf Bäume" oder „hier sind vier Compagnien" und „hier sind 500 Mann", so ändert sich dabei weder das Einzelne noch das Ganze, das Aggregat, sondern meine Benennung. Das ist aber nur das Zeichen der Ersetzung eines Begriffes durch einen andern. Damit wird uns als Antwort auf die erste Frage des vorigen Paragraphen nahe gelegt, dass die Zahlangabe eine Aussage von einem Begriffe enthalte. Am deutlichsten ist dies vielleicht bei der Zahl 0. Wenn ich sage: „die Venus hat 0 Monde", so ist gar kein Mond oder Aggregat von Monden da, von dem etwas ausgesagt werden könnte; aber dem Begriffe „Venusmond" wird dadurch eine Eigenschaft beigelegt, nämlich die, nichts unter sich zu befassen. Wenn ich sage: „der Wagen des Kaisers wird von vier Pferden gezogen", so lege ich die Zahl vier dem Begriffe „Pferd, das den Wagen des Kaisers zieht", bei.

Man mag einwenden, dass ein Begriff wie z. B. „Angehöriger des deutschen Reiches", obwohl seine Merkmale unverändert bleiben, eine von Jahr zu Jahr wechselnde Eigenschaft haben würde, wenn die Zahlangabe eine solche von ihm aussagte. Man kann dagegen geltend machen, dass auch Gegenstände ihre Eigenschaften ändern, was nicht verhindere, sie als dieselben anzuerkennen. Hier lässt sich aber der Grund noch genauer angeben. Der Begriff „Angehöriger des deutschen Reiches" enthält nämlich die Zeit als veränderlichen Bestandtheil, oder, um mich mathematisch

要在一和单位之间做出区分。"一"这个语词作为数学研究对象的专名不能是复数。通过把许多一综合而形成数，这是无意义的。1 + 1 = 2 中的加号并不意谓一个这样的综合。

§46　为了阐明这个问题，我们最好在上下文中考察数的判断，在那里会显露出它们原初的使用方式。当我考虑表现相同的外在现象时，我能同样真地说："这是一片树林"与"这是5 棵树"，或者"这是 4 个连队"和"这有 500 人"，在此，既非单个个体，也非整体和集合自身发生了改变，而是我的命名发生了改变。但是这只是一个概念记号被另外一个概念记号替换而已。因此我们就可以这样来回答前一节所提出的问题，数的陈述包含了对一个概念的断言。或许最清晰的例子就是 0 这个数。当我说："金星有 0 个卫星"时，因为这里根本就没有对一个卫星或卫星的集合说出某种东西，而是指由此赋予一种属性给"金星的卫星"(Venusmond) 这个概念，也即：在这个概念之下并不包含任何东西。当我说："国王的马车是由 4 匹马拉着的"，在这里我就将 4 这个数赋予"拉国王马车的马"概念。

人们可能会反对说，如果数的陈述是概念的话，一个概念比如"德国的居民"，尽管其标记保持不变，但是这一概念具有年复一年变化的性质。人们可以这样有效地反驳说，虽然对象的性质发生改变，但是这并不妨碍人们承认它们是相同的对象。但是在此仍然要准确地说明其理由。"德国的居民"这一概念包含了时间作为可变的成分，或者说，为了能在数学上进行表

auszudrücken, ist eine Function der Zeit. Für „a ist ein Angehöriger des deutschen Reiches" kann man sagen: „a gehört dem deutschen Reiche an" und dies bezieht sich auf den gerade gegenwärtigen Zeitpunkt. So ist also in dem Begriffe selbst schon etwas Fliessendes. Dagegen kommt dem Begriffe „Angehöriger des deutschen Reiches zu Jahresanfang 1883 berliner Zeit" in alle Ewigkeit dieselbe Zahl zu.

§47. Dass eine Zahlangabe etwas Thatsächliches von unserer Auffassung Unabhängiges ausdrückt, kann nur den Wunder nehmen, welcher den Begriff für etwas Subjectives gleich der Vorstellung hält. Aber diese Ansicht ist falsch. Wenn wir z. B. den Begriff des Körpers dem des Schweren oder den des Wallfisches dem des Säugethiers unterordnen, so behaupten wir damit etwas Objectives. Wenn nun die Begriffe subjectiv wären, so wäre auch die Unterordnung des einen unter den andern als Beziehung zwischen ihnen etwas Subjectives wie eine Beziehung zwischen Vorstellungen. Freilich auf den ersten Blick scheint der Satz

„alle Wallfische sind Säugethiere"

von Thieren, nicht von Begriffen zu handeln; aber, wenn man fragt, von welchem Thiere denn die Rede sei, so kann man kein einziges aufweisen. Gesetzt, es liege ein Wallfisch vor, so behauptet doch von diesem unser Satz nichts. Man könnte aus ihm nicht schliessen, das vorliegende Thier sei ein Säugethier, ohne den Satz hinzuzunehmen, dass es ein Wallfisch ist, wovon unser Satz nichts enthält. Ueberhaupt ist es unmöglich, von einem Gegenstande zu sprechen, ohne ihn irgendwie zu bezeichnen oder zu benennen. Das Wort „Wallfisch" benennt aber kein Einzelwesen. Wenn man erwidert, allerdings sei nicht von einem einzelnen, bestimmten Gegenstande die Rede, wohl aber von einem unbestimmten, so meine

达，它是一个时间的函数。对于"a 是一个德国的居民"，人们可能会说："现在 a 归属于德国"，而这恰恰涉及现在的时间点。因而在这个概念中已经有某种流动性的东西。与此相对，归于"柏林时间 1883 年初德国的居民"这个概念的数永远相同。

§47 一种数的陈述表达的是独立于我们理解的某种事实，这种说法只能使那些主张概念是同表象一样的某种主观的东西的人们感到奇怪。但是这种观点是错误的。例如，当我们使重量这个概念从属于物体这个概念，或者使鲸鱼概念从属于哺乳动物这个概念，由此我们断定了某些客观的东西。如果概念是主观的，那么一个概念从属于一个概念作为它们之间的关系就是某种主观的东西，如同表象之间的关系一样。乍一看，似乎这个命题

"所有鲸鱼都是哺乳动物"

论及的不是概念，而是哺乳动物；但是如果人们问谈论的是哪个动物，人们并不能将其指出来。假设我们面前确有一头鲸鱼，我们的命题对此并没有断定什么。如果不附加一句"它是一头鲸鱼"，人们并不能由这个命题得出当前的这头动物是哺乳动物，因而我们的命题并不包含这些。一般而言，去言说对象而不以任何方式表示或命名对象，那么不可能的。但是，"鲸鱼"这个词没有命名一个个体。如果人们反驳说，尽管谈论的不是一个个别的、确定的对象，但是它是一个不确定的对

ich, dass „unbestimmter Gegenstand" nur ein andrer Ausdruck für „Begriff" ist, und zwar ein schlechter, widerspruchsvoller. Mag immerhin unser Satz nur durch Beobachtung an einzelnen Thieren gerechtfertigt werden können, dies beweist nichts für seinen Inhalt. Für die Frage, wovon er handelt, ist es gleichgiltig, ob er wahr ist oder nicht, oder aus welchen Gründen wir ihn für wahr halten. Wenn nun der Begriff etwas Objectives ist, so kann auch eine Aussage von ihm etwas Thatsächliches enthalten.

§48. Der Schein, der vorhin bei einigen Beispielen entstand, dass demselben verschiedene Zahlen zukämen, erklärt sich daraus, dass dabei Gegenstände als Träger der Zahl angenommen wurden. Sobald wir den wahren Träger, den Begriff, in seine Rechte einsetzen, zeigen sich die Zahlen so ausschliessend wie in ihrem Bereiche die Farben.

Wir sehen nun auch, wie man dazu kommt, die Zahl durch Abstraction von den Dingen gewinnen zu wollen. Was man dadurch erhält, ist der Begriff, an dem man dann die Zahl entdeckt. So geht die Abstraction in der That oft der Bildung eines Zahlurtheils vorher. Die Verwechselung ist dieselbe, wie wenn man sagen wollte: der Begriff der Feuergefährlichkeit wird erhalten, indem man ein Wohnhaus aus Fachwerk mit einem Brettergiebel und Strohdach baut, dessen Schornsteine undicht sind.

Die sammelnde Kraft des Begriffes übertrifft weit die vereinigende der synthetischen Apperception. Durch diese wäre es nicht möglich, die Angehörigen des deutschen Reiches zu einem Ganzen zu verbinden; wohl aber kann man sie unter dem Begriff „Angehöriger des deutschen Reiches" bringen und zählen.

象，那么我认为，"不确定的对象"只不过是"概念"的另一种表达，而且是一个更差的充满矛盾的表达。或许只能通过观察个别的动物，我们的命题才能得到辩护，但是对其内容不证明什么东西。对于所讨论的问题，它是真的或者是假的，或者是依据什么根据将其看做真的，这些都是无关紧要的。只要概念是某种客观的东西，那么一个关于概念的断言就能包含某些事实的东西。

§48 在刚才几个例子中出现的不同的数归于相同的对象的假象，可以这样解释，即在那里将对象假定为数的载体。只要我们合法地确定真的载体，概念，那么数就会表明自身在其范围内是相互排斥的，就如同颜色在其范围之内相互排斥一样。

我们现在也看到，人们是如何想通过对事物的抽象而达到数的。人们因此得到的是概念，在概念中人们发现数。实际上，抽象常常出现在形成数的判断之前。这是一种混淆，就好像人们想说：用框架结构加木板墙与茅草顶建造一座住所，而且烟囱不封严，人们就得到易燃危险性这个概念。

概念的聚集力远远超过了综合统觉的统一力。人们不可能通过这种统觉的统一力将德意志帝国的成员连接成为一个整体；但是人们完全可以将德意志帝国的成员带到"德意志帝国成员"概念之下，并对它们进行计数。

Nun wird auch die grosse Anwendbarkeit der Zahl erklärlich. Es ist in der That räthselhaft, wie dasselbe von äussern und zugleich von innern Erscheinungen, von Räumlichem und Zeitlichem und von Raum, und Zeitlosem ausgesagt werden könne. Dies findet nun in der Zahlangabe auch gar nicht statt. Nur den Begriffen, unter die das Aeussere und Innere, das Räumliche und Zeitliche, das Raum- und Zeitlose gebracht ist, werden Zahlen beigelegt.

§49. Wir finden für unsere Ansicht eine Bestätigung bei Spinoza, der sagt:[1] „Ich antworte, dass ein Ding blos rücksichtlich seiner Existenz, nicht aber seiner Essenz eines oder einzig genannt wird; denn wir stellen die Dinge unter Zahlen nur vor, nachdem sie auf ein gemeinsames Maass gebracht sind. Wer z. B. ein Sesterz und einen Imperial in der Hand hält, wird an die Zweizahl nicht denken, wenn er nicht dieses Sesterz und diesen Imperial mit einem und dem nämlichen Namen, nämlich Geldstück oder Münze belegen kann: dann kann er bejahen, dass er zwei Geldstücke oder Münzen habe; weil er nicht nur das Sesterz, sondern auch den Imperial mit den Namen Münze bezeichnet". Wenn er fortfährt: „Hieraus ist klar, dass ein Ding eins oder einzig genannt wird, nur nachdem ein anderes Ding ist vorgestellt worden, das (wie gesagt) mit ihm übereinkommt", und wenn er meint, dass man nicht im eigentlichen Sinne Gott einen oder einzig nennen könne, weil wir von seiner Essenz keinen abstracten Begriff bilden könnten, so irrt er in der Meinung, der Begriff könne nur unmittelbar durch Abstraction von mehren Gegenständen gewonnen werden. Vielmehr kann man auch von den Merkmalen aus

---

[1] Baumann a. a. O. Bd. I, S. 169.

现在要说明数的极大的可应用性。为什么数对于外在的现象和内在的现象，对于空间的东西与时间的东西，对于非时空的东西都所说相同呢？这确实是神秘难解的。这种难解状况完全不会在数的说明中出现。数被赋予的只是概念，而外在的和内在的东西、空间的和时间的东西，以及非时空的东西，所有这些都被带入到概念之下。

§49 我们在斯宾诺莎那里发现了对我们的观点的确证，他[1]说："我回答说，一个事物被称为一或单一的，并不是因为其本质，而是只纯粹地考虑其存在；只有当它被带到一个共同的种属以后，我们才能设想事物在诸数之下。例如，谁手中持有一枚古罗马时代的硬币和一枚帝国时代的硬币，如果他不能赋予这枚古罗马硬币与这枚帝国时代的钱币一个相同的名字，即硬币或钱币，他就不能思考2这个数：此外，他能肯定他有两枚硬币或钱币，因为他用硬币名称不仅表示这枚古罗马硬币，也表示这枚帝国时代的硬币。"当他接着说："由此很清楚的是，一个事物只有在另外一个事物能被设想之后才能被叫做一或单一的。这个另外的事物可以和原来的事物并列（正如所说的那样）。"并且当他主张，人们并不能在本来的意义上称上帝为一或单一的，因为我们不能从它的本质中形成抽象的概念，他就错误地认为，只有直接地通过对多数的对象的抽象，我们才能获得概念。相反更确切

---

1 鲍曼，《时间、空间与数学教程》，第1卷，第169页。

zu dem Begriffe gelangen; und dann ist es möglich, das kein Ding unter ihn fällt. Wenn dies nicht vorkäme, würde man nie die Existenz verneinen können, und damit verlöre auch die Bejahung der Existenz ihren Inhalt.

§50. E. Schröder[1] hebt hervor, dass, wenn von Häufigkeit eines Dinges solle gesprochen werden können, der Name dieses Dinges stets ein Gattungsname, ein allmeines Begriffswort (notio communis) sein müsse: „Sobald man nämlich einen Gegenstand vollständig—mit allen seinen Eigenschaften und Beziehungen—in's Auge fasst, so wird derselbe einzig in der Welt dastehen und seines gleichen nicht weiter haben. Der Name des Gegenstandes wird alsdann den Charakter eines Eigennamens (nomen proprium) tragen und kann der Gegenstand nicht als ein wiederholt vorkommender gedacht werden. Dieses gilt aber nicht allein von concreten Gegenständen, es gilt überhaupt von jedem Dinge, mag dessen Vorstellung auch durch Abstractionen zu Stande kommen, wofern nur diese Vorstellung solche Elemente in sich schliesst, welche genügen, das betreffende Ding zu einem völlig bestimmten zu machen. ... Das letztere ‚(Object der Zählung zu werden)' wird bei einem Dinge erst insofern möglich, als man von einigen ihm eigenthümlichen Merkmalen und Beziehungen, durch die es sich von allen andern Dingen unterscheidet, dabei absieht oder abstrahirt, wodurch dann erst der Name des Dinges zu einem auf mehre Dinge anwendbaren Begriffe wird."

§51. Das Wahre in dieser Ausführung ist in so schiefe und

---

1 A 306

160

的说法是，人们也能从标记出发成功地进入概念，而在这种情况下，就可能没有事物落在概念之下。如果不是这样，人们就不能否定存在，因而，对存在的肯定也会失去其内容。

§50　E. 施罗德[1]强调指出，如果人们经常性地说到一个事物，这个事物的名称就必须是类名，一个普遍的概念词（notio communis）。"只要人们完整地考虑一个对象——连同它的所有属性和关系，那么这个对象在世界中就是唯一的，就不再有与它相同的东西。对象的名称也就具有了专名的特征（nomen proprium），而且对象不能被设想为多次重复出现的东西。这不仅适用于具体的事物，而且它适用于每个事物，这些事物的表象可能也是通过抽象而获得的，假如这些表象自身包含这些足以使相关事物成为一种完全的规定的要素的话。……后者'（成为被计数的对象）'对于一个事物只是在以下情况才是可能的：当人们不考虑或抽象出几个它与其他的事物相区别的根本的特征与关系，由此，事物的名称将成为一个能应用于更多事物的概念。"

§51　在以上这种阐释中，真理是以如此不当的与误导的表

1　鲍曼，《时间、空间与数学教程》，第 6 页。

irreführende Ausdrücke gekleidet, dass eine Entwirrung und Sichtung geboten ist. Zunächst ist es unpassend, ein allgemeines Begriffswort Namen eines Dinges zu nennen. Dadurch entsteht der Schein, als ob die Zahl Eigenschaft eines Dinges wäre. Ein allgemeines Begriffswort bezeichnet eben einen Begriff. Nur mit dem bestimmten Artikel oder einem Demonstrativpronomen gilt es als Eigenname eines Dinges, hört aber damit auf, als Begriffswort zu gelten. Der Name eines Dinges ist ein Eigenname. Ein Gegenstand kommt nicht wiederholt vor, sondern mehre Gegenstände fallen unter einen Begriff. Dass ein Begriff nicht mir durch Abstraction von den Dingen erhalten wird, die unter ihn fallen, ist schon Spinoza gegenüber bemerkt. Hier füge ich hinzu, dass ein Begriff dadurch nicht aufhört, Begriff zu sein, dass nur ein einziges Ding unter ihn fällt, welches demnach völlig durch ihn bestimmt ist. Einem solchen Begriffe (z. B. Begleiter der Erde) kommt eben die Zahl 1 zu, die in demselben Sinne Zahl ist wie 2 und 3. Bei einem Begriffe fragt es sich immer, ob etwas und was etwa unter ihn falle. Bei einem Eigennamen sind solche Fragen sinnlos. Man darf sich nicht dadurch täuschen lassen, dass die Sprache einen Eigennamen, z. B. Mond, als Begriffswort verwendet und umgekehrt; der Unterschied bleibt trotzdem bestehen. Sobald ein Wort mit dem unbestimmten Artikel oder im Plural ohne Artikel gebraucht wird, ist es Begriffswort.

§52. Eine weitere Bestätigung für die Ansicht, dass die Zahl Begriffen beigelegt wird, kann in dem deutschen Sprachgebrauche gefunden werden, dass man zehn Mann, vier Mark, drei Fass sagt. Der Singular mag hier andeuten, dass der Begriff gemeint ist, nicht das Ding. Der Vorzug dieser Ausdrucksweise tritt besonders bei der Zahl 0 hervor.

述方式隐藏着，急需我们来对其解析与整理。首先，称一个对象的名称为一个普遍的概念词是不合适的。由此就形成了这一假象，数似乎是一个事物的性质。一个普遍的概念词恰好表示的是一个概念。作为一个对象的专名只有与一个定冠词或者一个指示代词一起才有效，因此它不再被看作概念词。一个事物的名称就是一个专名。不是一个对象被发现多次重复出现，而是许多的对象落入到一个概念之下。一个概念不是通过对落入其下的对象进行抽象而得到的。关于这一点，我们已经在评析斯宾诺莎的观点时就注意到了。在此，我补充一点，当只有一个单一的事物落入其下时，一个概念并不因此就不成为一个概念，而这个事物完全可以通过这个概念而得以确定。1 这个数恰恰就属于一个这样的概念（比如，地球的卫星），数 1 与 2 和 3 在相同的意义上都是数。在概念这里，要总是追问是否有某种东西，如果有的话，它就落入这个概念之下。在一个专名那里，这样的问题是无意义的。因此，人们不允许被这一点所欺骗，即将语言的专名，比如月亮，错误地当成概念词来使用，反过来也一样，人们也不允许被这一点所欺骗，即错误地将概念词当成专名来使用；专名和概念词之间的区别依然存在。只要一个词是以不定冠词或者以复数形式不带冠词使用的，那它就是概念词。

§52　在人们说 10 个人（zehn Mann）、4 马克（vier Mark）、3 桶（drei Fass）的德语用法中，人们可以找到数归属于概念的更进一步的确证。这里的单数表明是概念的意思，而不是事物。特别是在 0 这个数这里，这种表述方式的优势就凸显

Sonst freilich legt die Sprache den Gegenständen, nicht dem Begriffe Zahl bei: man sagt „Zahl der Ballen" wie man „Gewicht der Ballen" sagt. So spricht man scheinbar von Gegenständen, während man in Wahrheit von einem Begriffe etwas aussagen will. Dieser Sprachgebrauch ist verwirrend. Der Ausdruck „vier edle Rosse" erweckt den Schein, als ob „vier" den Begriff „edles Ross" ebenso wie „edel" den Begriff „Ross" näher bestimme. Jedoch ist nur „edel" ein solches Merkmal; durch das Wort „vier" sagen wir etwas von einem Begriffe aus.

§53. Unter Eigenschaften, die von einem Begriffe ausgesagt werden, verstehe ich, natürlich nicht die Merkmale, die den Begriff zusammensetzen. Diese sind Eigenschaften der Dinge, die unter den Begriff fallen, nicht des Begriffes. So ist „rechtwinklig" nicht eine Eigenschaft des Begriffes „rechtwinkliges Dreieck"; aber der Satz, dass es kein rechtwinkliges, geradliniges, gleichseitiges Dreieck gebe, spricht eine Eigenschaft des Begriffes „rechtwinkliges, geradliniges, gleichseitiges Dreieck" aus; diesem wird die Nullzahl beigelegt.

In dieser Beziehung hat die Existenz Aehnlichkeit mit der Zahl. Es ist ja Bejahung der Existenz nichts Anderes als Verneinung der Nullzahl. Weil Existenz Eigenschaft des Begriffes ist, erreicht der ontologische Beweis von der Existenz Gottes sein Ziel nicht. Ebensowenig wie die Existenz ist aber die Einzigkeit Merkmal des Begriffes „Gott". Die Einzigkeit kann nicht zur Definition dieses Begriffes gebraucht werden, wie man auch die Festigkeit. Geräumigkeit. Wohnlichkeit eines Hauses nicht mit Steinen. Mörtel und Balken zusammen bei seinem Baue verwenden kann. Man darf jedoch daraus, dass etwas Eigenschaft eines Begriffes ist, nicht allgemein schliessen, dass es aus dem Begriffe, d. h. aus dessen Merkmalen nicht

出来。此外，自然语言将数赋予的不是概念，而是对象：人们像说"巴伦*的重量"一样说"巴伦的数"。从表面上看，人们这里想说的是对象，而实际上想说的是某种概念的东西。这种语言使用都是令人困惑的。"4 匹纯种的骏马"这一表述唤起了这一假象，似乎"4"确定"纯种的骏马"这一概念比"纯种的"确定"骏马"这一概念要更进一步。然而，只有"纯种的"是这样的一种标记；我们通过"4"这个词说出的是某种关于概念的东西。

§53　当然，我并不将对一个概念有所断言的性质理解为组成这个概念的标记。是事物的性质，而不是概念的性质落入概念之下。"直角的"也不是"直角三角形"这个概念的一种性质；但是，直角的、直线的、等边的三角形不存在，这一命题所说的是"直角的、直线的、等边的三角形"这个概念的一种性质，即 0 这个数归属于这个概念。

在这种联系中，存在与数有相似性。肯定存在不过是对于 0 这个数的否定。因为存在是概念的性质，因而上帝存在的本体论证明并不能实现其目的。存在也不是"上帝"这个概念的唯一标志。独一无二性并不能被用来定义上帝这个概念，如同人们在房子的建造之中，也不能将一座房子的稳固性、宽敞性和宜居性与石块、灰浆和横梁一起使用。然而，人们并不能普遍地得出结论认为，不能从概念，即概念的标记中推出任何概念性质的东西。

---

* 巴伦（Ballen），德国某些商品的计量单位，比如纸、布匹等。

gefolgert werden könne. Unter Umständen ist dies möglich, wie man aus der Art der Bausteine zuweilen einen Schluss auf die Dauerhaftigkeit eines Gebäudes machen kann. Daher wäre es zuviel behauptet, dass niemals aus den Merkmalen eines Begriffes auf die Einzigkeit oder Existenz geschlossen werden könne; nur kann dies nie so unmittelbar geschehen, wie man das Merkmal eines Begriffes einem unter ihn fallenden Gegenstande als Eigenschaft beilegt.

Es wäre auch falsch zu leugnen, dass Existenz und Einzigkeit jemals Merkmale von Begriffen sein könnten. Sie sind nur nicht Merkmale der Begriffe, denen man sie der Sprache folgend zuschreiben möchte. Wenn man z. B. alle Begriffe, unter welche nur Ein Gegenstand fällt, unter einen Begriff sammelt, so ist die Einzigkeit Merkmal dieses Begriffes. Unter ihn würde z. B. der Begriff „Erdmond", aber nicht der sogenannte Himmelskörper fallen. So kann man einen Begriff unter einen höhern, so zu sagen einen Begriff zweiter Ordnung fallen lassen. Dies Verhältniss ist aber nicht mit dem der Unterordnung zu verwechseln.

§54.   Jetzt wird es möglich sein, die Einheit befriedigend zu erklären. E. Schröder sagt auf S. 7 seines genannten Lehrbuches: „Jener Gattungsname oder Begriff wird die Benennung der auf die angegebene Weise gebildeten Zahl genannt und macht das Wesen ihrer. Einheit aus".

在有些情况下这是可能的，就像人们有时从建筑石料的品种来推论该建筑的耐用性。所以，说决不可能从概念的标记推论出唯一性与存在，这就断定得过多了；这一点不可能像人们把概念的标记作为性质赋予落入概念之下的对象那样直接发生。

任何否认存在与唯一性可成为一个概念的标记似乎是错误的。只不过它们不是这个概念的标记，而语言却诱惑人们赋予它这些标记。例如，当人们说，所有的只有一个对象落入其下的概念聚集在一个概念之下，唯一性就是这个概念的标记。例如，"地月"这个概念就处于这个概念之下，而不是所谓的天体处于其下。因而人们可将一个概念放在另一个更高阶的概念之中，也就是说，让一个概念处于一个二阶概念之下。这里的一个概念处于二阶概念之下的关系不要混同于一个对象落入概念之下的关系。*

§54　现在可以满意地给单位做出说明。E. 施罗德在他的上述教科书第 7 页这样写道："那个类名或概念被称为是以给定的方式形成的数的名称，并且构成了单位的本质。"

---

* 弗雷格主张要严格区分概念与对象，他认为，概念（Begriff/concept）本质上是函数，是带有空位的，不饱和的，而对象则是饱和的。概念是从对象到真值的函数。在此基础上，弗雷格严格区分了两种不同的逻辑关系：其一是一个对象落在（fall under）一个一阶概念之下，另一个是一个一阶概念处于一个二阶概念之中。一个对象落在一个一阶概念之下的这种逻辑关系，按照弗雷格的说法是对象归属于（subsumption）一个概念，这种关系一定不能与一个概念与另一个概念之间的包含关系（subordination）相混淆。弗雷格还在其他著作中多次强调这一区分，请参见 Gottlob Frege, "Comments on Sinn and Bedeutung", in *The Frege Reader*, ed. Michael Beaney, Oxford: Blackwell Publisher, 1997, p. 175; Gottlob Frege, "Introduction to Logic", in *The Frege Reader*, ed. Michael Beaney, Oxford: Blackwell Publisher, 1997, p. 296; Gottlob Frege, "Notes for Ludwig Darmstaedter", in *The Frege Reader*, ed. Michael Beaney, Oxford: Blackwell Publisher, 1997, p. 363; Gottlob Frege, "Frege's Letter to Liebmann 29.7.1900", in *Philosophical and Mathematical Correspondence*, ed. Gottfried Gabriel, trans. Hans kaal, Oxford: Basil Blackwell，1980，p. 93。

In der That, wäre es nicht am passendsten, einen Begriff Einheit zu nennen in Bezug auf die Anzahl, welche ihm zukommt? Wir können dann den Aussagen über die Einheit, dass sie von der Umgebung abgesondert und untheilbar sei, einen Sinn abgewinnen. Denn der Begriff, dem die Zahl beigelegt wird, grenzt im Allgemeinen das unter ihn Fallende in bestimmter Weise ab. Der Begriff „Buchstabe des Wortes Zahl" grenzt das Z gegen das a, dieses gegen das h u. s. w. ab. Der Begriff „Silbe des Wortes Zahl" hebt das Wort als ein Ganzes und in dem Sinne Untheilbares heraus, dass die Theile nicht mehr unter den Begriff „Silbe des Wortes Zahl" fallen. Nicht alle Begriffe sind so beschaffen. Wir können z. B. das unter den Begriff des Rothen Fallende in mannigfacher Weise zertheilen, ohne dass die Theile aufhören, unter ihn zu fallen. Einem solchen Begriffe kommt keine endliche Zahl zu. Der Satz von der Abgegrenztheit und Untheilbarkeit der Einheit lässt sich demnach so aussprechen:

Einheit in Bezug auf eine endliche Anzahl kann nur ein solcher Begriff sein, der das unter ihn Fallende bestimmt abgrenzt und keine beliebige Zertheilung gestattet.

Man sieht aber, dass Untheilbarkeit hier eine besondere Bedeutung hat.

Nun beantworten wir leicht die Frage, wie die Gleichheit mit der Unterscheidbarkeit der Einheiten zu versöhnen sei. Das Wort „Einheit" ist hier in doppeltem Sinne gebraucht. Gleich sind die Einheiten in der oben erklärten Bedeutung dieses Worts. In dem Satze: „Jupiter hat vier Monde" ist die Einheit „Jupitersmond". Unter diesen Begriff fällt sowohl I als auch II, als auch III, als auch IV. Daher kann man sagen: die Einheit, auf die I bezogen wird, ist gleich der Einheit, auf die II bezogen wird u. s. f. Da haben wir die Gleichheit. Wenn man aber die Unterscheidbarkeit der Einheiten behauptet, so versteht man darunter die der gezählten Dinge.

实际上，称一个概念单位与它归属于其中的基数有关，这难道不是最合适的说法？关于单位，我们可能会说它与环境是分离的，并且获得不可分（untheilbar）的意义。因为在一般情况下，被赋予数的概念对于落入其下的东西以一种确定的方式分隔开来。"数（Zahl）这个语词的字母"这个概念将 Z 不同于 a，a 不同于 h 等等分隔开来。"数（Zahl）这个语词的音节"这个概念就强调了这个语词作为一个整体，在这个意义上，它是不可分的（Untheilbares），即部分不再出现在"数（Zahl）这个语词的音节"这个概念之下。不是所有的概念都是以这种方式获得的。例如，我们可以用多种多样的方法，将落入红色这个概念之下的东西区分开，而不会让部分不再落入红色这个概念之下。有穷数就不归属于这样的概念。因而关于单位的分界性（Abgegrenztheit）与不可分性（Untheilbarkeit）的命题可以表述如下：

单位在涉及有穷数方面可以只是一个这样的概念，落入这个概念之下的事物确定地被界定，而并不允许对其进行任意地划分。

但是人们应看到，在此不可分性具有特定的意谓。

现在我们可以很容易地回答这个问题，即如何说明单位的相等与可区分性（Unterscheidbarkeit）相容的问题。现在，"单位"这个语词是在双重意义上使用的。在刚刚所解释的这个语词的意谓上，单位就是相等。在"木星有 4 颗卫星"这个命题中，单位就是"木星的卫星"。落入这个概念之下有木卫 1，也有木卫 2，也有木卫 3 和木卫 4。由此人们可以说：木卫 1 所指的单位与木卫 2 所指的单位是相等的，如此等等。在这种情况下，我们就有了相等。但是当人们断定一个单位的可区分性时，由此人们所理解的就是可计数的事物的可分区性。

IV. Der Begriff der Anzahl.

Jede einzelne Zahl ist ein selbständiger Gegenstand.

§55. Nachdem wir erkannt haben, dass die Zahlangabe eine Aussage von einem Begriffe enthält, können wir versuchen, die leibnizischen Definitionen der einzelnen Zahlen durch die der 0 und der 1 zu ergänzen.

Es liegt nahe zu erklären: einem Begriffe kommt die Zahl 0 zu, wenn kein Gegenstand unter ihn fällt. Aber hier scheint an die Stelle der 0 das gleichbedeutende „kein" getreten zu sein; deshalb ist folgender Wortlaut vorzuziehen: einem Begriffe kommt die Zahl 0 zu, wenn allgemein, was auch a sei, der Satz gilt, dass a nicht unter diesen Begriff falle.

In ähnlicher Weise könnte man sagen: einem Begriffe F kommt die Zahl 1 zu, wenn nicht allgemein, was auch a sei, der Satz gilt, dass a nicht unter F falle, und wenn aus den Sätzen

„a fällt unter F" und „b fällt unter F"

allgemein folgt, dass a und b dasselbe sind.

Es bleibt noch übrig, den Uebergang von einer Zahl zur nächstfolgenden

IV 基数这个概念

每个单个的数都是独立的对象。

§55 在我们已经认识到数的陈述包含了一个概念的断言之后，我们就能尝试对莱布尼茨关于单个数比如 0 与 1 的定义进行修正。

这近似于去解释：当没有对象落入概念之下，0 这个数就归属于这个概念。但是这里似乎 0 的位置被意谓相同的"无"所取代；因而下面的表述更准确：如果无论 a 是什么，a 不落入这个概念之下这个命题是普遍地为真的，那么 0 这个数就属于这样的一个概念。*

人们可以类似地说：1 这个数归属于一个概念 F，如果 a 不落入概念 F 之下这个命题不是普遍地为真的，并且从以下这两个命题：

"a 落入 F 之下"与"b 落入 F 之下"

普遍推出：a 与 b 是同一的，无论 a 是什么。**

此外，剩下还需要解释一个数向紧跟着的后继数的普遍过

---

* 0 被定义为没有一个对象落在概念 F 之下，即空概念。"0 这个数归属于概念 F"可以被定义为："对于任意的一个对象 x 来说，x 并非 F。"我们可以用现代符号将 F_0^* 定义为"$(\forall x)\,\neg Fx$"。

** 1 被定义为恰好只有一个对象落在概念 F 之下，并且如果有两个对象落在这个概念之下，那么它们就是同一的。"1 这个数归属于概念 F"可被定义为："对于任意的一个对象 x 来说，x 不是 F 并非为真，并且对于任意的一个对象 x 与 y 来说，如果 x 是 F，并且 y 也是 F，那么 x = y。"我们可以用现代符号将 F_1^* 定义为"$\neg(\forall x)\,\neg Fx \land (\forall x)(\forall y)(Fx \land Fy \to x = y)$"。

allgemein zu erklären. Wir versuchen folgenden Wortlaut: dem Begriffe F kommt die Zahl (n + 1) zu, wenn es einen Gegenstand a giebt, der unter F fällt und so beschaffen ist, dass dem Begriffe „unter F fallend, aber nicht a" die Zahl n zukommt.

§56. Diese Erklärungen bieten sich nach unsern bisherigen Ergebnissen so ungezwungen dar, dass es einer Darlegung bedarf, warum sie uns nicht genügen können.

Am ehesten wird die letzte Definition Bedenken erregen; denn genau genommen ist uns der Sinn des Ausdruckes „dem Begriffe G kommt die Zahl n zu" ebenso unbekannt wie der des Ausdruckes „dem Begriffe F kommt die Zahl (n + 1) zu". Zwar können wir mittels dieser und der vorletzten Erklärung sagen, was es bedeute

„dem Begriffe F kommt die Zahl 1 + 1 zu",

und dann, indem wir dies benutzen, den Sinn des Ausdruckes

„dem Begriffe F kommt die Zahl 1 + 1 + 1 zu"

angeben u. s. w.; aber wir können — um ein krasses Beispiel zu geben — durch unsere Definitionen nie entscheiden, ob einem Begriffe die Zahl Julius Caesar zukomme, ob dieser bekannte Eroberer Galliens eine Zahl ist oder nicht. Wir können ferner mit Hilfe unserer Erklärungsversuche

渡。我们尝试做出如下表述:(n+1)这个数归属于F,当且仅当存在一个对象a,a落入概念F之下,并且n这个数归属于"落入F概念下,但不是a"的这个概念。*

§56　根据我们迄今为止的结果,这些解释显得太随意,需要阐明为什么这些解释对我们还是不够充分。

最后一个定义会立刻引起质疑,因为严格地说,"n这个数归属于概念G"这一表达式的涵义,如同"n+1这个数归属于概念F"这一表达式的涵义一样,都是未知的。虽然我们能借助以上这两个解释,来说明:

"1+1这个数归属于概念F"

意谓着什么,并且此外,我们通过利用这一说明来规定

"1+1+1这个数归属于概念F"

这一表达式的涵义,如此等等;但是我们却不能——给出一个显著的例子——通过我们的定义来判定尤里乌斯·凯撒(Julius Caesar)这个数是否归属于一个概念,即不能判定这个著名的高卢征服者是否是一个数。** 另外,我们并不能利用我们尝试的阐

---

* n+1这个数被理解为存在 n+1 个对象落入概念之下。"n+1这个数归属于概念F"可以被定义为:"存在一个对象x,x是F,并且n是归属于'落到F之下,但不是对象x'这一概念的数",可以用现代符号将 F_{n+1}^* 定义为: $(\exists x)(Fx \wedge (\exists_n y)(Fy \wedge x \neq y))$。

** 这就是弗雷格哲学中著名的凯撒问题(Caesar Problem)。有穷数的归纳定义不能判定凯撒是否是一个数,因为有穷数的归纳定义只告诉我们 0 不等于 1、2、3 等,但是不会告诉我们 0 是不是与凯撒相等。休谟原则只告诉我们两个概念类的基数是否相等(通过一一对应而判定),但是并没有告诉我们概念类的基数本身到底是什么。所以休谟原则也不足以让我们判定一个概念类的基数是不是凯撒。这个问题其实是与弗雷格的逻辑对象(比如数、值域等)的认识问题紧密相关的。有学者如赫克(Richard（转下页）

nicht beweisen, dass a = b sein muss, wenn dem Begriffe F die Zahl a zukommt, und wenn demselben die Zahl b zukommt. Der Ausdruck „die Zahl, welche dem Begriffe F zukommt" wäre also nicht zu rechtfertigen und dadurch würde es überhaupt unmöglich, eine Zahlengleichheit zu beweisen, weil wir gar nicht eine bestimmte Zahl fassen könnten. Es ist nur Schein, dass wir die 0, die 1 erklärt haben; in Wahrheit haben wir nur den Sinn der Redensarten

„die Zahl 0 kommt zu",

„die Zahl 1 kommt zu"

festgestellt; aber es nicht erlaubt, hierin die 0, die 1 als selbständige, wiedererkennbare Gegenstände zu unterscheiden.

§57. Es ist hier der Ort, unsern Ausdruck, dass die Zahlangabe eine Aussage von einem Begriffe enthalte, etwas genauer ins Auge zu fassen. In dem Satze „dem Begriffe F kommt die Zahl 0 zu" ist 0 nur ein Theil des Praedicates, wenn wir als sachliches Subject den Begriff F betrachten. Deshalb habe ich es vermieden, eine Zahl wie 0, 1, 2 Eigenschaft eines Begriffes zu nennen. Die einzelne Zahl erscheint eben dadurch, dass sie nur

释去证明，如果 a 这个数归属于 F 这个概念，以及如果相同的 b 这个数也归属于这个概念，那么必然 a = b。"归属于概念 F 的这个数"的这个表达式也不能被证明正确，因而不可能证明数的相等，因为我们完全不能理解一个确定的数。我们已经解释了 0 和 1，这只是一种假象；而实际上，我们只不过确定了：

"0 这个数归属于"

"1 这个数归属于"

这种惯用语的涵义；但是却不允许在这里把 0 与 1 作为一种独立的可重认的对象进行区分。

§57　在此，可将我们的表述即"数的陈述包含了一个概念的断言"把握得更加精确。在"0 这个数归属于概念 F"这个句子中，如果我们把概念 F 看成事实的主语，那么 0 仅仅是谓词的一部分。因而，我们就必须要防止将单个数，比如 0、1、2 命名为概念的属性。这些单个的数因此恰好显现出作为独立的对象，它们只构成了陈述的一个部分。我在上面已经注意到这点，即人们说，"这个 1"并且通过定冠词将 1 称

（接上页）G. Heck）认为，迫使弗雷格最终放弃其逻辑主义的并不是形式的问题（比如罗素悖论的发现），而是他不能解决凯撒问题，也即他不能不通过诉诸值域或外延来回答我们如何理解逻辑对象的问题，但是值域或概念的外延本身也是抽象的逻辑对象。因为按照弗雷格的理解，人们对逻辑对象的理解与把握是不需要借助于直观与经验的，那么，我们到底应该如何在非直观或非经验的条件下理解与认识逻辑对象？弗雷格并不能解决这一认识论难题。以上观点参见 Richard G. Heck, *Frege's Theorem*, Oxford: Clarendon Press, 2011, p.115。

einen Theil der Aussage bildet, als selbständiger Gegenstand. Ich habe schon oben darauf aufmerksam gemacht, dass man „die 1" sagt und durch den bestimmten Artikel 1 als Gegenstand hinstellt. Diese Selbständigkeit zeigt sich überall in der Arithmetik, z. B. in der Gleichung $1 + 1 = 2$. Da es uns hier darauf ankommt, den Zahlbegriff so zu fassen, wie er für die Wissenschaft brauchbar ist, so darf es uns nicht stören, dass im Sprachgebrauche des Lebens die Zahl auch attributiv erscheint. Dies lässt sich immer vermeiden. Z. B. kann man den Satz „Jupiter hat vier Monde" umsetzen in „die Zahl der Jupitersmonde ist vier". Hier darf das „ist" nicht als blosse Copula betrachtet werden, wie in dem Satze „der Himmel ist blau". Das zeigt sich darin, dass man sagen kann: „Adie Zahl der Jupitersmonde ist die vier" oder „ist die Zahl 4". Hier hat „ist" den Sinn von „ist gleich", „ist dasselbe wie". Wir haben also eine Gleichung, die behauptet, dass der Ausdruck „die Zahl der Jupitersmonde" denselben Gegenstand bezeichne wie das Wort „vier". Und die Form der Gleichung ist die herrschende in der Arithmetik. Gegen diese Auffassung streitet nicht, dass in dem Worte „vier" nichts von Jupiter oder von Mond enthalten ist. Auch in dem Namen „Columbus" liegt nichts von Entdecken oder von Amerika und dennoch wird derselbe Mann Columbus und der Entdecker Amerikas genannt.

§58.   Man könnte einwenden, dass wir uns von dem Gegenstande, den wir Vier oder die Anzahl der Jupitersmonde nennen, als von etwas Selbständigem durchaus keine Vorstellung[1] machen können. Aber die Selbständigkeit, die wir der Zahl gegeben haben, ist nicht Schuld daran. Zwar glaubt man leicht, dass in der Vorstellung von vier Augen eines Würfels etwas vorkomme, was dem Worte „vier" entspräche; aber das ist Täuschung. Man denke an eine grüne Wiese und versuche, ob sich

---

1   „Vorstellung" in dem Sinne von etwas Bildartigem genommen.

为对象。这种独立性出现在算术的各处之中，比如，在等式
1 + 1 = 2 中。因为对我们来说，重要的是掌握对科学有用的数
的概念，所以，我们不应该受到数在语言日常使用中也表现为
定语的干扰。这总是可以避免的。比如，人们可以将"木星有
4 个卫星"这句话转化为"木星的卫星数是 4"。*此处的"是"
不能像"天空是蓝色的"这一命题中的"是"一样被看作是纯
粹的系词。这表现在人们可以说："木星的卫星数是 4"，或者
"是 4 这个数"。这里的"是"具有与"是相等的"或"与某
某相同"一样的涵义。我们有一个等式，它断定，"木星的卫
星数"这一表达式表示的对象与语词"4"表示的对象相同。
等式的形式在算术中是占主导的。对于以下这种观点是无争议
的，即在语词"4"之中并不包含木星或卫星。在语词"哥伦
布"之中也没有关于发现者，或关于美洲的东西，尽管如此，
正是同一个人被我们称为哥伦布与美洲的发现者。

§58 人们可能会反对说，我们完全不能将我们称为 4 或木
星卫星数的对象，表象[1]为某种独立存在的东西。但是在此，我
们并不能对赋予数的独立性进行指责。虽然人们很容易相信，
在一个骰子的 4 个点的表象中会出现某种与"4"这个词相对应
的东西；但是这只是一种错觉而已。人们可以思考一片绿色草

---

* "木星有四个卫星"可以被分析为："木星的卫星数"这一概念有 4 个例
示，即恰好有 4 个对象落在"木星的卫星数"这一概念之下。如果我们
用"J"表示"木星的卫星数"这一概念，而用"x""y""z"和"w"表
示四个对象，我们可以将以上命题符号化如下：$\exists x \exists y \exists z \exists w (x \neq$
$y \wedge x \neq z \wedge y \neq z \wedge z \neq w \wedge Jx \wedge Jy \wedge Jz \wedge Jw \wedge (\forall r)(Jr \rightarrow$
$r = x \vee r = y \vee r = z \vee r = w))$。

1 "表象"（Vorstellung）是在某种图像方式的意义上使用的。

die Vorstellung ändert, wenn man den unbestimmten Artikel durch das Zahlwort „Ein" ersetzt. Es kommt nichts hinzu, während doch dem Worte „grün" etwas in der Vorstellung entspricht. Wenn man sich das gedruckte Wort „Gold" vorstellt, wird man zunächst an keine Zahl dabei denken. Fragt man sich nun, aus wieviel Buchstaben es bestehe, so ergiebt sich die Zahl 4; aber die Vorstellung wird dadurch nicht etwa bestimmter, sondern kann ganz unverändert bleiben. Der hinzutretende Begriff „Buchstabe des Wortes Gold" ist eben das, woran wir die Zahl entdecken. Bei den vier Augen eines Würfels ist die Sache etwas versteckter, weil der Begriff sich uns durch die Aehnlichkeit der Augen so unmittelbar aufdrängt, dass wir sein Dazwischentreten kaum bemerken. Die Zahl kann weder als selbständiger Gegenstand noch als Eigenschaft an einem äussern Dinge vorgestellt werden, weil sie weder etwas Sinnliches noch Eigenschaft eines äussern Dinges ist. Am deutlichsten ist die Sache wohl bei der Zahl 0. Man wird vergebens versuchen, sich 0 sichtbare Sterne vorzustellen. Zwar kann man sich den Himmel ganz mit Wolken überzogen denken; aber hierin ist nichts, was dem Worte „Stern" oder der 0 entspräche. Man stellt sich nur eine Sachlage vor, die zu dem Urtheile veranlassen kann: es ist jetzt kein Stern zu sehen.

§59. Jedes Wort erweckt vielleicht irgendeine Vorstellung in uns, sogar ein solches wie „nur"; aber sie braucht nicht dem Inhalte des Wortes zu entsprechen; sie kann in andern Menschen eine ganz andere sein. Man wird sich dann wohl eine Sachlage vorstellen, die zu einem Satze auffordert, in welchem das Wort vorkommt; oder es ruft etwa das gesprochene Wort das geschriebene ins Gedächtniss zurück.

Dies findet nicht nur bei Partikeln statt. Es unterliegt wohl keinem Zweifel, dass wir keine Vorstellung unserer Entfernung von der Sonne haben. Denn, wenn wir auch die Regel kennen, wie oft wir einen Maasstab

地，并且用数词"1"来替换这个不定冠词，来检验其表象是否发生改变。没有添加任何东西，然而，"绿色"一词则与表象中的某种东西相对应。当人们对印刷的语词"金子"（Gold）进行表象，人们首先并没有由此想到数。人们现在可以问，这个语词到底由多少个字母组成，得出的结果是 4 这个数；但是这个表象并不由此成为某种确定的东西，而是完全保持不变。这里附加的概念"金子这个词的字母"恰好就是我们发现数的地方。在一个骰子有 4 个点这里，事情是相当的晦暗不明，因为概念通过点的相似性直接强加给我们，而我们几乎没有注意到它的介入。数字既不能作为一个独立的对象，也不能作为一个外部事物的属性，因为它既不是感性的东西，也不是一个外部事物的属性。最明显的事情可能是在 0 这个数这里。人们试图对 0 个可见的星星进行表象是徒劳的。虽然人们可以设想天空中乌云密布；但是在此并没有一个东西与语词"星星"或 0 相对应。人们只能表象这一情况，它引起这一判断：现在看不见星星。

§59 每一个语词可能都会唤起我们的某个表象，甚至像"仅"这样的语词也是如此；但是它并不需要与语词的内容相符合；因为它在不同的人那里完全是不同的。因而，人们可能会想象出一种要求出现该词的一些命题的情形；或者，口语会让人回忆起书面词语。

这不仅出现在副词方面。我们并没有我们与太阳距离的表象，对这点不会有丝毫怀疑。因为即使我们知道那样的一种规则，必须

vervielfältigen müssen, so misslingt doch jeder Versuch, nach dieser Regel uns ein Bild zu entwerfen, das auch nur einigermaassen dem Gewollten nahe kommt. Das ist aber kein Grund, die Richtigkeit der Rechnung zu bezweifeln, durch welche die Entfernung gefunden ist, und hindert uns in keiner Weise, weitere Schlüsse auf das Bestehen dieser Entfernung zu gründen.

§60. Selbst ein so concretes Ding wie die Erde können wir uns nicht so vorstellen, wie wir erkannt haben, dass es ist; sondern wir begnügen uns mit einer Kugel von mässiger Grösse, die uns als Zeichen für die Erde gilt; aber wir wissen, dass diese sehr davon verschieden ist. Obwohl nun unsere Vorstellung das Gewollte oft gar nicht trifft, so urtheilen wir doch mit grosser Sicherheit über einen Gegenstand wie die Erde auch da, wo die Grösse in Betracht kommt.

Wir werden durch das Denken gar oft über das Vorstellbare hinausgeführt, ohne damit die Unterlage für unsere Schlüsse zu verlieren. Wenn auch, wie es scheint, uns Menschen Denken ohne Vorstellungen unmöglich ist, so kann doch deren Zusammenhang mit dem Gedachten ganz äusserlich, willkührlich und conventionell sein.

Es ist also die Unvorstellbarkeit des Inhaltes eines Wortes kein Grund, ihm jede Bedeutung abzusprechen oder es vom Gebrauche auszuschliessen. Der Schein des Gegentheils entsteht wohl dadurch, dass wir die Wörter vereinzelt betrachten und nach ihrer Bedeutung fragen, für welche wir dann eine Vorstellung nehmen. So scheint ein Wort keinen Inhalt zu haben, für welches uns ein entsprechendes inneres Bild fehlt. Man muss aber immer einen vollständigen Satz ins Auge fassen. Nur in ihm haben die Wörter eigentlich eine Bedeutung. Die innern Bilder, die uns dabei etwa vorschweben, brauchen nicht den logischen

多次重复使用一把量杆测量，每次按照在我们心中勾画的图像的规则进行尝试都会失败，这个图像只是近似于我们所期望的东西。但是这并没有理由怀疑对发现的距离进行计算的精准性，并且也并不以任何方式阻止我们根据这种距离的存在做出更多的推论。

§60 即使一个具体得像地球一样的事物，我们也不能如我们已经实际认识它的那样去形成表象；而是说，我们满足于用一个体积中等的球体看作地球的标记（Zeichen），但是我们也知道，这样的一个球体与地球是相当不同的。虽然我们的表象常常不能符合期望，但是我们依然可以极其可靠地对地球这样的对象做出判断，判断它的尺寸有多大。

我们常常被思考带到超出可表象的东西之外，但我们推论的基础并不就此丧失。虽然，如果没有表象，我们人类的思想就不可能，但表象与所思东西的联结有可能完全是外在的、任意的与约定的。

我们并不能形成一个语词内容的表象，这不是不承认每个语词具有意谓，或者排除其使用的理由。相反的观点似乎认为，我们可以形成一个语词内容的表象，当被问到语词的意谓时，我们会孤立地考察这些语词，并将该语词的表象接受为语词的意谓。这似乎表明，我们心中一个语词如果缺少与之对应的内在图像，这个语词就不可能有内容。但是人们总是把握一个完整的命题。根本上说，一个语词只有在一个完整的命题中才有意谓。我们心中所浮现的内在图像并不必与判断的逻辑构

Bestandtheilen des Urtheils zu entsprechen. Es genügt, wenn der Satz als Ganzes einen Sinn hat; dadurch erhalten auch seine Theile ihren Inhalt.

Diese Bemerkung scheint mir geeignet, auf manche schwierige Begriffe wie den des Unendlichkleinen[1] ein Licht zu werfen, und ihre Tragweite beschränkt sich wohl nicht auf die Mathematik.

Die Selbständigkeit, die ich für die Zahl in Anspruch nehme, soll nicht bedeuten, dass ein Zahlwort ausser dem Zusammenhange eines Satzes etwas bezeichne, sondern ich will damit nur dessen Gebrauch als Praedicat oder Attribut ausschliessen, wodurch seine Bedeutung etwas verändert wird.

§61. Aber, wendet man vielleicht ein, mag auch die Erde eigentlich unvorstellbar sein, so ist sie doch ein äusseres Ding, das einen bestimmten Ort hat; aber wo ist die Zahl 4? sie ist weder ausser uns noch in uns. Das ist in räumlichem Sinne verstanden richtig. Eine Ortsbestimmung der Zahl 4 hat keinen Sinn; aber daraus folgt nur, dass sie kein räumlicher Gegenstand ist, nicht, dass sie überhaupt keiner ist. Nicht jeder Gegenstand ist irgendwo. Auch unsere Vorstellungen[2] sind in diesem Sinne nicht in uns (subcutan). Da sind Ganglienzellen, Blutkörperchen und dergl, aber keine Vorstellungen. Räumliche Praedicate sind auf sie nicht anwendbar; die eine ist weder rechts noch links von der andern; Vorstellungen haben keine in Millimetern angebbaren Entfernungen von einander. Wenn wir sie dennoch in uns nennen, so wollen wir sie damit als subjectiv bezeichnen.

---

1 Es kommt darauf an, den Sinn einer Gleichung wie

$$df\,(x) = g\,(x)\,dx$$

zu definiren, nicht aber darauf, eine von zwei verschiedenen Punkten begrenzte Strecke aufzuweisen, deren Länge dx wäre.

2 Dies Wort sein psychologisch, nicht psychophysisch verstanden

成部分相符合。如果这个命题作为一个整体具有涵义，这就足够了，因此它的部分也就得到了它的内涵。

对我来说，这种评论似乎有利于阐明有些困难的概念，比如无穷小[1]的概念，并且这种阐明的有效性可能不限于数学。

我所要求的数的自存性应该并不意谓着，一个数词可以在一个命题的关联之外而表示某种东西，相反，我仅排除把数词作为谓词或定语加以使用的做法，那样的用法显然会改变其意谓。

§61 但是，人们或许会反对说，虽然地球从根本上来说也是不可表象的，然而它是一个占有一定空间位置的外在的事物；但是 4 这个数在哪里呢？它既不在我们的外面，也不在我们的心中。这是空间意义上的正确理解。说 4 这个数有一个确定的位置的这种说法是无意义的；但是这只是推论出，它不是空间的对象，而不是说它根本上不是对象。不是每一个对象都是在某处。我们的表象[2]在这个意义上并不在我们心中（表皮之下）。因为神经节、血红细胞以及诸如此类根本不是表象。空间谓词不能应用于表象；一个表象与其他表象的关系并不是在左或在右的关系；表象相互之间并没有用毫米可标明的距离。然而尽管如此，我们还是将其称为我们内在的东西，因而我们是想以此将表象表示为主观的东西。

---

1 这里问题的关键是要定义一个如

$$df(x) = g(x) dx$$

的等式的意义，而不是指明一个由两个不同的点所限定的长度为 dx 线段。
2 这个语词理解为纯粹心理学的，而不是心理物理学的。

Aber wenn auch das Subjective keinen Ort hat, wie ist es möglich, dass die objective Zahl 4 nirgendwo sei? Nun ich behaupte, dass darin gar kein Widerspruch liegt. Sie ist in der That genau dieselbe für jeden, der sich mit ihr beschäftigt; aber dies hat mit Räumlichkeit nichts zu schaffen. Nicht jeder objective Gegenstand hat einen Ort.

Um den Begriff der Anzahl zu gewinnen, muss man den Sinn einer Zahlengleichung feststellen.

§62. Wie soll uns denn eine Zahl gegeben sein, wenn wir keine Vorstellung oder Anschauung von ihr haben können? Nur im Zusammenhange eines Satzes bedeuten die Wörter etwas. Es wird also darauf ankommen, den Sinn eines Satzes zu erklären, in dem ein Zahlwort vorkommt. Das giebt zunächst noch viel der Willkühr anheim. Aber wir haben schon festgestellt, dass unter den Zahlwörtern selbständige Gegenstände zu verstehen sind. Damit ist uns eine Gattung von Sätzen gegeben, die einen Sinn haben müssen, der Sätze, welche ein Wiedererkennen ausdrücken. Wenn uns das Zeichen a einen Gegenstand bezeichnen soll, so müssen wir ein Kennzeichen haben, welches überall entscheidet, ob b dasselbe sei wie a, wenn es auch nicht immer in unserer

但是，如果主观的东西没有一个位置，那么 4 这个客观的数怎么可能不在任何地方呢？现在，我断定这里并不存在任何矛盾。实际上严格地说，数对于每个用它进行研究的人都是相同的；但是这不必借用空间性来创造它。并不是每个客观的对象都有一个位置。

为了获得基数的概念，人们必须确定数相等的意义。

§62 当我们不可能有关于数的直观或表象时，我们应该如何给出数呢？只有在命题的语境中，这些语词才意谓某种东西。问题也就在于，要解释数词出现于其中的命题的涵义。这很明显使得我们仍然有很多的任意性。但是，我们已经确定，数词之下是那些被理解为独立自存的对象。因此我们必定已经给出了具有意义的命题的类，这些命题能表达重认（ein Wiedererkennen）的东西。* 如果我们可以用一个记号 a 表示一

---

* 弗雷格认为，重认两个对象是否相同，是科学与逻辑发现的根本活动。弗雷格曾经这样写道："区别属于一个句子所表达的思想的东西和这种思想所附带的东西，对于逻辑最为重要。人们所研究的东西的纯粹性并不是仅对化学家才有意义。……一门科学中最重要的发现大概常常是重认。昨天落下去的太阳与今天升起的太阳是同一个太阳，这在我们看来是显而易见的，因而我们可能觉得这一发现极其微不足道，然而这确实是天文学中最重要的发现之一，也许实际上是奠定天文学基础的发现。认识到晨星与昏星是同一个行星，五的三倍与三的五倍是相同的，也是重要的……首要和最重要的任务是清晰地阐述所研究的对象。只有这样才能进行重认，而在逻辑中，这种重认也是根本的发现。因此我们绝不能忘记，两个不同的命题能表达相同的思想，对于句子的内容，我们所关心的只是可以为真或为假的东西。"参见 Gottlob Frege, "Logik", *Schriften zur Logik und Sprachphilosophie, Aus dem Nachlaß*, Mit Einleitung, Anmerkungen, Bibliographie und Register herausgegeben von, Gottfried Gabriel, Humburg: Felix Meiner Verlag, 2001. SS. 59—60。

Macht steht, dies Kennzeichen anzuwenden. In unserm Falle müssen wir den Sinn des Satzes

> „die Zahl, welche dem Begriffe F zukommt, ist dieselbe,
>
> welche dem Begriffe G zukommt"

erklären; d. h. wir müssen den Inhalt dieses Satzes in anderer Weise wiedergeben, ohne den Ausdruck

> „die Anzahl, welche dem Begriffe F zukommt"

zu gebrauchen. Damit geben wir ein allgemeines Kennzeichen für die Gleichheit von Zahlen an. Nachdem wir so ein Mittel erlangt haben, eine bestimmte Zahl zu fassen und als dieselbe wiederzuerkennen, können wir ihr ein Zahlwort zum Eigennamen geben.

§63. Ein solches Mittel nennt schon Hume:[1] „Wenn zwei Zahlen so combinirt werden, dass die eine immer eine Einheit hat, die jeder Einheit der andern entspricht, so geben wir sie als gleich an". Es scheint in neuerer Zeit die Meinung unter den Mathematikern[2] vielfach Anklang gefunden zu haben, dass die Gleichheit der Zahlen mittels der eindeutigen Zuordnung definirt werden müsse. Aber es erheben sich zunächst logische Bedenken und Schwierigkeiten, an denen wir nicht ohne Prüfung vorbeigehen dürfen.

---

1   Baumann a. a. O. Bd. II. S. 565.
2   Vergl. E. Schröder a. a. O. S. 7 und 8. E. Kossak, die Elemente der Arithmetik, Programm des Friedrichs-Werder'schen Gymnasiums. Berlin, 1872. S. 16. G. Cantor, Grundlagen einer allgemeinen Mannich-faltigkeitslehre. Leipzig, 1883.

个对象，我们就必有一个标准（Kennzeichen），它使我们在任何地方都能判定一个 b 是否与 a 相同，即使我们并不总是有能力应用这一标准。在我们的情况中，我们必须要解释这个命题：

"归属于概念 F 的这个数与归属于概念 G 的那个数相等"

的意义；也就是说，我们必须要能以其他的不同方式复述这一命题的内容，而不需要用这一表述：

"归属于概念 F 的基数"。

以此，我们就给出一个数的相等的普遍标准。在我们获得了一种理解确定数的方法，并且我们重认它们相等之后，我们就能赋予数以数词作为它的专名。

§63 休谟[1]曾称这样的方法为："当两个数按照这样的方式相结合，即一个数所具有的单位与另外一个数的单位相对应，我们就说它们之间是相等的。"[*]我们发现，在更近时期的数学家们那里[2]已多次表达过相类似的观点，即数的相等必须通过一一对应来定义。但是首先它引起了逻辑的顾虑与困难，我们不允许不检查就让这些困难溜走。

1　鲍曼，《时间、空间与数学教程》，第 2 卷，第 565 页。

*　弗雷格在这里提到了著名的休谟原则（Hume's Principle，简称 HP），如果我们把概念 F 的数记为 #xFx，把概念 G 的数记为 #xGx，那么休谟原则（HP）可以定义为：#xFx = #xGx ↔ ∃R（R 映射的是 Fs 与 Gs 中的一一对应关系）。也有学者直接将休谟原则简单定义为：#xFx = #xGx ↔ F≈G（其中 F≈G 表示 F 与 G 之间存在"一一对应"关系）。

2　参见施罗德，《算术与代数教程》，第 7、8 页；科萨克：《算术原理：弗里德里希-维尔德希高中规划册》，柏林，1872 年版，第 16 页。康托尔：《普通集合论基础》，莱比锡，1883 年版。

Das Verhältniss der Gleichheit kommt nicht nur bei Zahlen vor. Daraus scheint zu folgen, dass es nicht für diesen Fall besonders erklärt werden darf. Man sollte denken, dass der Begriff der Gleichheit schon vorher feststände, und dass dann aus ihm und dem Begriffe der Anzahl sich ergeben müsste, wann Anzahlen einander gleich wären, ohne dass es dazu noch einer besondern Definition bedürfte.

Hiergegen ist zu bemerken, dass für uns der Begriff der Anzahl noch nicht feststeht, sondern erst mittels unserer Erklärung bestimmt werden soll. Unsere Absicht ist, den Inhalt eines Urtheils zu bilden, der sich so als eine Gleichung anfassen lässt, dass jede Seite dieser Gleichung eine Zahl ist. Wir wollen also nicht die Gleichheit eigens für diesen Fall erklären, sondern mittels des schon bekannten Begriffes der Gleichheit, das gewinnen, was als gleich zu betrachten ist. Das scheint freilich eine sehr ungewöhnliche Art der Definition zu sein, welche wohl von den Logikern noch nicht genügend beachtet ist; dass sie aber nicht unerhört ist, mögen einige Beispiele zeigen.

§64. Das Urtheil: „die Gerade a ist parallel der Gerade b", in Zeichen:

$$a \mathbin{/\!/} b,$$

kann als Gleichung aufgefasst werden. Wenn wir dies thun, erhalten wir den Begriff der Richtung und sagen: „die Richtung der Gerade a ist gleich der Richtung der Gerade b". Wir ersetzen also das Zeichen $/\!/$ durch das allgemeinere $=$, indem wir den besondern Inhalt des ersteren an a und b vertheilen. Wir zerspalten den Inhalt in anderer als der ursprünglichen Weise und gewinnen dadurch einen netten Begriff. Oft fasst man freilich die Sache umgekehrt auf, und manche Lehrer definiren: parallele Geraden sind solche von gleicher Richtung. Der Satz: „wenn zwei Geraden einer dritten parallel sind, so sind sie einander parallel" lässt sich dann mit Berufung auf den ähnlich lautenden Gleichheitssatz sehr bequem beweisen.

相等的关系不仅在数这里出现。由此似乎得出，相等关系不可以被解释为是对于数这个情况的特定的东西。人们应该想到，相等的概念应事前就已经确定了，并且从相等概念与基数概念，必然得出在什么时候基数相互之间是相等的，且不需要数的相等的特定的定义。

对此需要注意的是，对我们来说，基数的概念仍然是不确定的，而是应该通过我们的解释而确定。我们的目的是构成一个判断的内容，这个判断也被把握为一个每边都是一个数的等式。我们不想为了一种特定的情况解释相等，而是运用已经获得的熟知的相等概念来考察什么东西被当做相等的。这自然表现为以一种非常不同于通常的方式来下定义，对于这个定义，逻辑学家仍然没有足够地予以重视；但是，这种定义方法并不是闻所未闻的，可通过举几个例子来展示它。

§64 这个判断："直线 a 与直线 b 平行"，用记号表示就是：

$$a \,/\!/\, b,$$

可以被理解为一个等式。当我们这样做时，我们就获得了方向的概念，并且说："直线 a 的方向与直线 b 的方向相同。"我们一般地用 = 来替换记号 //，将第一个等式两边的特定的内容消除，并将 a 和 b 放在这个等式的两边。我们以一种不同于原初的方式来分解这个内容，并且由此获得了一个新的概念。当然，人们经常将事情理解反了，有些学者将平行直线定义为具有相同方向的直线。命题"如果两条直线与第三条直线平行，那么它们相互之间平行"通过援引类似的与同一事物相等的事物都相等的定理，就

Nur schade, dass der wahre Sachverhalt damit auf den Kopf gestellt wird! Denn alles Geometrische muss doch wohl ursprünglich anschaulich sein. Nun frage ich, ob jemand eine Anschauung von der Richtung einer Gerade hat. Von der Gerade wohl! aber unterscheidet man in der Anschauung von dieser Gerade noch ihre Richtung? Schwerlich! Dieser Begriff wird erst durch eine an die Anschauung anknüpfende geistige Thätigkeit gefunden. Dagegen hat man eine Vorstellung von parallelen Geraden. Jener Beweis kommt nur durch eine Erschleichung zu Stande, indem man durch den Gebrauch des Wortes „Richtung" das zu Beweisende voraussetzt; denn wäre der Satz: „wenn zwei Geraden einer dritten parallel sind, so sind sie einander parallel" unrichtig, so könnte man a // b nicht in eine Gleichung verwandeln.

So kann man aus dem Parallelismus von Ebenen einen Begriff erhalten, der dem der Richtung bei Geraden entspricht. Ich habe dafür den Namen „Stellung" gelesen. Aus der geometrischen Aehnlichkeit geht der Begriff der Gestalt hervor, so dass man z. B. statt „die beiden Dreiecke sind ähnlich" sagt: „die beiden Dreiecke haben gleiche Gestalt" oder „die Gestalt des einen Dreiecks ist gleich der Gestalt des andern". So kann man auch aus der collinearen Verwandtschaft geometrischer Gebilde einen Begriff gewinnen, für den ein Name wohl noch fehlt.

§65. Um nun z. B. vom Parallelismus[1] auf den Begriff der Richtung zu kommen, versuchen wir folgende Definition:

der Satz

---

1 Um mich bequemer ausdrücken zu können und leichter verstanden zu werden, spreche ich hier vom Parallelismus. Das Wesentliche dieser Erörterungen wird leicht auf den Fall der Zahlengleichheit übertragen werden können.

可以很方便地获得证明。只可惜的是麻烦在于，这倒置了事情的本来次序！因为所有的几何学的东西本来就不过是直观的而已。现在我问，是否某人具有一条直线方向的直观。人们确有关于直线的直观！但是人们在直观中能区分这条直线及其方向吗？很难！方向的这种概念将来可能会通过与直观相连接的精神活动而被发现。另一方面，人们具有关于平行直线的表象。那个证明只能通过一种欺诈的方式才能成立，即人们在语词"方向"（Richtung）的使用中以想证明的东西为前提；因为如果"如果两条直线与第三条直线平行，那么它们相互之间平行"不正确的话，那么，人们就不能将 a ∥ b 转变为相等。

所以，人们从平面的平行中得到一个与直线的方向相对应的概念。我已经见过用"面向"（Stellung）这个名称来称呼它。从几何的相似性中会得到形状这个概念，因而比如人们不说"两个三角形相似"，而说"这两个三角形具有相同的外形"或者"一个三角形的形状与另一个三角形的形状相同"。以此，人们也可以从几何图形的共线（collinearen）关系获得一个概念，只是现在这个概念还缺少名称。

§65 例如，现在为了从平行 [1] 而进到方向的概念，我们尝试下面的定义：

命题

---

[1] 为了能方便表达，使人们更容易理解我，我在此讨论平行。这种讨论的本质的东西可以很轻易地转化到数相等的情况。

„die Gerade a ist parallel der Gerade b"

sei gleichbedeutend mit

„die Richtung der Gerade a ist gleich der Richtung der Gerade b".

Diese Erklärung weicht insofern von dem Gewohnten ab, als sie scheinbar die schon bekannte Beziehung der Gleichheit bestimmt, während sie in Wahrheit den Ausdruck „die Richtung der Gerade a" einführen soll, der nur nebensächlich vorkommt. Daraus entspringt ein zweites Bedenken, ob wir nicht durch eine solche Festsetzung in Widersprüche mit den bekannten Gesetzen der Gleichheit verwickelt werden könnten. Welches sind diese? Sie werden als analytische Wahrheiten aus dem Begriffe selbst entwickelt werden können. Nun definirt Leibniz:[1]

„Eadem sunt, quorum unam potest substitui alteri salva veritate".

Diese Erklärung eigne ich mir für die Gleichheit an. Ob man wie Leibniz „dasselbe" sagt oder „gleich", ist unerheblich, „Dasselbe" scheint zwar eine vollkommene Uebereinstimmung, „gleich" nur eine in dieser oder jener Hinsicht auszudrücken; man kann aber eine solche Redeweise annehmen, dass dieser Unterschied wegfällt, indem man z. B. statt „die Strecken, sind in der Länge gleich" sagt „die Länge der Strecken ist gleich" oder

---

1 Non inelegans specimen demonstrandi in abstractis. Erdm. S. 94.

　　　　　　"直线 a 与直线 b 平行"

与命题

　　　　　　"直线 a 的方向与直线 b 的方向相同"

意谓相同。

　　这一解释就已偏离了通常的理解，即它似乎已经把相等关系确定为已知的，而实际上它应该在句子中引入"直线 a 的方向"这一只是附带提及的表述。因而也产生了第二种疑虑，难道我们不可能通过这样的一种规定，而被迫卷入与著名的同一律相冲突的境地吗？这是哪一种法则？它作为分析的真从概念自身中就可以发展出来。莱布尼茨[1] 定义如下：

　　　　"这些事物之间是相同的，当且仅当用一个事物来替换

　　　　　　另一个事物而不失去其真，"[*]

我采纳这种定义以说明相同。人们是否会像莱布尼茨一样说"相同的"或"相等的"都是无关紧要的，"相同"（Dasselbe）表现为一种完美的一致，而"相等"（gleich）则只是表现在这个方面或那个方面的一致，但是人们认为，我们可忽略这种谈论方式上的区别，由此人们，比如不说"这些线段在长度上相等"，而说"这些线段的长度相等"或"这些线段的长度相同"；

1　莱布尼茨，《抽象优雅的典型证明》，埃尔德曼版，第 94 页。

*　莱布尼茨的法则可以有两种解读：同一物的不可分辨性原则（the Principle of the Indiscernibility of Identicals，从左到右地阅读这一等式）与不可分辨物的同一性原则（the Principle of Identity of Indiscernibles，从右到左地阅读这一等式）。用现代符号将其表示为：$x = y \leftrightarrow (\forall F)(Fx \leftrightarrow Fy)$。以上可参见 Michael Beaney, *Frege: Making Sense*, London: Duckworth, 1996, p. 101。

„dieselbe", statt „die Flächen sind in der Farbe gleich" „die Farbe der Flächen ist gleich". Und so haben wir das Wort oben in den Beispielen gebraucht. In der allgemeinen Ersetzbarkeit sind nun in der That alle Gesetze der Gleichheit enthalten.

Um unsern Definitionsversuch der Richtung einer Gerade zu rechtfertigen, müssten wir also zeigen, dass man

die Richtung von a

überall durch

die Richtung von b

ersetzen könne, wenn die Gerade a der Gerade b parallel ist. Dies wird dadurch vereinfacht, dass man zunächst von der Richtung einer Gerade keine andere Aussage kennt als die Uebereinstimmung mit der Richtung einer andern Gerade. Wir brauchten also nur die Ersetzbarkeit in einer solchen Gleichheit nachzuweisen oder in Inhalten, welche solche Gleichheiten als Bestandtheile[1] enthalten würden. Alle andern Aussagen von Richtungen müssten erst erklärt werden und für diese Definitionen können wir die Regel aufstellen, dass die Ersetzbarkeit der Richtung einer Gerade durch die einer ihr parallelen gewahrt bleiben muss.

§66. Aber noch ein drittes Bedenken erhebt sich gegen unsern Definitionsversuch. In dem Satze

„die Richtung von a ist gleich der Richtung von b"

erscheint die Richtung von a als Gegenstand[2] und wir haben in unserer

---

1 In einem hypothetischen Urtheile könnte z. B. eine Gleichheit von Richtungen als Bedingung oder Folge vorkommen.

2 Der bestimmte Artikel deutet dies an. Begriff ist für mich ein mögliches Praedicat eines singulären beurtheilbaren Inhalts, Gegenstand ein mögliches Subject eines solchen. Wenn wir in dem Satze „die Richtung der Fernrohraxe ist gleich der Richtung der Erdaxe" die Richtung der Fernrohraxe als Subject ansehen, so ist das Praedicat „gleich der Richtung der Erdaxe". Dies ist ein Begriff. Aber die Richtung der Erdaxe ist nur ein Theil des Praedicates; sie ist ein Gegenstand, da sie auch zum Subiecte gemacht werden kann.

不说"这些平面在颜色上相等",而说"这些平面的颜色相等"或"这些平面的颜色相同"。我们已经在上面那些例子中使用过这些词了。实际上,在普遍地可替换性中包含了所有同一律。

为了证明我们定义一条直线方向的尝试是正确的,我们必须表明,当直线 a 与直线 b 相互平行时,人们可以将

a 的方向

统统通过

b 的方向

来替换。这一任务可以通过以下这一事实而被简化,即人们对于一条直线方向所说的东西,不过是它与另一条直线方向相一致。我们因此只需要证明,在这类相等的情况下,或者在内容中将会包含这类相等作为其构成部分[1]的情况下替换的可能性。所有其他的关于方向的陈述都必须首先得到定义,并且我们能为这种定义确立规则,必须保证任何一条直线方向可被任一与之相平行的直线的方向所替换。

§66 还会产生第三种反对我们定义尝试的质疑。在这个命题

"a 的这个方向与 b 的这个方向相同"

中,a 的方向作为对象而出现,[2]在我们的定义手段中,必须能

---

1 例如,在一个假言判断那里,方向的相等是作为前提或结论而出现的。
2 定冠词说明这点。对我而言,一个概念是一个可能的单一的可判断内容的谓词,对象就是这样一个可判断内容的主词。在这一命题"望远镜的轴的方向与地轴的方向相同"中,如果我们将望远镜的轴的方向看作主词,那么"与地轴方向相同"就是谓词。这就是一个概念。但是,地轴的方向仅是这个谓词的一部分,它是一个对象,因为它也能充当主词。

Definition ein Mittel, diesen Gegenstand wiederzuerkennen, wenn er etwa in einer andern Verkleidung etwa als Richtung von b auftreten sollte. Aber dies Mittel reicht nicht für alle Fälle aus. Man kann z. B. danach nicht entscheiden, ob England dasselbe sei wie die Richtung der Erdaxe. Man verzeihe dies unsinnig scheinende Beispiel! Natürlich wird niemand England mit der Richtung der Erdaxe verwechseln; aber dies ist nicht das Verdienst unserer Erklärung. Diese sagt nichts darüber, ob der Satz

„die Richtung von a ist gleich q"

zu bejahen oder zu verneinen ist, wenn nicht q selbst in der Form „die Richtung von b" gegeben ist. Es fehlt uns der Begriff der Richtung; denn hätten wir diesen, so könnten wir festsetzen; wenn q keine Richtung ist, so ist unser Satz zu verneinen; wenn q eine Richtung ist, so entscheidet die frühere Erklärung. Es liegt nun nahe zu erklären:

q ist eine Richtung, wenn es eine Gerade b giebt,

deren Richtung q ist.

Aber nun ist klar, dass wir uns im Kreise gedreht haben. Um diese Erklärung anwenden zu können, müssen wir schon in jedem Falle wissen, ob der Satz

„q ist gleich der Richtung von b"

zu bejahen oder zu verneinen wäre.

§67. Wenn man sagen wollte: q ist eine Richtung, wenn es durch die oben ausgesprochene Definition eingeführt ist, so würde man die Weise, wie der Gegenstand q eingeführt ist, als dessen Eigenschaft behandeln, was sie nicht ist. Die Definition eines Gegenstandes sagt

重认这个对象，即能重认当它在其他的伪装情况下展现为作为 b 的方向的某种东西。但是这种手段并不能应对所有的情况。人们并不能判断说，例如英国是否与地轴的方向相同。请人们原谅这种看上去无意义的例子！当然，人们不会将英国与地轴的方向弄混淆，但是这不归功于我们关于方向的定义。这种解释对于下面这一命题

"a 的方向与 q 相同"

是肯定或否定毫无所述，如果 q 自身没有在"b 的方向"的形式中被给出的话。我们缺少方向的概念；如果我们有这个概念，我们就能确定，当 q 不是方向时，就否定我们的命题；当 q 是一个方向时，我们前面的解释就能做出判定。这就近似于解释：

"q 是一个方向，当且仅当存在一条直线 b，它的方向是 q。"

但是现在很清楚的是，我们一直在转圈而已。为了能应用这种解释，我们必须在所有情况下知道，这一命题

"q 与 b 的方向相同"

是肯定还是否定。

§67 如果人们想说：q 是一个方向，当它通过上面所提到的定义而被引入时，那么人们就应该将对象 q 被引入的这种方式看作为 q 的属性，但它并不是属性。一个对象的定义根本上对对象自身没说什么，而只是规定一个记号的意谓而已。在实现这点之后，对象的定义就转化为关于这个对象的判

als solche eigentlich nichts von ihm aus, sondern setzt die Bedeutung eines Zeichens fest. Nachdem das geschehen ist, verwandelt sie sich in ein Urtheil, das von dem Gegenstande handelt, aber führt ihn nun auch nicht mehr ein und steht mit andern Aussagen von ihm in gleicher Linie. Man würde, wenn man diesen Ausweg wählte, voraussetzen, dass ein Gegenstand nur auf eine einzige Weise gegeben werden könnte; denn sonst würde daraus, dass q nicht durch unsere Definition eingeführt ist, nicht folgen, dass es nicht so eingeführt werden könnte. Alle Gleichungen würden darauf hinauskommen, dass das als dasselbe anerkannt würde, was uns auf dieselbe Weise gegeben ist. Aber dies ist so selbstverständlich und so unfruchtbar, dass es nicht verlohnte, es auszusprechen. Man könnte in der That keinen Schluss daraus ziehen, der von jeder der Voraussetzungen verschieden wäre. Die vielseitige und bedeutsame Verwendbarkeit der Gleichungen beruht vielmehr darauf, dass man etwas wiedererkennen kann, obwohl es auf verschiedene Weise gegeben ist.

§68. Da wir so keinen scharf begrenzten Begriff der Richtung und aus denselben Gründen keinen solchen der Anzahl gewinnen können, versuchen wir einen andern Weg. Wenn die Gerade a der Gerade b parallel ist, so ist der Umfang des Begriffes „Gerade parallel der Gerade a" gleich dem Umfange des Begriffes „Gerade parallel der Gerade b"; und umgekehrt: wenn die Umfänge der genannten Begriffe gleich sind, so ist a parallel b. Versuchen wir also zu erklären:

die Richtung der Gerade a ist der Umfang des Begriffes „parallel der Gerade a";

die Gestalt des Dreiecks d ist der Umfang des Begriffes „ähnlich dem Dreiecke d".

Wenn wir dies auf unsern Fall anwenden wollen, so haben wir an die Stelle der Geraden oder der Dreiecke Begriffe zu setzen und an die Stelle des Parallelismus oder der Aehnlichkeit die Möglichkeit die unter den einen den unter den andern Begriff fallenden Gegenständen beiderseits

断，但是现在不再需要引入对象，它恰好与其他的关于它的陈述处在同一层面上。如果人们选择了这种出路，人们就要假定，一个对象只能通过唯一的方式而被给出，因为否则的话，从 q 不是通过我们的定义而被引入的这一事实就得不出，它不可能会以这样的方式被引入。所有的等式将会等于说：被认为相同的东西就是以相同方式被给出的东西。但是这点是如此自明的和不足道的，根本就不需要说些什么。实际上，人们并不能得出有别于每个前提的结论。等式的这种多样性与重要的可应用性更多地是基于：人们能重认某些东西，尽管它是以不同的方式而被给出的。

§68 因为我们的方向概念没有严格的界限，以及基于相同的理由我们不能获得基数的概念，我们需要另辟蹊径。如果直线 a 与直线 b 平行，那么，"与直线 a 平行的直线"的概念的外延和"与直线 b 平行的直线"的概念的外延相同，并且反过来也一样：如果"与直线 a 平行的直线"的概念的外延和"与直线 b 平行的直线"的概念的外延相同，那么，直线 a 与直线 b 平行。我们尝试做出如下解释：

直线 a 的这个方向是"与直线 a 平行"的概念的外延；

三角形的这种形状 d 是"与三角形 d 相似"的概念的外延。

当我们将这一解释应用到我们的情况之中，我们就必须用概念去替换直线或三角形，平行或相似让位给处于一个概念之下的对象与处于另一个概念之下的对象之间——对应的可能

eindeutig zuzuordnen. Ich will der Kürze wegen den Begriff F dem Begriffe G gleichzahlig nennen, wenn diese Möglichkeit vorliegt, muss aber bitten, dies Wort als eine willkührlich gewählte Bezeichnungsweise zu betrachten, deren Bedeutung nicht der sprachlichen Zusammensetzung, sondern dieser Festsetzung zu entnehmen ist.

Ich definire demnach:

die Anzahl, welche dem Begriffe F zukommt, ist der Umfang[1] des Begriffes „gleichzahlig dem Begriffe F".

§69. Dass diese Erklärung zutreffe, wird zunächst vielleicht wenig einleuchten. Denkt man sich unter dem Umfange eines Begriffes nicht etwas Anderes? Was man sich darunter denkt, erhellt aus den ursprünglichen Aussagen, die von Begriffsumfängen gemacht werden können. Es sind folgende:

1. die Gleichheit,

2. dass der eine umfassender als der andere sei.

Nun ist der Satz:

der Umfang des Begriffes „gleichzahlig dem Begriffe F" ist

---

1 Ich glaube, dass für „Umfang des Begriffes" einfach „Begriff" gesagt werden könnte. Aber man würde zweierlei einwenden:
  1. dies stehe im Widerspruche mit meiner früheren Behauptung dass die einzelne Zahl ein Gegenstand sei, was durch den bestimmten Artikel in Ausdrücken wie „die Zwei" und durch die Unmöglichkeit angedeutet werde, von Einsen, Zweien u. s. w. im Plural zu sprechen, sowie dadurch, dass die Zahl nur einen Theil des Praedicats der Zahlangabe ausmache;
  2. dass Begriffe von gleichem Umfange sein können, ohne zusammenzufallen. Ich bin nun zwar der Meinung, dass beide Einwände gehoben werden können; aber das möchte hier zu weit führen. Ich setze voraus, dass man wisse, was der Umfang eines Begriffes sei

性。当这种可能性存在时，为了简便缘故，我想将概念 F 与概念 G 称为等数的（gleichzahlig），但是必须观察这些语词作为一种任意选择的表示方法，它们的意谓不是从语言的复合词（Zusammensetzung）中，[*]而是从这里所确定的东西中得出。

因此，我定义：

归属于概念 F 的基数就是"与概念 F 等数"的概念的外延[1]。

§69 或许一开始较难看清楚这种解释是正确的。人们能把概念的外延思考为某种不同于数的东西吗？人们如何思考概念的外延，可从我们对概念外延所做的基本陈述中加以阐明。这些关于概念外延的陈述如下：

（1）相等，

（2）一个比另一个更广。

现在这一命题：

"与概念 F 等数"的概念的外延与"概念 G 等数"的概念

---

* 很明显在这里，弗雷格注意到了为了避免循环定义的嫌疑，他必须强调等数的这一概念的非复合性，也即不要从词源学上来理解或把握等数的这一概念，而应该从逻辑上把握这一概念。

1 我认为，"概念的外延"可简单地说成"概念"。但是人们可能提出两种反对意见：

（1）这与我以前的关于单个的数是一个对象的断言相矛盾，这些单个的数是通过定冠词像"二这个数"那样表达；并且不可能通过说比如多个一、多个二等等复数而表达。因而数只是构成了数的说明的谓词的一部分。

（2）概念可以具有相等外延，而无需重合。

我现在认为，以上两种反对意见是可以消除的，但是那就需要展开论述。我假设人们都知道什么是一个概念的外延。

gleich dem Umfange des Begriffes „gleichzahlig dem Begriffe G"
immer dann und nur dann wahr, wenn auch der Satz

„dem Begriffe F kommt dieselbe Zahl wie dem Begriffe G zu"

wahr ist. Hier ist also voller Einklang.

Man sagt zwar nicht, dass eine Zahl umfassender als eine andere sei
in dem Sinne, wie der Umfang eines Begriffes umfassender als der eines
andern ist; aber der Fall, dass

der Umfang des Begriffes „gleichzahlig dem Begriffe F"

umfassender sei als

der Umfang des Begriffes „gleichzahlig dem Begriffe G" kann auch gar
nicht vorkommen; sondern, wenn alle Begriffe, die dem G gleichzahlig sind,
auch dem F gleichzahlig sind, so sind auch umgekehrt alle Begriffe, die dem
F gleichzahlig sind, dem G gleichzahlig. Dies „umfassender" darf natürlich
nicht mit dem „grösser" verwechselt werden, dass bei Zahlen vorkommt.

Freilich ist noch der Fall denkbar, dass der Umfang des Begriffes „gleichzahlig
dem Begriffe F" umfassender oder weniger umfassend wäre als ein anderer
Begriffsumfang, der dann nach unserer Erklärung keine Anzahl sein könnte;
und es ist nicht üblich, eine Anzahl umfassender oder weniger umfassend als den
Umfang eines Begriffes zu nennen; aber es steht auch nichts im Wege, eine solche
Redeweise anzunehmen, falls solches einmal vorkommen sollte.

Ergänzung und Bewährung unserer Definition.

§70. Definitionen bewähren sich durch ihre Fruchtbarkeit. Solche,
die ebensogut wegbleiben könnten, ohne eine Lücke in der Beweisführung
zu öffnen, sind als völlig werthlos zu verwerfen.

Versuchen wir also, ob sich bekannte Eigenschaften der Zahlen aus

的外延相等

总是为真，当且仅当这一命题

"归属于概念 F 的数与归属于概念 G 的数是相同的数"

为真。这是完全的一致。

当然人们不会说像一个概念的外延比另一个概念的外延要广那样说一个数比另一个数要广，但是以下这一情形几乎不可能发生，即"与概念 F 等数"的概念的外延要比"与概念 G 等数"的概念的外延要广；而是说，如果所有与概念 G 等数的概念也与概念 F 等数，那么反过来，所有与概念 F 等数的概念也与概念 G 等数。当然，这里的"更广"不能与"更大"相混淆，因为"更大"出现在数当中。

当然，还可以设想有一种情况，在其中"与概念 F 等数"的概念的外延比一个其他的概念外延更广或更窄，如果那样的话，根据我们的解释，就没有基数是可能的，人们很少说一个数比一个概念的外延要更广或更窄，如果真出现这种情况，那么，采用这样一种谈论方式也不会有什么妨碍。

我们的定义的完善与证明其价值。

§70 定义需通过富有成果来证明其价值。那些可省略而不会使得我们的证明链条中出现漏洞的定义，就应该将它们当成没有价值的加以拒斥。

我们看看能否从我们的归属于概念 F 的基数的定义中，

unserer Erklärung der Anzahl, welche dem Begriffe F zukommt, ableiten lassen! Wir werden aus hier mit den einfachsten begnügen.

Dazu ist es nöthig, die Gleichzahligkeit noch etwas genauer zu fassen. Wir erklärten sie mittels der beiderseits eindeutigen Zuordnung, und wie ich diesen Ausdruck verstehen will, ist jetzt darzulegen, weil man leicht etwas Anschauliches darin vermuthen könnte.

Betrachten wir folgendes Beispiel! Wenn ein Kellner sicher sein will, dass er ebensoviele Messer als Teller auf den Tisch legt, braucht er weder diese noch jene zu zählen, wenn er nur rechts neben jeden Teller ein Messer legt, sodass jedes Messer auf dem Tische sich rechts neben einem Teller befindet. Die Teller und Messer sind so beiderseits eindeutig einander zugeordnet und zwar durch das gleiche Lagenverhältniss. Wenn wir in dem Satze

„a liegt rechts neben A"

für a und A andere und andere Gegenstände eingesetzt denken, so macht der hierbei unverändert bleibende Theil des Inhalts das Wesen der Beziehung aus. Verallgemeinern wir dies!

Indem wir von einem beurtheilbaren Inhalte, der von einem Gegenstande a und von einem Gegenstande b handelt, a und b absondern, so behalten wir einen Beziehungsbegriff übrig, der demnach in doppelter Weise ergänzungsbedürftig ist. Wenn wir in dem Satze:

„die Erde hat mehr Masse als der Mond"

„die Erde" absondern, so erhalten wir den Begriff „mehr Masse als der Mond habend". Wenn wir dagegen den Gegenstand „der Mond"

推导出数的这些熟知的性质！我们应该在此满足于考虑最简单的情况。

有必要更严格地理解等数性。我们用一一对应（der beiderseits eindeutigen Zuordnung）来定义它，现在要说明我是如何理解这一表述的，因为人们很轻易地在其中猜测某种直观的东西。

请让我们考察下面的例子！当一名服务员想在桌子上放置同样数目的盘子和刀具时，他既不需要数刀具的数，也不需要数盘子的数，而只要在每个盘子的右边摆放一把刀具就可以，这样的话，桌子上的每个刀具都在每个盘子的右边。这些盘子和这些刀具之间就是一一对应的，而这是通过相同的位置关系而实现的。当我们在这一命题

"a 处于 A 的右边"

中考虑将其他的对象分别替换 a 与 A，由此，保持不变的内容部分就构成了关系的本质。我们来将这一命题的关系普遍化！

通过这种方法，我们将 a 与 b 从一个关于对象 a 与对象 b 的判断的内容中分离出来，保存了剩下的一种关系概念，它需要在两方面完善。当我们将"地球"从

"地球有比月亮更大的质量"

这一命题中分离出来，就得到"有比月亮更大的质量"的概念。另外，当我们将"月亮"这个对象从上一命题中分离出

absondern, gewinnen wir den Begriff „weniger Masse als die Erde habend".

Sondern wir beide zugleich ab, so bleibt ein Beziehungsbegriff zurück, der für sich allein ebensowenig wie ein einfacher Begriff einen Sinn hat: er verlangt immer eine Ergänzung zu einem beurtheilbaren Inhalte. Aber diese kann in verschiedener Weise geschehen: statt Erde und Mond kann ich z. B. Sonne und Erde setzen, und hierdurch wird eben die Absonderung bewirkt.

Die einzelnen Paare zugeordneter Gegenstände verhalten sich in ähnlicher Weise — man könnte sagen als Subjecte — zu dem Beziehungsbegriffe, wie der einzelne Gegenstand zu dem Begriffe, unter den er fällt. Das Subject ist hier ein zusammengesetztes. Zuweilen, wenn die Beziehung eine umkehrbare ist, kommt dies auch sprachlich zum Ausdrucke wie in dem Satze „Peleus und Thetis waren die Eltern des Achilleus"[1]. Dagegen wäre es z. B. nicht gut möglich, den Inhalt des Satzes „die Erde ist grösser als der Mond" so wiederzugeben, dass „die Erde und der Mond" als zusammengesetztes Subject erschiene, weil das „und" immer eine gewisse Gleichstellung andeutet. Aber dies thut nichts zur Sache.

Der Beziehungsbegriff gehört also wie der einfache der reinen Logik an. Es kommt hier nicht der besondere Inhalt der Beziehung in Betracht, sondern allein die logische Form. Und was von dieser ausgesagt werden kann, dessen Wahrheit ist analytisch und wird a priori erkannt. Dies gilt

---

1 Hiermit ist der Fall nicht zu verwechseln, wo das „und" nur scheinbar die Subjecte, in Wahrheit aber zwei Sätze verbindet.

206

来，就获得"有比地球更小的质量"的概念。相反，如果我们将"地球"与"月亮"同时分离出来，就回到一种关系概念，对于这种单纯的关系概念来说，它就像简单概念一样是没有什么意义的：它总是要求对其补充相应的判断内容。但是它也可以以不同的方式而出现：例如我可以用太阳与地球来替换地球与月亮，由此也可以同样产生分离。

每对——对应的对象——人们称它们为主体——与关系概念的关系，就像单个对象与它落入其下的概念之间的关系。这里的主体是一个复合物。有时当这种关系是可逆的，也可以用语言表达这种关系，就像在这个命题"珀琉斯和忒提斯是阿基里斯的父母"[1]一样。另外，例如，人们不可能将"地球有比月亮更大的质量"这个命题的内容复述为"地球和月亮"作为复合的主体而出现，因为"和"总是表示两个事物在某种意义上是处于同一个层面。但是这不影响问题讨论。

这种关系概念就像简单物一样，属于纯粹的逻辑。在考察中所涉及的不是特定的关系内容，而仅仅考察逻辑形式。能对这种逻辑形式所说的是，它们的真是分析的，且是先天被认知

---

1 以此不要与下面的情况相混淆，即"和"仅看上去像个主体，而实际上是连接两个句子。

von den Beziehungsbegriffen wie von den andern.

Wie

„a fällt unter den Begriff F"

die allgemeine Form eines beurtheilbaren Inhalts ist, der von einem
Gegenstande a handelt, so kann man

„a steht in der Beziehung φ zu b"

als allgemeine Form für einen beurtheilbaren Inhalt annehmen, der von

dem Gegenstande a und von dem Gegenstande b handelt.

§71. Wenn nun jeder Gegenstand, der unter den Begriff F

fällt, in der Beziehung φ in einem unter den Begriff G fallenden

Gegenstande steht, und wenn zu jedem Gegenstande, der unter G fällt,

ein unter F fallender Gegenstand in der Beziehung φ steht, so sind die

unter F und G fallenden Gegenstände durch die Beziehung φ einander

zugeordnet.

Es kann noch gefragt werden, was der Ausdruck

„jeder Gegenstand, der unter F fällt, steht in der Beziehung φ

zu einem unter G fallenden Gegenstande"

bedeute, wenn gar kein Gegenstand unter F fällt. Ich verstehe darunter:

die beiden Sätze

„a fällt unter F"

und

„a steht zu keinem unter G fallenden Gegenstande in der

Beziehung φ"

können nicht mit einander bestehen, was auch a bezeichne, sodass

entweder der erste oder der zweite oder beide falsch sind. Hieraus geht

的。这点适用于关系概念，就像它能适用其他概念一样。

就像

"a 落在 F 这个概念之下"

是一个关于对象 a 的可判断内容的普遍形式一样，人们也可以将

"a 与 b 有 φ 关系"

这个命题看作是关于对象 a 和对象 b 的可判断的内容的普遍
形式。

§71　如果每个落入 F 这个概念之下的对象与落入 G 这个概
念之下的对象有 φ 关系，并且对于每个落入概念 G 之下的对象来
说，都与落入概念 F 之下的所有对象有 φ 关系，那么，落入概念
F 之下的对象与落入概念 G 之下的对象就通过 φ 关系相互对应。

人们仍然可以追问，当没有对象落入 F 这个概念之下，
这个表达式

"每个落入 F 这个概念之下的对象与落入 G 这个概念之下
的对象有 φ 关系"

意谓什么。我把它理解为：

以下两个命题：

"a 落入概念 F 之下"

与

"a 不与落入概念 G 之下的对象有关系 φ"

不可能同时为真，无论 a 表示什么，要么第一个命题是假的，
要么第二个命题是假的，或者两个命题都是假的。由此得出，

hervor, dass „jeder Gegenstand, der unter F fällt, in der Beziehung φ zu einem unter G fallenden Gegenstande steht", wenn es keinen unter F fallenden Gegenstand giebt, weil dann der erste Satz

„a fällt unter F"

immer zu verneinen ist, was auch a sein mag.

Ebenso bedeutet

„zu jedem Gegenstande, der unter G fällt, steht ein unter F fallender in der Beziehung φ",

dass die beiden Sätze

„a fällt unter G"

und

„kein unter F fallender Gegenstand steht zu a in der Beziehung φ"

nicht mit einander bestehen können, was auch a sein möge.

§72. Wir haben nun gesehen, wann die unter die Begriffe F und G fallenden Gegenstände einander durch die Beziehung φ zugeordnet sind. Hier soll nun diese Zuordnung eine beiderseits eindeutige sein. Darunter verstehe ich, dass folgende beiden Sätze gelten:

1. wenn d in der Beziehung φ zu a steht, und wenn d in der Beziehung φ zu e steht, so ist allgemein, was auch d, a und e sein mögen, a dasselbe wie e;

2. wenn d in der Beziehung φ zu a steht, und wenn b in der Beziehung φ zu a steht, so ist allgemein, was auch d, b und a sein mögen, d dasselbe wie b.

如果不存在落入 F 概念之下的对象，那么，"每个落入 F 这个概念之下的对象都与落入 G 这个概念的对象有关系 φ"总是真的，无论 a 可能是什么。因为在那种情况下，

第一个命题

"a 落入概念 F 之下"

总是假的，无论 a 是什么。

同样地，

"对于每个落在概念 G 之下的对象来说，

它都与落入概念 F 之下的对象有关系 φ"

意谓，无论 a 可能是什么，这两个命题

"a 落入 G 之下"

与

"没有 F 这个概念之下的对象与 a 有关系 φ"

也不能同时为真。

§72　我们已经看到，在什么样的条件下概念 F 与概念 G 之下的对象相互之间可以通过关系 φ 来对应。这里的对应关系就是一一对应。我将此理解为，下列两个命题都是有效的：

（1）如果 d 与 a 有关系 φ，并且如果 d 与 e 有关系 φ，那么，无论 d、a、e 可能是什么，a 都与 e 相同。*

（2）如果 d 与 a 有关系 φ，并且如果 b 与 a 有关系 φ，那么，无论 d、b、a 可能是什么，d 都与 b 相同。**

———————

* 这是强调该对应关系是单值的函数关系。

** 这是强调该对应关系是单射的函数关系。

Hiermit haben wir die beiderseits eindeutige Zuordnung auf rein logische Verhältnisse zurückgeführt und können nun so definiren:

der Ausdruck

„der Begriff F ist gleichzahlig dem Begriffe G"

sei gleichbedeutend mit dem Ausdrucke

„es giebt eine Beziehung φ, welche die unter den Begriff F fallenden Gegenstände den unter G fallenden Gegenständen beiderseits eindeutig zuordnet".

Ich wiederhole:

die Anzahl, welche dem Begriffe F zukommt, ist der Umfang des Begriffes „gleichzahlig dem Begriffe F"

und füge hinzu:

der Ausdruck

„n ist eine Anzahl"

因此，我已经将一一对应归因为纯粹的逻辑关系[*]，并且可以定义如下：

这一表达式：

"概念 F 与概念 G 等数"

应该与

"存在一种关系 φ，使得那些落入概念 F 之下的对象与那些落入概念 G 之下的对象双方可以一一对应"

这一表达式意谓相同。

我再重复一次：

"归属于概念 F 的基数是'与概念 F 等数'的概念的外延"

并且补充：

"n 是一个基数"

与

---

* 弗雷格这里所谓的 F 概念与 G 概念之间的一一对应关系，可以通过纯粹的逻辑方式定义：对于任何一个 F 中的对象来说，恰好只有一个 G 中的对象与其有关系 φ，并且如果对于任何 G 概念中的对象而言，恰好只有一个 F 概念中的对象与其有关系 φ，那么，F 概念与 G 概念之间就是一一对应的。弗雷格以上所给出的"一一对应"关系可用现代符号表示为：$(\forall d)(Fd \rightarrow (\exists a)[(\forall e)(Ga \wedge (\varphi de) \leftrightarrow a = e)]) \wedge (\forall a)(Ga \rightarrow (\exists d)[Fd \wedge (\forall b)(\varphi ba) \leftrightarrow d = b])$。这一符号表达式前半段是说，对于任意的 F，有且只有一个 G 与它有关系 φ；这一符号表达式的后半段是说，对于任意的 G 而言，有且只有一个 F 与其有关系 φ。前一从句强调的是 F 与 G 概念之间关系的条件是多对一的关系，后一从句强调的是两者之间的关系条件是一对多的关系，两相合并强调的正是一一对应的关系。

sei gleichbedeutend mit dem Ausdrucke

„es giebt einen Begriff der Art, dass n die Anzahl ist, welche ihm zukommt".

So ist der Begriff der Anzahl erklärt, scheinbar freilich durch sich selbst, aber dennoch ohne Fehler, weil „die Anzahl, welche dem Begriffe F zukommt" schon erklärt ist.

§73. Wir wollen nun zunächst zeigen, dass die Anzahl, welche dem Begriffe F zukommt, gleich der Anzahl ist, welche dem Begriffe G zukommt, wenn der Begriff F dem Begriffe G gleichzahlig ist. Dies klingt freilich wie eine Tautologie, ist es aber nicht, da die Bedeutung des Wortes „gleichzahlig" nicht aus der Zusammensetzung, sondern aus der eben gegebenen Erklärung hervorgeht.

Nach unserer Definition ist zu zeigen, dass der Umfang des Begriffes „gleichzahlig dem Begriffe F" derselbe ist wie der Umfang des Begriffes „gleichzahlig dem Begriffe G", wenn der Begriff F gleichzahlig dem Begriffe G ist. Mit andern Worten: es muss bewiesen werden, dass unter dieser Voraussetzung die Sätze allgemein gelten:

wenn der Begriff H gleichzahlig dem Begriffe F ist, so ist er auch gleichzahlig dem Begriffe G;

und

wenn der Begriff H dem Begriffe G gleichzahlig ist, so ist er auch gleichzahlig dem Begriffe F.

Der erste Satz kommt darauf hinaus, dass es eine Beziehung giebt, welche die unter den Begriff H fallenden Gegenstände den unter den Begriff G fallenden beiderseits eindeutig zuordnet, wenn es eine Beziehung φ giebt, welche die unter den Begriff F fallenden Gegenstände den unter den Begriff G fallenden beiderseits eindeutig zuordnet, und wenn

"存在一种概念类，n 是归属于这个概念的基数"
这一表达式意谓相同。

这样基数的概念表面上是通过自身的方式得以说明，但是这没有错误，因为"归属于概念 F 的基数"已经得以说明。

§73 我想首先表明，如果概念 F 与概念 G 等数，那么，归属于概念 F 的基数就等于归属于概念 G 的基数。当然这听起来有点像重言式，实际上并不是，因为"等数的"（gleichzahlig）这个词的意谓并不是复合构成（Zusammensetzung）而成，而是通过刚才给出的定义而获得。*

在定义之后表明，如果 F 这个概念与 G 这个概念是等数的，那么"与 F 这个概念等数"的概念的外延"与 G 这个概念等数"的概念的外延相等。换句话说，这必须要证明，在这些前提条件下，这些命题普遍地都有效：

如果 H 这个概念与 F 这个概念等数，

那么它也与 G 这个概念等数；

并且

如果 H 这个概念与 G 这个概念等数，

那么它也与 F 这个概念等数。

因此，第一个命题得出，存在一种使得落入概念 H 之下的对象与落入概念 G 之下的对象之间具有一一对应的关系，当且仅当有一种关系 φ 使得落入概念 F 之下的对象与落入概

---

* 参见 §68 中类似的表述。

es eine Beziehung ψ giebt, welche die unter den Begriff H fallenden Gegenstände den unter den Begriff F fallenden beiderseits eindeutig zuordnet. Folgende Anordnung der Buchstaben wird dies übersichtlicher machen:

$$H \; \psi \; F \; \varphi \; G.$$

Eine solche Beziehung kann in der That angegeben werden: sie liegt in dem Inhalte

„es giebt einen Gegenstand, zu dem c in der Beziehung ψ steht, und der zu b in der Beziehung φ steht",

wenn wir davon c und b absondern (als Beziehungspunkte betrachten). Man kann zeigen, dass diese Beziehung eine beiderseits eindeutige ist, und dass sie die unter den Begriff H fallenden Gegenstände den unter den Begriff G fallenden zuordnet.

In ähnlicher Weise kann auch der andere Satz bewiesen werden[1].

Diese Andeutungen werden hoffentlich genügend erkennen lassen, dass wir hierbei keinen Beweisgrund der Anschauung zu entnehmen brauchen, und dass sich mit unsern Definitionen etwas machen lässt.

§74. Wir können nun zu den Erklärungen der einzelnen Zahlen übergehn.

Weil unter den Begriff „sich selbst ungleich" nichts fällt, erkläre ich:

0 ist die Anzahl, welche dem Begriffe „sich selbst ungleich" zukommt.

Vielleicht nimmt man daran Anstoss, dass ich hier von einem Begriffe spreche. Man wendet vielleicht ein, dass ein Widerspruch darin enthalten sei, und erinnert an die alten Bekannten das hölzerne Eisen und den viereckigen Kreis. Nun ich meine, dass die gar nicht so

---

1 Desgleichen die Umkehrung: Wenn die Zahl, welche dem Begriffe F zukommt, dieselbe ist wie die, welche dem Begriffe G zukommt, so ist der Begriff F dem Begriffe G gleichzahlig.

念 G 之下的对象之间一一对应，并且存在一种关系 ψ 使得落入概念 H 之下的对象与落入概念 F 之下的对象之间是一一对应的。下面字母的排列将使得这点变得综观：

$$H \psi F \varphi G。$$

实际上，可以这样给出这种关系：它就在于以下这个内容：

"存在一个对象，c 与它有关系 ψ，b 与它有关系 φ"，

如果我们可以将 c 和 b（看作关系项）从这个命题中分离出来。人们可以表明，这种关系是一一对应的，并且落入概念 H 之下的对象与落入概念 G 之下的对象之间是相对应的。

可用类似的方式证明另外一个命题。[1] 这种提示但愿能足以使得人们认识到，我们在此并不需要从直观获取证明的基础，并可通过我们的定义实现。

§74　现在我们要转向对单个数的定义。

因为没有什么东西落入到"与自身不相等"这个概念之下，我这样解释：

0 就是那些归属于"与自身不相等"的这个概念的基数。[*]

或许有人对我在这里所说的概念表示反感。他们或许反对说，这里包含了一个矛盾，令人想起古老的为人所知的木的铁和方的圆这样的矛盾。而我认为，事情并没有像他们指出的那

---

[1]　反过来也一样：如果归属于 F 这个概念的数与归属于 G 这个概念的数相等，那么，F 这个概念与 G 这个概念就是等数的。

[*]　弗雷格将零（0）理解为不包含任何对象的空概念的外延，一个必然为空的概念就是"与自身不相等的概念"，而 0 就是那些归属于"与自身不相等"的概念的基数，可以用符号将其刻画为：$0 = {}_{df}\#x\,(X \neq X)$。

schlimm sind, wie sie gemacht werden. Zwar nützlich werden sie grad nicht sein; aber schaden können sie auch nichts, wenn man nur nicht voraussetzt, dass etwas unter sie falle; und das thut man durch den blossen Gebrauch der Begriffe noch nicht. Dass ein Begriff einen Widerspruch enthalte, ist nicht immer so offensichtlich, dass es keiner Untersuchung bedürfte; dazu muss man ihn erst haben und logisch ebenso wie jeden andern behandeln. Alles was von Seiten der Logik und für die Strenge der Beweisführung von einem Begriffe verlangt werden kann, ist seine scharfe Begrenzung, dass für jeden Gegenstand bestimmt sei, ob er unter ihn falle oder nicht. Dieser Anforderung genügen nun die einen Widerspruch enthaltenden Begriffe wie „sich selbst ungleich" durchaus; denn man weiss von jedem Gegenstande, dass er nicht unter einen solchen fällt.[1]

Ich brauche das Wort „Begriff" in der Weise, dass

„a fällt unter den Begriff F"

die allgemeine Form eines beurtheilbaren Inhalts ist, der von einem Gegenstande a handelt und der beurtheilbar bleibt, was man auch für a setze. Und in diesem Sinne ist

---

1 Ganz davon verschieden ist die Definition eines Gegenstandes aus einem Begriffe, unter den er fällt. Der Ausdruck „der grösste ächte Bruch" hat z. B. keinen Inhalt, weil der bestimmte Artikel den Anspruch erhebt, auf einen bestimmten Gegenstand hinzuweisen. Dagegen ist der Begriff „Bruch, der kleiner als 1 und so beschaffen ist, dass kein Bruch, der kleiner als 1 ist, ihn an Grösse übertrifft" ganz unbedenklich, und um beweisen zu können, dass es keinen solchen Bruch gebe, braucht man sogar diesen Begriff, obgleich er einen Widerspruch enthält.
Wenn man aber durch diesen Begriff einen Gegenstand bestimmen wollte, der unter ihn fällt, wäre es allerdings nöthig, zweierlei vorher zu zeigen:
1. dass unter diesen Begriff ein Gegenstand falle;
2. dass nur ein einziger Gegenstand unter ihn falle.
Da nun schon der erste dieser Sätze falsch ist, so ist der Ausdruck „der grösste ächte Bruch" sinnlos.

样糟糕。尽管它不怎么有用，但是它也不可能有什么害处，只要人们不假定有什么东西落入这个概念之下，以及人们不要通过单纯的概念使用就做出这种假设。一个概念包含矛盾，这一点并不总是如此显明，以至于不需要研究这个概念；人们必须首先拥有这个概念，然后在逻辑上像处理其他的概念那样研究它。所有的一切都是关于逻辑的方面，一个概念进行严格的证明就是划定概念的严格界限，即规定每个对象，它是否落入还是不落入这个概念。现在，一个包含矛盾的概念如"与自身不相等"一定会满足这一要求，因为人们知道每一个对象，它都不落入一个这样的概念之下。[1]

我在

"a 落入 F 这个概念之下"

的意义上使用"概念"这个语词。一个可判断内容的普遍形式是关于一个对象 a，并且无论人们用什么来替换 a，其内容依

---

[1] 完全不同于这点的是从落入其下概念而对对象下定义。例如"最大的真分数"就没有内容，因为这个定冠词提出一个要求，即它要表示一个特定的对象。与此相反，"小于 1 的分数，并且没有哪个小于 1 的分数在量上比它大"这一概念是完全没有问题的，为了能证明不存在这样的一个分数，人们就需要这样一个概念，尽管它包含矛盾。但是当人们想通过这样的概念来规定一个落入该概念之下的对象，似乎有必要提前说明两点：
（1）一个对象落入这个概念之下；
（2）只有唯一一个对象落入这个概念之下。
因为第一个句子是假的，"最大的真分数"这个表述是无意义的。

„a fällt unter den Begriff ‚sich selbst ungleich'" gleichbedeutend mit

„a ist sich selbst ungleich"

oder

„a ist nicht gleich a".

Ich hätte zur Definition der 0 jeden andern Begriff nehmen können, unter den nichts fällt. Es kam mir aber darauf an, einen solchen zu wählen, von dem dies rein logisch bewiesen werden kann; und dazu bietet sich am bequemsten „sich selbst ungleich" dar, wobei ich für „gleich" die vorhin angeführte Erklärung Leibnizens gelten lasse, die rein logisch ist.

§75. Es muss sich nun mittels der früheren Festsetzungen beweisen lassen, dass jeder Begriff, unter den nichts fällt, gleichzahlig mit jedem Begriffe ist, unter den nichts fällt, und nur mit einem solchen, woraus folgt, dass 0 die Anzahl ist, welche einem solchen Begriffe zukommt, und dass kein Gegenstand unter einen Begriff fällt, wenn die Zahl, welche diesem zukommt, die 0 ist.

Nehmen wir an, weder unter den Begriff F noch unter den Begriff G falle ein Gegenstand, so haben wir, um die Gleichzahligkeit zu beweisen, eine Beziehung φ nöthig, von der die Sätze gelten:

jeder Gegenstand, der unter F fällt, steht in der Beziehung φ zu einem Gegenstande, der unter G fällt; zu jedem Gegenstande, der unter G fällt, steht ein unter F fallender in der Beziehung φ.

然是可判断的。在这个意义上，"a 落入'与自身不相等'的这一概念之下"与

"a 与自身不相等"
或
"a 不等于 a"

意谓相同。

我本来打算采用与没有什么东西落入其下这个概念不同的概念来定义 0 这个数，但对我重要的是，选择一种方式来纯粹逻辑地证明这个定义，因而它最方便地表现为"与自身不相等"，在此我认为，前面所引的莱布尼茨的纯粹逻辑的定义对"相等"是有效的。

§75 现在必须借助前面设置的条件来证明，每个没有什么东西落入其下的概念与其他的没有什么东西落入其下的概念是等数的，[*]只有通过这种方式才能由此得出，0 就是属于这样的概念的基数，如果归属于这个概念的基数是 0 这个数，那么，就没有对象落入这个概念之下。

我们认为，一个对象既不落入 F 这个概念之下，也不落入 G 这个概念之下，为了证明两者的等数性，我必须有关系 φ，使以下这两个命题有效：

> 每个落入 F 这个概念之下的对象与一个落入 G 这个概念之下的对象有 φ 关系；一个落入 F 这个概念之下的对象与每个落入 G 这个概念之下的对象有 φ 关系。

---

[*] 这其实就是证明 0 = 0，或空概念等于空概念。

Nach dem, was früher über die Bedeutung dieser Ausdrücke gesagt ist, erfüllt bei unsern Voraussetzungen jede Beziehung diese Bedingungen, also auch die Gleichheit, die obendrein beiderseits eindeutig ist; denn es gelten die beiden oben dafür verlangten Sätze.

Wenn dagegen unter G ein Gegenstand fällt z. B. a, während unter F keiner fällt, so bestehen die beiden Sätze

„a fällt unter G"

und

„kein unter F fallender Gegenstand steht zu a in

der Beziehung φ"

mit einander für jede Beziehung φ; denn der erste ist nach der ersten Voraussetzung richtig und der zweite nach der zweiten. Wenn es nämlich keinen unter F fallenden Gegenstand giebt, so giebt es auch keinen solchen, der in irgendeiner Beziehung zu a stände. Es giebt also keine Beziehung, welche nach unserer Erklärung die unter F den unter G fallenden Gegenständen zuordnete, und demnach sind die Begriffe F und G ungleichzahlig.

§76. Ich will nun die Beziehung erklären, in der je zwei benachbarte Glieder der natürlichen Zahlenreihe zu einander stehen. Der Satz:

„es giebt einen Begriff F und einen unter ihn fallenden Gegenstand x der Art, dass die Anzahl, welche dem Begriffe F zukommt, n ist, und dass die Anzahl, welche dem Begriffe ‚unter F fallend aber nicht gleich x' zukommt, m ist"

sei gleichbedeutend mit

根据我们前面对这些表达式含义的论述，在我们的前提中，每一种关系都满足这个条件，相等关系以及一一对应关系都满足这一条件。因为上面两个所要求的命题对此也是有效的。

与此相反，如果有一个对象比如 a 落入 G 之下，而没有对象落入 F 之下，那么对于每个关系 φ 来说，这两个命题：

"a 落入 G 这个概念之下"

与

"没有落入 F 之下的对象与 a 有关系 φ"

可以相互共存，因为第一个命题按照第一个前提是正确的，第二个命题按照第二个前提也是正确的。如果没有任何对象落入 F 这个概念之下，因而也就不存在这样的一种关系，无论这个关系是什么。根据我们的解释，也就不存在落入 F 这个概念之下的对象与落入 G 这个概念之下的对象之间的对应关系，因而概念 F 与概念 G 是非等数的。

§76　现在我想要定义自然数序列中每相邻两项之间的关系。这个命题：

"存在 F 这个概念与落入这个概念之下的对象 x，n 为归属于 F 这个概念的基数，并且 m 是那些归属于'落入 F 这个概念但是与 x 不相等'的概念的基数"

与这个命题：

„n folgt in der natürlichen Zahlenreihe unmittelbar auf m".

Ich vermeide den Ausdruck „n ist die auf m nächstfolgende Anzahl ",
weil zur Rechtfertigung des bestimmten Artikels erst zwei Sätze bewiesen
werden müssten.[1] Aus demselben Grunde sage ich hier noch nicht
„n = m + 1"; denn auch durch das Gleichheitszeichen wird (m + 1) als
Gegenstand bezeichnet.

§77. Um nun auf die Zahl 1 zu kommen, müssen wir zunächst
zeigen, dass es etwas giebt, was in der natürlichen Zahlenreihe unmittelbar
auf 0 folgt.

Betrachten wir den Begriff — oder, wenn man lieber will, das
Prädicat — „gleich 0" ! Unter diesen fällt die 0. Unter den Begriff „gleich
0 aber nicht gleich 0" fällt dagegen kein Gegenstand, sodass 0 die Anzahl
ist, welche diesem Begriffe zukommt. Wir haben demnach einen Begriff
„gleich 0" und einen unter ihn fallenden Gegenstand 0, von denen
gilt:

> die Anzahl, welche dem Begriffe „gleich 0" zukommt, ist gleich
> der Anzahl, welche dem Begriffe „gleich 0" zukommt;

> die Anzahl, welche dem Begriffe „gleich 0 aber nicht gleich 0"
> zukommt, ist die 0.

---

1 Siehe Anm. auf S. 87 u. 88.

"n 在自然数序列中直接跟随 m"[*]

意谓相同。

我避免使用"n 是 m 后面的一个基数"这样的表述，因为为了论证这个定冠词的合理性，就必须首先证明这两个命题正确。[1] 基于同样的理由，我在这里不说"n＝m＋1"，因为通过等号，m＋1 就会被标示为对象。

§77　现在为了能达到 1 这个数，我们必须首先表明，在自然数序列中存在某种直接跟随 0 的东西。

请我们考察这个概念——或者，如果人们更喜欢用谓词——"与 0 相等"！只有 0 落在这个概念之下。相反，没有什么东西落入"与 0 相等且与 0 不相等"这个概念之下，因而 0 就是归属于这样的概念的基数。因而，我们有一个"与 0 相等"的概念，且有一个对象 0 落入这个概念之下。以下命题有效：

归属于"与 0 相等"的这个概念的基数与归属于

"与 0 相等"的这个概念的基数相等；

归属于"与 0 相等且与 0 不相等"

的这个概念的基数是 0 这个数。

---

[*] 弗雷格在这里给出的两个数（m，n）之间的相继关系，定义如下：m 是 n 的前驱（祖先），或 n 是 m 的后继（后代），当且仅当存在一个概念 F 与一个对象 x，且 x 落入概念 F 之下，使得 n 是归属于概念 F 的基数，而 m 是归属于"落入概念 F 但是不同于 x"的概念基数，我们使用 #F 表示概念 F 的基数，那么，n 在自然数序列中是 m 的后继（或 m 是 n 的前驱），可符号化如下：$Pred\,(m，n) =_{df} \exists F \exists x\,(Fx \wedge n = \#F \wedge m = \#\,(\lambda y\,(Fy \wedge y \neq x)))$。

[1] 参见第 219 页注释。

225

Also folgt nach unserer Erklärung die Anzahl, welche dem Begriffe „gleich 0" zukommt, in der natürlichen Zahlenreihe unmittelbar auf 0.

Wenn wir nun definiren:

1 ist die Anzahl, welche dem Begriffe „gleich 0" zukommt,

so können wir den letzten Satz so ausdrücken:

1 folgt in der natürlichen Zahlenreihe unmittelbar auf 0.

Es ist vielleicht nicht überflüssig zu bemerken, dass die Definition der 1 zu ihrer objectiven Rechtmässigkeit keine beobachtete Thatsache[1] voraussetzt; denn man verwechselt leicht damit, dass gewisse Subjective Bedingungen erfüllt sein müssen, um uns die Definition möglich zu machen, und dass uns Sinneswahrnehmungen dazu veranlassen.[2] Dies kann immerhin zutreffen, ohne dass die abgeleiteten Sätze aufhören, a priori zu sein. Zu solchen Bedingungen gehört z. B. auch, dass Blut in hinreichender Fülle und richtiger Beschaffenheit das Gehirn durchströme — wenigstens soviel wir wissen; — aber die Wahrheit unseres letzten Satzes ist davon unabhängig; sie bleibt bestehen, auch wenn dies nicht mehr stattfindet; und selbst, wenn alle Vernunftwesen einmal gleichzeitig in einen Winterschlaf verfallen sollten, so würde sie nicht etwa so lange aufgehoben sein, sondern

---

1 Satz ohne Allgemeinheit.
2 Vergl. B. Erdmann, Die Axiome der Geometrie, S. 164.

同样地，根据我们的定义，在自然数序列中，归属于"与 0 相等"的这个概念的基数紧跟 0。

当我们现在定义如下：

1 是那些归属于"与 0 相等"的这个概念的基数，[*]
我们将上面这句这样表述：

1 在自然数序列中紧跟 0。

或许注意到以下这点并不是多余的，即 0 这个数的定义并没有假设可观察的事实[1]来获得其客观的合法性。因此人们很容易将此与为了做出可能的定义所必须满足某些主观的条件相混淆，感官经验经常引起这些主观的条件。[2]这至少可能是正确的，没有这个的话，所推导的命题就不再是先天的了。例如，优质血液必须足够多地在大脑中循环——至少就我所知；——最后一句话的真则不依赖于这个；尽管血液的流动不再出现，这句话的真依然保持存在；就其自身而言，如果所有的理性生物同时一次性陷入冬眠之中，我们的命题的真也不是

───────

[*] 根据弗雷格，数 1 是归属于"与 0 相等"这个概念的基数，也即数 1 是"与 0 相等的概念相等数"的概念的外延。可用现代符号表示为：$1 =_{df} \#x$（$x=0$）；类似地，数 2 是归属于与 0 或与 1 相等的概念的基数，也即数 2 是"与 0 或 1 相等的概念等数的"概念的外延。可用现代符号表示为：$2 =_{df} \#x$（$x=0 \lor x=1$）。

[1] 非普遍性的命题。

[2] 参见埃尔德曼，《几何学的公理》，第 164 页。

ganz ungestört bleiben. Die Wahrheit eines Satzes ist eben nicht sein Gedachtwerden.

§78. Ich lasse hier einige Sätze folgen, die mittels unserer Definitionen zu beweisen sind. Der Leser wird leicht übersehen, wie dies geschehen kann.

1. Wenn a in der natürlichen Zahlenreihe unmittelbar auf 0 folgt, so ist a = 1.

2. Wenn 1 die Anzahl ist, welche einem Begriffe zukommt, so giebt es einen Gegenstand, der unter den Begriff fällt.

3. Wenn 1 die Anzahl ist, welche einem Begriffe F zukommt; wenn der Gegenstand x unter den Begriff F fällt, und wenn y unter den Begriff F fällt, so ist x = y; d. h. x ist dasselbe wie y.

4. Wenn unter einen Begriff F ein Gegenstand fällt, und wenn allgemein daraus, dass x unter den Begriff F fällt, und dass y unter den Begriff F fällt, geschlossen werden kann, dass x = y ist, so ist 1 die Anzahl, welche dem Begriffe F zukommt.

5. Die Beziehung von m zu n, die durch den Satz:

„n folgt in der natürlichen Zahlenreihe unmittelbar auf m"

gesetzt wird, ist eine beiderseits eindeutige.

Hiermit ist noch nicht gesagt, dass es zu jeder Anzahl eine andere gebe, welche auf sie oder auf welche sie in der Zahlenreihe unmittelbar folge.

6. Jede Anzahl ausser der 0 folgt in der natürlichen Zahlenreihe unmittelbar auf eine Anzahl.

长时间的终止，而是完全不受干扰。一个命题的真恰好不是它的思考过程。*

§78 在此，我留下几个命题，通过我们的定义而被证明。读者们很轻易地综观到这是如何可能做到的。

（1）如果 a 在一个自然数的序列中直接跟随 0，那么 a = 1。

（2）如果 1 是归属于一个概念的基数，那么就存在一个对象，这个对象落入这个概念之下。

（3）如果 1 是归属于 F 这个概念的基数；并且如果对象 x 落入 F 这个概念之下，并且如果 y 也落入 F 这个概念之下，那么 x = y，也即 x 与 y 相等同。

（4）如果一个对象落入 F 这个概念之下，并且如果从 x 落入 F 这个概念之下，并且 y 也落入 F 这个概念之下，并且人们普遍地推出 x = y，那么 1 就是归属于 F 这个概念的基数。

（5）通过这一命题：

"n 在自然数序列中直接跟随 m"

而被确定的 m 到 n 的这一关系是一一对应的。

以此仍然没有说的是，对于数列中的每个基数，都存在另一个基数，它在数列中直接紧跟前者。

（6）在自然数列里除了 0 之外的所有基数都跟随一个基数。

---

* 参见"序言"中弗雷格严格区分命题的被思考（Gedachtwerden）与命题的真（Wahrheit），以及译者在脚注中的说明，这里不再赘述。

§79. Um nun beweisen zu können, dass auf jede Anzahl (n) in der natürlichen Zahlenreihe eine Anzahl unmittelbar folge, muss man einen Begriff aufweisen, dem diese letzte Anzahl zukommt. Wir wählen als diesen

„der mit n endenden natürlichen Zahlenreihe angehörend",

der zunächst erklärt werden muss.

Ich wiederhole zunächst mit etwas andern Worten die Definition, welche ich in meiner „Begriffsschrift" vom Folgen in einer Reihe gegeben habe.

Der Satz

„wenn jeder Gegenstand, zu dem x in der Beziehung φ steht, unter den Begriff F fällt, und wenn daraus, dass d unter den Begriff F fällt, allgemein, was auch d sei, folgt, dass jeder Gegenstand, zu dem d in der Beziehung φ steht, unter den Begriff F falle, so fällt y unter den Begriff F, was auch F für ein Begriff sein möge"

§79　现在为了能证明在自然数序列中对每个基数（n）都有一个基数紧跟着它，人们必须要阐明这个后一个基数的概念所归属的概念。我首先选择这个命题：

　　　"归属于以 n 结束的自然数序列的成员"

来加以定义。

　　首先，我用其他不同的语词来重复我在我的《概念文字》中已经给出的关于跟随的定义。

　　这个命题：

　　"如果每个与 x 有关系 φ 的对象，且落入 F 这个概念之下，

并且如果从这一命题即无论 d 是什么，每个对象都与 d 有关

系 φ 且在 F 这个概念之下，都可普遍地得出，d 落入 F

这个概念之下，那么 y 就落入 F 这个概念之下，

无论 F 可能是什么概念。"*

---

* 上述"紧跟"（后继关系）可用现代符号表示为：$x\varphi y =_{df} \forall F [\forall a (\varphi xa \to F(a)) \land \forall a \forall d (F(a) \land \varphi ad \to F(d)) \to Fy]$。需要注意的是，弗雷格在《概念文字》中曾经给出过祖先关系的定义。弗雷格在《概念文字》中第 24—27 节里，依次定义了"遗传性"与"祖先关系"，然后利用这两个定义，推导出了数学归纳法。弗雷格是这样定义"遗传性"（HP）的：通过严格的非对称关系产生的序列的成员而传递下来。用现代符号表示为 HP：$\forall x \forall y (F(x) \land xRy \to F(y))$。"祖先关系"（$aRb^*$）被定义为：对于任何一性质 F，如果 F 在 R 序列中是遗传的，并且每个与 a 有关系 R 的事物都有性质 F，那么，b 也有性质 F。用现代符号表示为 aRb^*：$(\forall F)((\forall x (aRx) \to F(x)) \land \forall x \forall y (F(x) \land xRy \to F(y)) \to Fb)$。弗雷格以上给出的"紧跟"（后继关系）与弗雷格在《概念文字》中"祖先关系"定义其实是一致的（只不过选择的记号字母有所差别）。数学归纳法（MI）可被定义为：如果 a 有性质 F，而 F 在 R 序列中是遗传的，并且如果 b 在 R 序列中是 a 的后代，那么 b 也有遗传性质 F。可以用现代符号表示 MI：（转下页）

sei gleichbedeutend mit

> „y folgt in der φ-Reihe auf x"

und mit

> „x geht in der φ-Reihe dem y vorher."

§80. Einige Bemerkungen hierzu werden nicht überflüssig sein. Da die Beziehung, unbestimmt gelassen ist, so ist die Reihe nicht nothwendig in der Form einer räumlichen und zeitlichen Anordnung zu denken, obwohl diese Fälle nicht ausgeschlossen sind.

Man könnte vielleicht eine andere Erklärung für natürlicher halten z. B.: wenn man von x ausgehend seine Aufmerksamkeit immer von einem Gegenstande zu einem andern lenkt, zu welchem er, in der Beziehung φ steht, und wenn man auf diese Weise schliesslich y erreichen kann, so sagt man y folge in der φ-Reihe auf x.

Dies ist eine Weise die Sache zu untersuchen, keine Definition. Ob wir bei der Wanderung unserer Aufmerksamkeit y erreichen, kann von mancherlei subjectiven Nebenumständen abhangen z. B. von der uns zu Gebote stehenden Zeit, oder von unserer Kenntniss der Dinge. Ob y auf x in der φ-Reihe folgt, hat im Allgemeinen gar nichts mit unserer Aufmerksamkeit und den Bedingungen ihrer Fortbewegung zu thun, sondern ist etwas Sachliches, ebenso wie ein grünes Blatt gewisse Lichtstrahlen reflectirt, mögen sie nun in mein Auge fallen und Empfindung hervorrufen oder nicht, ebenso wie ein

与这个命题

　　　　"y 在这个 φ 序列中跟随 x"

以及与这个命题

　　　　"x 在这个 φ 序列中领先 y"

都意谓相同。

§80　在此做几点评论并不多余。由于这种关系并不确定，所以没有必要以空间的或时间的排列形式来思考这种序列，尽管这些情况也不是完全不可能。

　　当然，人们可能持有一种其他的解释，比如：如果人们将其关于 x 的注意力总是从一个对象转向其他的对象，x 与这些对象有关系 φ，并且如果人们最终能以这种方式达到 y，人们就会说 y 在 φ 的序列中跟随 x。

　　这只是一种研究事情的方式，并不是定义。我们在注意力的迁移过程中是否达到 y，取决于多种多样的主观的附带情况，比如取决于我们需要持续的时间，或者取决于我们对于事情的认知。y 在 φ 的序列中是否跟随 x，一般来说，与我们的注意力和它们的迁移条件无关，而是牵涉到某种事实的东西，比如一片绿色树叶反射光线这一事实，与它是否能进入眼睛并

（接上页）(Fa ∧ (aRb*) ∧ (HP) → Fb)。弗雷格的原文请参见 Gottlob Frege，*Concept Notation and Related Articles*，trans. and ed. T.W.Bynum，Oxford：Clarendon Press，1972，pp.167—174。

Salzkorn in Wasser löslich ist, mag ich es ins Wasser werfen und den Vorgang beobachten oder nicht, und wie es selbst dann noch löslich ist, wenn ich gar nicht die Möglichkeit habe, einen Versuch damit anzustellen. Durch meine Erklärung ist die Sache aus dem Bereiche subjectiver Möglichkeiten in das der objectiven Bestimmtheit erhoben. In der That: dass aus gewissen Sätzen ein anderer folgt, ist etwas Objectives, von den Gesetzen der Bewegung unserer Aufmerksamkeit Unabhängiges, und es ist dafür einerlei, ob wir den Schluss wirklich machen oder nicht. Hier haben wir ein Merkmal, das die Frage überall entscheidet, wo sie gestellt werden kann, mögen wir auch im einzelnen Falle durch äussere Schwierigkeiten verhindert sein, zu beurtheilen, ob es zutrifft. Das ist für die Sache selbst gleichgiltig.

Wir brauchen nicht immer alle Zwischenglieder vom Anfangsgliede bis zu einem Gegenstande zu durchlaufen, um gewiss zu sein, dass er auf jenes folgt. Wenn z. B. gegeben ist, dass in der φ-Reihe b auf a und c auf b folgt, so können wir nach unserer Erklärung schliessen, das c auf a folgt, ohne die Zwischenglieder auch nur zu kennen.

Durch diese Definition des Folgens in einer Reihe wird es allein möglich, die Schlussweise von n auf (n + 1) welche scheinbar der Mathematik eigenthümlich ist, auf die allgemeinen logischen Gesetze zurückzuführen.

§81. Wenn wir nun als Beziehung φ diejenige haben, in welche m zu n gesetzt wird durch den Satz

引起感觉无关，也如同一颗盐粒在水中溶解这一事实，与我是否将这颗盐粒抛入水中，对其是否可溶解的过程进行观察无关，因而即使我还完全没有着手这种试验的可能性，盐粒就其自身而言还是可溶解于水的。

通过我的解释，问题已经从主观可能性的领域提升到客观的确定性领域，实际上，从某些命题推出不同的其他命题，这是独立于我们注意力运作规律的客观的东西，无论我们是否实际上做出这个推论或没有做出这个推论，它都是不会改变的。在此，我们有一个普遍地判定问题的标准，即它从任何地方可以被提出来，即使在个别情况下，由于外部困难，我们无法判断它是否适用。而这些情况对于事实自身来说是无关的。

我们不必总是从开始项贯穿所有中间项才达到一个对象，以便确定这个对象来跟随某些对象。例如，如果被给出的是，在 φ 序列中 b 跟随 a，并且 c 跟随 b，根据我们的解释，我们就能推出，c 跟随 a，* 而不需要认识这些中间项。

只有通过一个序列中跟随的这种定义，才可能将从 n 到 n + 1 的论证还原为普遍的逻辑法则，从表面上看，这些推论是数学所独有的。

§81　当我们拥有这样的关系 φ，在其中 m 对 n 的位置通过这一命题而规定：

---

*　这是说跟随关系的传递性。

„n folgt in der natürlichen Zahlenreihe unmittelbar auf m",

so sagen wir statt „φ-Reihe" „natürliche Zahlenreihe".

Ich definire weiter:

der Satz

„y folgt in der φ-Reihe auf x oder y ist dasselbe wie x"

sei gleichbedeutend mit

„y gehört der mit x anfangenden φ-Reihe an"

und mit

„x gehört der mit y endenden φ-Reihe an".

Demnach gehört a der mit n endenden natürlichen Zahlenreihe an, wenn n entweder in der natürlichen Zahlenreihe auf a folgt oder gleich a ist.[1]

§82. Es ist nun zu zeigen, dass — unter einer noch anzugebenden Bedingung — die Anzahl, welche dem Begriffe

„der mit n endenden natürlichen Zahlenreihe angehörend"

zukommt, auf n in der natürlichen Zahlenreihe unmittelbar folgt. Und damit ist dann bewiesen, dass es eine Anzahl giebt, welche auf n in der natürlichen Zahlenreibe unmittelbar folgt, dass es kein letztes Glied dieser Reihe giebt. Offenbar kann dieser Satz auf empirischen Wege oder durch Induction nicht begründet werden.

Es würde hier zu weit führen, den Beweis selbst zu geben. Nur sein Gang mag kurz angedeutet werden. Es ist zu beweisen

1. wenn a in der natürlichen Zahlenreihe unmittelbar auf d folgt,

und wenn von d gilt:

---

1 Wenn n keine Anzahl ist, so gehört nur n selbst der mit n endenden natürlichen Zahlenreihe an. Man stosse sich nicht an dem Ausdrucke!

"n 在自然数序列中紧跟 m"，

因而，我不说"φ 序列"，而说"自然数序列"。

我继续定义：

这个命题

"y 在 φ 序列中跟随 x 或者 y 与 x 相等同"

与

"y 属于以 x 开始的 φ 序列"

以及与

"x 属于以 y 结尾的 φ 序列"

意谓相同。

因此，a 属于以 n 结尾的自然数序列，当且仅当 n 要么在自然数序列中跟随 a，要么 n 与 a 相等。[1]

§82　现在表明，在一个给定的条件下，归属于

"以 n 结尾的自然数序列的成员"

这个概念的基数在自然数序列中紧跟 n。因此，要证明的是存在一个在自然数序列中紧跟 n 的基数，不存在这个序列的最终项。很明显，这个命题不能通过经验的方法或归纳法而建立。

在此，给出这个证明的详细过程有点超出范围。只可能简短地提示证明过程。证明：

（1）如果 a 在自然数序列中紧跟 d，并且以下对 d 有效：

---

[1] 如果 n 不是基数，那么，只有 n 自身属于以 n 结尾的自然数序列。但愿人们不反对这种表达。

die Anzahl, welche dem Begriffe

„der mit d endenden natürlichen Zahlenreihe angehörend"

zukommt, folgt in der natürlichen Zahlenreihe unmittelbar auf d,

so gilt auch von a:

die Anzahl, welche dem Begriffe

„der mit a endenden natürlichen Zahlenreihe angehörend,

zukommt, folgt in der natürlichen Zahlenreihe unmittelbar auf a.

Es ist zweitens zu beweisen, dass von der 0 das gilt, was in den eben ausgesprochenen Sätzen von d und von a ausgesagt ist, und dann zu folgern, dass es auch von n gilt, wenn n der mit 0 anfangenden natürlichen Zahlenreihe angehört. Diese Schlussweise ist eine Anwendung der Definition, die ich von dem Ausdrucke

„y folgt in der natürlichen Zahlenreihe auf x"

gegeben habe, indem man als Begriff F jene gemeinsame Aussage von d und von a, von 0 und von n zu nehmen hat.

§83. Um den Satz (1) des vorigen § zu beweisen, müssen wir zeigen, dass a die Anzahl ist, welche dem Begriffe „der mit a endenden natürlichen Zahlenreihe angehörend, aber nicht gleich a" zukommt. Und dazu ist wieder zu beweisen, dass dieser Begriff gleichen Umfanges mit dem Begriffe „der mit d endenden natürlichen Zahlenreihe angehörend" ist. Hierfür bedarf man des Satzes, dass kein Gegenstand, welcher der mit 0 anfangenden natürlichen Zahlenreihe angehört, auf sich selbst in der natürlichen Zahlenreihe folgen kann. Dies muss ebenfalls mittels unserer Definition des Folgens in einer Reihe, wie oben angedeutet ist, bewiesen werden.[1]

---

1 E. Schröder scheint a. a. O. S. 63 diesen Satz als Folge einer auch anders denkbaren Bezeichnungsweise anzusehen. Es macht sich auch hier der Uebelstand bemerkbar, der seine ganze Darstellung dieser Sache beeinträchtigt, dass man nicht recht weiss, ob die Zahl ein Zeichen ist, und was dann dessen Bedeutung, oder ob sie eben diese Bedeutung ist. Daraus, dass man verschiedene Zeichen festsetzt, sodass nie dasselbe wiederkehrt, folgt noch nicht, dass diese Zeichen auch Verschiedenes bedeuten.

归属于"以 d 为结尾的自然数序列的成员"的这个概念的基
　　　　数，在自然数序列中紧跟 d，

那么，以下对 a 也是有效的：

　　归属于"以 a 为结尾的自然数序列的成员"的这个概念的
　　　　基数，在自然数序列中紧跟 a。

　　第二步是证明，上面所述的对于 d 与 a 的命题对于 0 也有
效，然后得出，如果 n 属于以 0 开始的自然数序列，那么所
述命题对于 n 也有效。这种推论方式是我已经给出的

　　　　　"y 在自然数序列中跟随 x"

这一表达式的定义的应用，因为我们必须把 d 和 a、0 和 n 的
共同陈述作为 F 概念。

　　§83　为了证明前一节中的命题（1），我们必须表明，a
是一个归属于"以 a 为结尾的自然数序列的成员，但是不等于
a"这个概念的基数。为了证明这一点，需再证明这个概念与
"以 d 为结尾的自然数序列的成员"这个概念的外延相等。*因
此人们要证明这一命题，即没有一个属于以 0 开始的自然数
序列的对象在自然数序列中紧跟自身，正如上面所指出的，这
点同样必须借助于我们的一个序列中的跟随的定义来证明。[1]

---

* 即证明 a = d + 1。

[1] 施罗德在《算术与代数教程》第 63 页似乎将这一命题看作一个别的可思考
　的标记方法的序列。他的这种观点的缺陷是明显的，它对整个问题的表征是
　受到影响的，人们并不能正确地知道，这个数是否是这个记号，以及这些记
　号的意谓是什么，是否它就是这个意谓。从人们规定不同的记号，以便相同
　的记号不再重复，仍然得不出，这些记号意谓不同的东西。

Wir werden hierdurch genöthigt, dem Satze, dass die Anzahl, welche dem Begriffe

„der mit n endenden natürlichen Zahlenreihe angehörend"

zukommt, in der natürlichen Zahlenreihe unmittelbar auf n folgt, die Bedingung hinzuzufügen, dass n der mit 0 anfangenden natürlichen Zahlenreihe angehöre. Hierfür ist eine kürzere Ausdrucksweise gebräuchlich, die ich nun erkläre:

der Satz

„n gehört der mit 0 anfangenden natürlichen Zahlenreihe an"

sei gleichbedeutend mit

„n ist eine endliche Anzahl".

Dann können wir den letzten Satz so ausdrücken: keine endliche Anzahl folgt in der natürlichen Zahlenreihe auf sich selber.

Unendliche Anzahlen.

§84. Den endlichen gegenüber stehen die unendlichen Anzahlen. Die Anzahl, welche dem Begriffe „endliche Anzahl" zukommt, ist eine unendliche. Bezeichnen wir sie etwa durch ∞_1! Wäre sie eine endliche, so könnte sie nicht auf sich selber in der natürlichen Zahlenreihe folgen. Man kann aber zeigen, dass ∞_1 das thut.

In der so erklärten unendlichen Anzahl ∞_1 liegt nichts irgendwie Geheimnissvolles oder Wunderbares, „Die Anzahl, welche dem Begriffe F zukommt, ist ∞_1" heisst nun nichts mehr und nichts weniger als: es giebt

我们因而需要这一命题，即归属于

"属于以 n 为结尾的自然数序列的成员"

这个概念的基数，在自然数序列中紧跟 n，并补充这一条件，n 属于以 0 为开始的自然数序列。由此，我可以用一个通常更简洁的表述方法这样定义：

这一命题

"n 属于以 0 开始的自然数序列"

与

"n 是一个有穷的基数"

意谓相同。

然后，我们可以将最后一个命题这样表述：没有有穷基数在自然数序列中跟随自身。

无穷基数。

§84　与有穷基数相对的就是无穷基数。归属于"有穷基数"这个概念的基数是无穷基数。我们用 ∞_1 来表示它。假如它是一个有穷基数，那么它在自然数序列中并不能跟随自身。但是，人们可以表明，∞_1 却可以跟随自身。

这样解释无穷基数 ∞_1 并没有一丝神秘的或神奇的东西，"归属于概念 F 的这个基数是无穷基数 ∞_1"不多不少意谓着：

eine Beziehung, welche die unter den Begriff F fallenden Gegenstände den endlichen Anzahlen beiderseits eindeutig zuordnet. Dies ist nach unseren Erklärungen ein ganz klarer und unzweideutiger Sinn; und das genügt, um den Gebrauch des Zeichens ∞_1 zu rechtfertigen und ihm eine Bedeutung zu sichern. Dass wir uns keine Vorstellung von einer unendlichen Anzahl bilden können, ist ganz unerheblich und würde endliche Anzahlen ebenso treffen. Unsere Anzahl ∞_1 hat auf diese Weise etwas ebenso Bestimmtes wie irgendeine endliche: sie ist zweifellos als dieselbe wiederzuerkennen und von einer andern zu unterscheiden.

§85. Vor Kurzem hat G. Cantor in einer bemerkenswerthen Schrift[1] unendliche Anzahlen eingeführt. Ich stimme ihm durchaus in der Würdigung der Ansicht bei, welche überhaupt nur die endlichen Anzahlen als wirklich gelten lassen will. Sinnlich wahrnehmbar und räumlich sind weder diese noch die Brüche, noch die negativen, irrationalen und complexen Zahlen; und wenn man wirklich nennt, was auf die Sinne wirkt, oder was wenigstens Wirkungen hat, die Sinneswahrnehmungen zur nähern oder entferntern Folge haben können, so ist freilich keine dieser Zahlen wirklich. Aber wir brauchen auch solche Wahrnehmungen gar nicht als Beweisgründe für unsere Lehrsätze. Einen Namen oder ein Zeichen, das logisch einwurfsfrei eingeführt ist, können wir in unsern Untersuchungen ohne Scheu gebrauchen, und so ist unsere Anzahl ∞_1 so gerechtfertigt wie die Zwei oder die Drei.

Indem ich hierin, wie ich glaube, mit Cantor übereinstimme, weiche ich doch in der Benennung etwas von ihm ab. Meine Anzahl nennt er

---

1 Grundlagen einer allgemeinen Mannichfaltigkeitslehre. Leipzig, 1883.

存在一种关系，使得落入概念 F 之下的对象与有穷基数之间一一对应。根据我们的解释，这一定义是完全清晰和明确的；这足以表明这个记号 ∞_1 使用的正确性和确保它有意谓。我们不能形成关于无穷基数的表象，这是完全不足道的，这种说法同样适用于有穷基数。我们的无穷基数 ∞_1 在以下这些方式与有穷基数一样具有某种确定的东西：无疑它们都可被重认为相同的数，并且与每一个其他的数区分开来。

§85 不久前，G.康托尔[1] 在一本出色的著作中引入了无穷基数。我完全同意他对只把有穷基数看作是实在的观点的批评。感官感知的与空间的东西既不是这种有穷基数，也不是分数，也不是负数，也不是无理数，也不是复数。如果人们将对感官有影响的东西或感官感知必能有或近或远的后果，至少有作用的东西称为实在的，那么这种有穷基数当然不是实在的。但是我们根本就不需要这样的感官作为我们定理的证明基础。一个在逻辑上无异议地引入的名称或记号，我们可以在我们的研究中大胆地使用它们，所以，我们的无穷基数 ∞_1 就像 2 和 3 一样是完全有根据的。

因此，在这方面，我相信我完全赞同康托尔的观点，不过在称谓方面，我的与他的有所不同。他将我的基数命名为

---

1 康托尔，《普通集合论基础》，莱比锡，1883 年版。

„Mächtigkeit", während sein Begriff[1] der Anzahl auf die Anordnung Bezug nimmt. Für endliche Anzahlen ergiebt sich freilich doch eine Unabhängigkeit von der Reihenfolge, dagegen nicht für unendlichgrosse. Nun enthält der Sprachgebrauch des Wortes „Anzahl" und der Frage „wieviele?" keine Hinweisung auf eine bestimmte Anordnung. Cantors Anzahl antwortet vielmehr auf die Frage: „Adas wievielste Glied in der Succession ist das Endglied?" Darum scheint mir meine Benennung besser mit dem Sprachgebrauche übereinzustimmen. Wenn man die Bedeutung eines Wortes erweitert, so wird man darauf zu achten haben, dass möglichst viele allgemeine Sätze ihre Geltung behalten und zumal so grundlegende, wie für die Anzahl die Unabhängigkeit von der Reihenfolge ist. Wir haben gar keine Erweiterung nöthig gehabt, weil unser Begriff der Anzahl sofort auch unendliche Zahlen umfasst.

§86. Um seine unendlichen Anzahlen zu gewinnen, führt Cantor den Beziehungsbegriff des Folgens in einer Succession ein, der von meinem „Folgen in einer Reihe" abweicht. Nach ihm würde z. B. eine Succession entstehen, wenn man die endlichen positiven ganzen Zahlen so anordnete, dass die unpaaren in ihrer natürlichen Reihenfolge für sich und ebenso die paaren unter sich auf einander folgten, ferner festgesetzt wäre, dass jede paare auf jede unpaare folgen solle. In dieser Succession würde z. B. 0 auf 13 folgen. Es würde aber keine Zahl unmittelbar der 0 vorhergehen. Dies ist nun ein Fall, der in dem von mir definirten Folgen in der Reihe nicht vorkommen kann. Man kann streng beweisen, ohne ein Axiom der

---

1 Dieser Ausdruck kann der früher hervorgehobenen Objectivität des Begriffes zu widersprechen scheinen; aber subjccti, ist hier nur die Benennung.

"势"（Mächtigkeit），然而，他采用基于序关系（Anordnung Bezug）的基数概念。[1]对于有穷基数，自然会表现出它们对于序列次序的独立性，与之相反，对于无穷基数就不是这样。在语言使用中，"基数"这个词与"多少"这个问题并不包含对于一种特定次序的留意。康托尔的基数更适合回答这样的问题："在这个序列中最后一项是第多少项？"因而，我的称谓能更好地与语言的使用相一致。如果人们扩充一个语词的意谓，就必须要注意，尽最大可能保留多个普遍命题的有效性，尤其是那些根本的效果，就像基数独立于序列次序的。我们根本没有必要进行这种扩充，因为我们的基数概念立刻也囊括了无穷基数。

§86 为了获得他的无穷数，康托尔把跟随关系概念引入接续（Succession），这与我的"一个系列中的跟随"有所不同。例如，根据康托尔的观点，如果人们这样来排列有穷正整数，即奇数在自然数序列中一个接着另一个，同样地偶数在自然数序列中也是一个接着另一个，并且每个偶数就接续着每个奇数，那么，这样就会形成一个次序列。在这种接续中，0跟着13。但是没有一个数直接领先于0。这是一种在我所定义的序列的跟随中不可能出现的情况。无需利用任何

1　这种表述似乎与前面所强调的概念的客观性相冲突，但是在此只有命名是主观的。

Anschauung zu benutzen, dass wenn y auf x, in der φ-Reihe folgt, es einen Gegenstand giebt, der in dieser Reihe dem y unmittelbar vorhergeht. Mir scheinen nun genaue Definitionen des Folgens in der Succession und der cantorschen Anzahl noch zu fehlen. So beruft sich Cantor auf die etwas geheimnissvolle „innere Anschauung", wo ein Beweis aus Definitionen anzustreben und wohl auch möglich wäre. Denn ich glaube vorauszusehen, wie sich jene Begriffe bestimmen liessen. Jedenfalls will ich durch diese Bemerkungen, deren Berechtigung und Fruchtbarkeit durchaus nicht angreifen. Im Gegentheil begrüsse ich in diesen Untersuchungen eine Erweiterung der Wissenschaft besonders deshalb, weil durch sie ein rein arithmetischer Weg zu höhern unendlichgrossen Anzahlen (Mächtigkeiten) gebahnt ist.

V. Schluss.

§87. Ich hoffe in dieser Schrift wahrscheinlich gemacht zu haben, dass die arithmetischen Gesetze analytische Urtheile und folglich a priori sind. Demnach würde die Arithmetik nur eine weiter ausgebildete Logik, jeder arithmetische Satz ein logisches Gesetz, jedoch ein abgeleitetes sein. Die Anwendungen der Arithmetik zur Naturerklärung wären logische Bearbeitungen von beobachteten Thatsachen;[1] Rechnen wäre Schlussfolgern. Die Zahlgesetze werden nicht, wie Baumann[2] meint, eine praktische Bewährung nöthig haben, um in der Aussenwelt anwendbar zu sein; denn in der Aussenwelt, der Gesammtheit des Räumlichen, giebt es keine Begriffe, keine Eigenschaften der Begriffe, keine Zahlen. Also

---

1 Das Beobachten schliesst selbst schon eine logische Thätigkeit ein.
2 A. a. O. Bd. II. S. 670.

直观的公理，就可以严格地证明，如果 y 在关系 φ 中跟随 x，存在一个对象，它在这个序列中直接领先 y。在我看来，康托尔的基数与序列中的接续概念中的接续依然缺乏精确的定义。康托尔自己援引某种神秘味十足的"内在的直观"（innere Anschauung），但在此处他应该从定义出发进行证明，而这也是完全有可能的。因为我相信可以预料如何让那些概念获得规定。无论如何，我想通过这种评论完全不会削弱康托尔那些概念的合法性与富有成果性。与之相反，因而我欢迎在这种研究中对这门科学做特别的扩充，因为通过这种扩充，才能铺设一条通往一种更高等的无穷基数（势）的纯粹算术之路。

V 结论

§87 我希望在这部著作中大概已经成功地表明，即算术法则是分析判断，因而是先天的。因而，算术只不过是一种宽泛的拓展的逻辑，每一个算术命题都是一个逻辑法则，是逻辑的派生物。将算术应用于自然科学似乎是对可观察的事实[1]的逻辑处理；计算就是推演。为了能应用于外在世界，算术的法则并不必像鲍曼[2]所主张的那样，要有一种实践的检验；因为在外的世界、空间的整体中，根本就不存在概念、不存在概念的属性，以及不存在数。数的法则根本上就不是应用到外在

---

1 这种观察已经自身中包含了一种逻辑活动。
2 鲍曼，《时间、空间与数学教程》，第 2 卷，第 670 页。

sind die Zahlgesetze nicht eigentlich auf die äussern Dinge anwendbar: sie sind nicht Naturgesetze. Wohl aber sind sie anwendbar auf Urtheile, die von Dingen der Aussenwelt gelten: sie sind Gesetze der Naturgesetze. Sie behaupten nicht einen Zusammenhang zwischen Naturerscheinungen, sondern einen solchen zwischen Urtheilen; und zu diesen gehören auch die Naturgesetze.

§88. Kant[1] hat den Werth der analytischen Urtheile offenbar — wohl in Folge einer zu engen Begriffsbestimmung — unterschätzt, obgleich ihm der hier benutzte weitere Begriff vorgeschwebt zu haben scheint.[2] Wenn man seine Definition zu Grunde legt, ist die Eintheilung in analytische und synthetische Urtheile nicht erschöpfend. Er denkt an den Fall des allgemein bejahenden Urtheils. Dann kann man von einem Subjectsbegriffe reden und fragen, ob der Prädicatsbegriff in ihm — zufolge der Definition — enthalten sei. Wie aber, wenn das Subject, ein einzelner Gegenstand ist? Wie, wenn es sich um ein Existentialurtheil handelt? Dann kann in diesem Sinne gar nicht von einem Subjectsbegriffe die Rede sein. Kant scheint den Begriff durch beigeordnete Merkmale bestimmt zu denken; das ist aber eine der am wenigsten fruchtbaren Begriffsbildungen. Wenn man die oben gegebenen Definitionen überblickt, so wird man kaum eine von der Art finden. Dasselbe gilt auch von den wirklich fruchtbaren Definitionen in der Mathematik z. B. der Stetigkeit einer Function. Wir haben da nicht eine Reihe beigeordneter Merkmale, sondern eine innigere, ich möchte sagen organischere Verbindung der Bestimmungen. Man kann sich den Unterschied durch ein geometrisches

---

1 A. a. O. III. S. 39 u. ff.
2 S. 43 sagt er, dass ein synthetischer Satz nur dann nach dem Satze des Widerspruchs eingesehen werden kann, wenn ein andrer synthetischer Satz vorausgesetzt wird.

事物之上：数的法则不是自然法则。但是它们完全可以应用于关于外在世界的事物的有效的判断之上：它们是自然法则的法则。它们并不断言自然现象之间的相互关联，而只是断言判断之间的关联，自然法则也属于这种关联。

§88 康德[1]明显低估了分析判断的价值——大概是他对分析概念规定过窄导致的，尽管他似乎曾想到了必须使用更宽泛的概念。[2]如果人们以他的定义为基础，分析判断和综合判断之间的划分就是不彻底的。他所考虑的是全称肯定的判断的情况。然后，人们可以谈论一个主词概念，并且追问，是否谓词——根据他的定义——也被包含在主词之中。但是，如果主词是一个单个的对象，那将怎样处理？如果它处理的是一个存在判断，那又该如何应对？那么，在这种意义上，人们完全不可能谈到一个主词概念。康德似乎认为，概念是由相关标记来规定的，但是这是一种最没有成果的概念形成的方法。如果人们综览过上面我所给出的定义，那么，人们几乎难以找到这种定义概念的方式。同样的说法也适用于数学中真正富有成果性的定义，比如函数的连续性定义。因为我们所具有的不是一列相关的标记，而是更紧密的，我想说是更有机的确定的关联。人们可以通过一种几何学的图示来直观地做出这种区分。

---

1 康德，《纯粹理性批判》，第 3 卷，第 39 页及以下。
2 在第 43 页他说，一个综合的命题只能按照不矛盾律才能被认清，当一个其他的综合命题假定了的话。

Bild anschaulich machen. Wenn man die Begriffe (oder ihre Umfänge) durch Bezirke einer Ebene darstellt, so entspricht dem durch beigeordnete Merkmale definirten Begriffe der Bezirk, welcher allen Bezirken der Merkmale gemeinsam ist; er wird durch Theile von deren Begrenzungen umschlossen. Bei einer solchen Definition handelt es sich also — im Bilde zu sprechen — darum, die schon gegebenen Linien in neuer Weise zur Abgrenzung eines Bezirks zu verwenden.[1] Aber dabei kommt nichts wesentlich Neues zum Vorschein. Die fruchtbareren Begriffsbestimmungen ziehen Grenzlinien, die noch gar nicht gegeben waren. Was sich aus ihnen schliessen lasse, ist nicht von vornherein zu übersehen; man holt dabei nicht einfach aus dem Kasten wieder heraus, was man hineingelegt hatte. Diese Folgerungen erweitern unsere Kenntnisse, und man sollte sie daher Kant zufolge für synthetisch halten; dennoch können sie rein logisch bewiesen werden und sind also analytisch. Sie sind in der That in den Definitionen enthalten, aber wie die Pflanze im Samen, nicht wie der Balken im Hause. Oft braucht man mehre Definitionen zum Beweise eines Satzes, der folglich in keiner einzelnen enthalten ist und doch aus allen zusammen rein logisch folgt.

§89. Ich muss auch der Allgemeinheit der Behauptung Kants[2] widersprechen: ohne Sinnlichkeit würde uns kein Gegenstand gegeben werden. Die Null, die Eins sind Gegenstände, die uns nicht sinnlich gegeben werden können. Auch Diejenigen, welche die kleineren Zahlen für anschaulich halten, werden doch einräumen müssen, dass ihnen keine der Zahlen, die größer als 1000 ($1000^{1000^{1000}}$) sind, anschaulich gegeben werden

---

1 Ebenso, wenn die Merkmale durch „oder" verbunden sind.
2 A. a. O. III, S. 82.

如果人们通过一个平面的区域表征概念（或它们的外延），那么，所需标记所定义的概念就与所有标记区域所共有的区域相对应，它被这些标记区域的边界所包围。尽管一种如此的定义也关涉到——从图示上说——用已经给出的直线，以新的方式来给一个区域划界；[1] 但是在此也没有显露出任何本质上新的东西。但是，更富有成果的概念定义是划出一条以前不曾划出的边界线。人们由此得出，概念的定义并不是一眼就能看穿的东西，人们在此也不是简单地从箱子里取出事先放入箱子里的东西。这种推论能扩充我们的知识，依照康德人们或许将其看作综合的；但是它们可以纯逻辑地被证明，因而它们依然是分析的。实际上，它们被包含在定义之中，然而就像植物包含在种子之中，而不像横梁包含在房屋之中。人们经常需要更多的定义去证明一个命题，因而绝不是被包含在单一的定义之中，而确实是从这些定义一起推出纯逻辑的东西。

§89 我也必须要反驳康德[2] 下述断言的普遍性：没有感性，我们就不能被给予任何对象。0、1就是不可能通过感官被给予的对象。这些坚持认为通过直观给出小数的人，必须承认不可能直观地给出比 $1000^{1000^{1000}}$ 大的数，但是我们仍然知

---

1 如果这些标记是通过"或"关联起来的，情况就相同。
2 康德，《纯粹理性批判》，第3卷，第82页。

können, und dass wir dennoch Mancherlei von ihnen wissen. Vielleicht hat Kant das Wort „Gegenstand" in etwas anderm Sinne gebraucht; aber dann fallen die Null, die Eins, unser ∞_1 ganz aus seiner Betrachtung heraus; denn Begriffe sind sie auch nicht, und auch von Begriffen verlangt Kant,[1] dass man ihnen den Gegenstand in der Anschauung beifüge.

Um nicht den Vorwurf einer kleinlichen Tadelsucht gegenüber einem Geiste auf mich zu laden, zu dem wir nur mit dankbarer Bewunderung aufblicken können, glaube ich auch die Uebereinstimmung hervorheben zu müssen, welche weit überwiegt. Um nur das hier zunächst Liegende zu berühren, sehe ich ein grosses Verdienst Kants darin, dass er die Unterscheidung von synthetischen und analytischen Urtheilen gemacht hat. Indem er die geometrischen Wahrheiten synthetisch und a priori nannte, hat er ihr wahres Wesen enthüllt. Und dies ist noch jetzt werth wiederholt zu werden, weil es noch oft verkannt wird. Wenn Kant sich hinsichtlich der Arithmetik geirrt hat, so thut das, glaube ich, seinem Verdienste keinen wesentlichen Eintrag. Ihm kam es darauf an, dass es synthetische Urtheile a priori giebt; ob sie nur in der Geometrie oder auch in der Arithmetik vorkommen, ist von geringerer Bedeutung.

§90. Ich erhebe nicht den Anspruch, die analytische Natur der arithmetischen Sätze mehr als wahrscheinlich gemacht zu haben, weil man immer noch zweifeln kann, ob ihr Beweis ganz aus rein logischen Gesetzen geführt werden könne, ob sich nicht irgendwo ein Beweisgrund andrer Art unvermerkt einmische. Dies Bedenken wird auch durch die Andeutungen nicht vollständig entkräftet, die ich für den Beweis einiger Sätze gegeben habe; es kann nur durch eine lückenlose Schlusskette

---

1   Au r O III, §, 82.

道许多关于这些大数的知识。或许康德是在别的其他的意义上使用"对象"这个语词的，但是 0、1 和我们的 ∞_1 完全被排除在他的研究之外，因为它们并不是概念，康德[1]对概念的要求是人们要附加其对象在直观之中。

为了我自己不受到对思想家吹毛求疵好挑剔的指责——对康德我们只能用可以想象的赞美来表达景仰——我相信必须强调我和康德之间的一致远远超过不一致。为了在此只提及最根本的，我看到康德的一种伟大贡献在于，他在综合判断与分析判断之间所做的区分。以此，他将几何学的真理称为先天综合的，他已经揭示了几何学真理的本质。这点现在仍然值得重复提及，因为它经常遭受误解。如果康德自己在算术方面犯了错误，那么我相信，这并不有损于他的伟大功绩。他的功绩在于，主张存在先天综合判断，至于先天综合判断是只在几何学中出现还是在算术中也出现，则不是很重要。

§90　我没有说，我已经使算术命题的分析的性质变得更有可能，因为人们总是可以怀疑，算术命题的证明是否完全可以从纯粹逻辑的法则中推导出来，是否它在某个地方混杂了不同方式的证明根据而不被察觉。通过我已经给出的几个命题的简略证明的提示，并不能完全地消除这种疑虑，它只能通过没

1　康德，《纯粹理性批判》，第 3 卷，第 82 页。

gehoben werden, sodass kein Schritt geschieht, der nicht einer von wenigen als rein logisch anerkannten Schlussweisen gemäss ist. So ist bis jetzt kaum ein Beweis geführt worden, weil der Mathematiker zufrieden ist, wenn jeder Uebergang zu einem neuen Urtheile als richtig einleuchtet, ohne nach der Natur dieses Einleuchtens zu fragen, ob es logisch oder anschaulich sei. Ein solcher Fortschritt ist oft sehr zusammengesetzt und mehren einfachen Schlüssen gleichwerthig, neben welchen noch aus der Anschauung etwas einfliessen kann. Man geht sprungweise vor, und daraus entsteht die scheinbar überreiche Mannichfaltigkeit der Schlussweisen in der Mathematik; denn je grösser die Sprünge sind, desto vielfachere Combinationen aus einfachen Schlüssen und Anschauungsaxiomen können sie vertreten. Dennoch leuchtet uns ein solcher Uebergang oft unmittelbar ein, ohne dass uns die Zwischenstufen zum Bewusstsein kommen, und da er sich nicht als eine der anerkannten logischen Schlussweisen darstellt, sind wir sogleich bereit, dies Einleuchten für ein anschauliches und die erschlossene Wahrheit für eine synthetische zu halten, auch dann, wenn der Geltungsbereich offenbar über das Anschauliche hinausreicht.

Auf diesem Wege ist es nicht möglich, das auf Anschauung beruhende Synthetische von dem Analytischen rein zu scheiden. Es gelingt so auch nicht, die Axiome der Anschauung mit Sicherheit vollständig zusammenzustellen, sodass jeder mathematische Beweis allein aus diesen Axiomen nach den logischen Gesetzen geführt werden kann.

§91. Die Forderung ist also unabweisbar, alle Sprünge in der Schlussfolgerung zu vermeiden. Dass ihr so schwer zu genügen ist, liegt an der Langwierigkeit eines schrittweisen Vorgehens. Jeder nur etwas verwickeltere Beweis droht eine ungeheuerliche Länge anzunehmen. Dazu kommt, dass die übergrosse Mannichfaltigkeit der in der Sprache

有漏洞的推理链条而改善，从而不会出现与少数几个公认的纯粹逻辑推论形式不相一致的推论步骤。到目前为止，数学中还没有证明被引入进来，因为数学家们满足于，如果每一个到新的判断的过渡是自明的，就被当做是正确的，而不去追问这种自明的本质，它是逻辑的自明，还是直观的自明。这样的进展通常是非常混杂的，它们等价于一些简单的推论；此外，还从直观中渗透了某些要素。人们采取跳跃的方式前进，由此，在数学中形成了看似极其丰富的多样化的推论形式，因为跳跃得越大，简单推论与它所代表的直观公理的组合方式就越多。然而，一种这样的过渡被我们认为是自明的，而没有意识到其中所包含的中间步骤；由于人们并不是把它表征为公认的逻辑推论形式，我们乐意立刻将直观的东西看成是被阐明的东西，将推导的东西看成是综合的，甚至很明显地当这种适用范围超出了直观时也是这样。

走这条路不可能单纯地将以直观为基础的综合与分析分离开来。我们也不可能稳固地汇编直观公理集，以至于每个数学证明自身都能从这些公理中根据逻辑法则推导出来。

§91　不容拒绝的要求是，要避免在推论中的所有跳跃。这种要求难以满足就在于，逐步的推论活动的冗长乏味。每个稍微有点复杂的证明，都会威胁人们要接受其可怕的长度。此外，铸造语言的超多样化的逻辑形式，也使得人们难以划出一

ausgeprägten logischen Formen es erschwert, einen Kreis von Schlussweisen abzugrenzen, der für alle Fälle genügt und leicht zu übersehen ist.

Um diese Uebelstände zu vermindern, habe ich meine Begriffsschrift erdacht. Sie soll grössere Kürze und Uebersichtlichkeit des Ausdrucks erzielen und sich in wenigen festen Formen nach Art einer Rechnung bewegen, sodass kein Uebergang gestattet wird, der nicht den ein für alle Mal aufgestellten Regeln gemäss ist.[1] Es kann sich dann kein Beweisgrund unbemerkt einschleichen. Ich habe so, ohne der Anschauung ein Axiom zu entlehnen, einen Satz bewiesen,[2] den man beim ersten Blick für einen synthetischen halten möchte, welchen ich hier so aussprechen will:

Wenn die Beziehung jedes Gliedes einer Reihe zum nächstfolgenden eindeutig ist, und wenn m und y in dieser Reihe auf x folgen, so geht y dem m in dieser Reihe vorher oder fällt mit ihm zusammen oder folgt auf m.

Aus diesem Beweise kann man ersehen, dass Sätze, welche unsere Kenntnisse erweitern, analytische Urtheile enthalten können.[3]

Andere Zahlen.

§92.   Wir haben unsere Betrachtung bisher auf die Anzahlen beschränkt. Werfen wir nun noch einen Blick auf die andern Zahlengattungen und

---

1   Sie soll jedoch nicht nur die logische Form wie die boolesche Bezeichnungsweise, sondern auch einen Inhalt auszudrücken im Stande sein.

2   Begriffsschrift, Halle a/S. 1879, S. 86, Formel 133.

3   Diesen Beweis wird man immer noch viel zu weitläufig finden, ein Nachtheil, der vielleicht die fast unbedingte Sicherheit vor einem Fehler oder einer Lücke mehr als aufzuwiegen scheint. Mein Zweck war damals Alles auf die möglichst geringe Zahl von möglichst einfachen logischen Gesetzen zurückzuführen. Infolge dessen wendete ich nur eine einzige Schlussweise an. Ich wies aber schon damals im Vorworte S. VII darauf hin, dass für die weitere Anwendung es sich empfehlen würde, mehr Schlussweisen zuzulassen. Dies kann geschehen ohne der Bündigkeit der Schlusskette zu schaden, und so lässt sich eine bedeutende Abkürzung erreichen.

组推论模式，这些推论模式足以应对所有情况并能综观它们。

为了减少这些弊端，我已经创造出我的《概念文字》。它应该获得了极大的简洁性与表述的综观性，它以按照几个固定的形式的计算方式而运作，因而任何与曾经一劳永逸地固定的规则[1]不一致的过渡都是不允许的。因而也不会有任何前提偷偷地溜进来而不被察觉。我不必借助于直观的公理去证明一个命题，[2]人们在第一眼会想将其看作为综合性的东西，而我想在此对其表达如下：

如果一个序列中每一项与紧跟的一项的关系都是单值的[*]，并且如果 m 和 y 在这个序列中跟随 x，那么，或者 y 在这个序列中领先 m，或者两者相等，或者 y 在这个序列中跟随 x。

从这个证明中，人们能看到，包含分析判断的这些命题能够扩展我们的知识。[3]

其他的数。

§92 迄今为止，我只将我们的考察限于基数。我们现在还要看看其他种类的数，并且尝试把我们在狭窄范围所认识的

1　然而，它们应该不仅仅是像布尔式的标记方式的逻辑形式，而是能够表述一种内容。

2　《概念文字》，1879 年版，第 86 页，公式 133。

*　指一对一，或多对一关系。

3　人们总是发现这个证明过于冗长。这是一个缺陷，似乎远远抵消了避免错误与漏洞的无条件的可靠性。我当时的目标就是将所有的东西归约为尽可能少的简单的逻辑法则。因此，我只应用了一个唯一的推论方式。但是我已经在"序言"第 17 页指出，这也适合于允许更多推论方式的应用。这种情况可以出现而不会损害推论链条的简洁性，因而它自身实现了显著的简化。

versuchen wir für dies weitere Feld nutzbar zu machen, was wir auf dem engern erkannt haben!

Um den Sinn der Frage nach der Möglichkeit einer gewissen Zahl klar zu machen, sagt Hankel:[1]

„Ein Ding, eine Substanz, die selbständig ausserhalb des denkenden Subjects und der sie veranlassenden Objecte existirte, ein selbständiges Princip, wie etwa bei den Pythagoräern, ist die Zahl heute nicht mehr. Die Frage von der Existenz kann daher nur auf das denkende Subject oder die gedachten Objecte, deren Beziehungen die Zahlen darstellen, bezogen werden. Als unmöglich gilt dem Mathematiker streng genommen nur das, was logisch unmöglich ist, d. h. sich selbst widerspricht. Dass in diesem Sinne unmögliche Zahlen nicht zugelassen werden können, bedarf keines Beweises. Sind aber die betreffenden Zahlen logisch möglich, ihr Begriff klar und bestimmt definirt und also ohne Widerspruch, so kann jene Frage nur darauf hinauskommen, ob es im Gebiete des Realen oder des in der Anschauung Wirklichen, des Actuellen ein Substrat derselben, ob es Objecte gebe, an welchen die Zahlen, also die intellectuellen Beziehungen der bestimmten Art zur Erscheinung kommen."

§93. Bei dem ersten Satze kann man zweifeln, ob nach Hankel die Zahlen in dem denkenden Subjecte oder in den sie veranlassenden Objecten oder in beiden existiren. Im räumlichen Sinne sind sie jedenfalls weder innerhalb noch ausserhalb weder des Subjects noch eines Objects. Wohl aber sind sie in dem Sinne ausserhalb des Subjects, dass sie nicht subjectiv sind. Während jeder nur seinen Schmerz, seine Lust, seinen Hunger fühlen, seine Ton- und Farben-empfindungen haben kann, können die Zahlen

---

1 A. a. O. S. 6 u. 7

东西应用到这个更广的领域。

为了澄清某个特定数是否可能这一问题的涵义，汉克尔[1]这样说：

"现在，数不再是一个事物，一个实体，独立自存的外在于思维主体的东西与使得对象存在的东西，一条像毕达哥拉斯定理那样的独立原则。因而，有些数是否存在的问题只与思维的主体和思维对象相关，其关系由数字所表征。严格地说，数学家们不可能接受的东西就是逻辑上不可能的东西，即自相矛盾的东西。在这个意义上，不可能的数是不允许的数，对于这点，不需要证明。但是，如果相关的数是逻辑的可能的，它的概念是清晰地、确定地定义的，同时也没有矛盾，那么，追问数是否存在的问题可能只是在问，数是否在实在的领域中存在真实的或实际的基质，是否存在一些对象，即某种理智关系中的数成为现象？"

§93　对于第一个命题，人们可以怀疑，汉克尔的数是否在思维主体的意义上存在，或者是使对象存在的东西，或者是以上两种意义上存在。无论如何，在空间意义上，数既不是内在的，也不是外在的，数既不是主体，也不是对象。但是，数在这个意义上外在于主体，即数不是主观的。虽然每个人都能感受到他自己的疼痛、他自己的需求、他的饥饿，能够拥有他的音调与颜色的感觉，然而，数对于许多人来说可以是共同的对象，并且它对于所有人都恰好是相同的，而不是不同的个体

1　汉克尔，《复数系统理论》，第6—7页。

gemeinsame Gegenstände für Viele sein, und zwar sind sie für Alle genau dieselben, nicht nur mehr oder minder ähnliche innere Zustände von Verschiedenen. Wenn Hankel die Frage von der Existenz auf das denkende Subject beziehen will, so scheint er sie damit zu einer psychologischen zu machen, was sie in keiner Weise ist. Die Mathematik beschäftigt sich nicht mit der Natur unserer Seele, und wie irgendwelche psychologische Fragen beantwortet werden, muss für sie völlig gleichgiltig sein.

§94. Auch dass dem Mathematiker nur, was sich selbst widerspricht, als unmöglich gelte, muss beanstandet werden. Ein Begriff ist zulässig, auch wenn seine Merkmale einen Widerspruch enthalten; man darf nur nicht voraussetzen, dass etwas unter ihn falle. Aber daraus, dass der Begriff keinen Widerspruch enthält, kann noch nicht geschlossen werden, dass etwas unter ihn falle. Wie soll man übrigens beweisen dass ein Begriff keinen Widerspruch enthalte? Auf der Hand liegt das keineswegs immer; daraus, dass man keinen Widerspruch sieht, folgt nicht, dass keiner da ist, und die Bestimmtheit der Definition leistet keine Gewähr dafür. Hankel beweist,[1] dass ein höheres begrenztes complexes Zahlensystem als das gemeine, das allen Gesetzen der Addition und Multiplication unterworfen wäre, einen Widerspruch enthält. Das muss eben bewiesen werden; man sieht es nicht sogleich. Bevor dies geschehen, könnte immerhin jemand unter Benutzung eines solchen Zahlensystems zu wunderbaren Ergebnissen gelangen, deren Begründung nicht schlechter wäre, als die, welche Hankel[2] von den Determinantensätzen mittels der alternirenden Zahlen giebt; denn wer bürgt dafür, dass nicht auch in deren Begriffe ein versteckter Widerspruch enthalten ist? Und selbst, wenn

---

1 A. a. O. S. 106 u. 107.
2 A. a. O. §35.

心灵中或多或少的内在状态的相似。如果汉克尔想追问与思维主体有关的存在，那么，他就使数成为一个心理学的东西，而数根本不是心理学的东西。数学不研究我们心灵的本质，无论怎样回答心理学的问题，对于数学来说必定都是无关紧要的。

§94 也必须要拒斥的是，那种认为数学家只将自身矛盾的东西看成不可能的观点。即使一个概念的标记包含矛盾，这个概念也是容许的，只是人们不能假定有某个东西落入这个概念之下。但是，从这个概念不包含矛盾，人们依然不可能推论出，有某种东西落入这个概念之下。再说，人们应该如何证明一个概念不包含矛盾呢？这点决不总是很显然的。从人们看不到矛盾，也推不出矛盾就不在那里，这种定义的规定性也不能为此提供任何保证。汉克尔证明了，[1] 认为比通常的数更高级的一个封闭域复数系统，遵从所有加法与乘法的法则，这个观点就包含一个矛盾。这一点必须被证明，人们不可能立刻看出来。在矛盾出现之前，有些人总是利用这样的数的系统取得丰硕的成果，这些成果的根据并不比汉克尔[2]行列式的理论的根据更坏，他通过交替数*而给出行列式理论根据；因为谁还会确保，在这些数的概念中不包含一个隐藏的矛盾呢？并且从自

1　汉克尔，《复数系统理论》，第106—107页。

2　同上书，第35节。

*　"Determinantensätzen"与alternirenden Zahlen，前者是指行列式理论，后者是指汉克尔数学文本中一种特殊的数，它们只遵从部分算术运算法则。吉奇（P. Geach）与克莱默（M. Kremer）都主张"alternirenden Zahlen"翻译为"alternating number"，笔者在此借鉴了这种英译，将其翻译为"交替数"。参见 Michael Kremer, The New translation of the Foundations of Arithmetic, Reviewed by Michael Kremer, *Notre Dame Philosophical Review*, 2008，January 07。

man einen solchen allgemein für beliebig viele alternirende Einheiten ausschliessen könnte, würde immer noch nicht folgen, dass es solche Einheiten gebe. Und grade dies brauchen wir. Nehmen wir als Beispiel den 18. Satz des 1. Buches von Euklids Elementen:

In jedem Dreiecke liegt der grössern Seite der grössere Winkel gegenüber.

Um das zu beweisen, trägt Euklid auf der grössern Seite AC ein Stück AD gleich der kleinern Seite AB ab und beruft sich dabei auf eine frühere Construction. Der Beweis würde in sich zusammenfallen, wenn es einen solchen Punkt nicht gäbe, und es genügt nicht, dass man in dem Begriffe „Punkt auf AC, dessen Entfernung von A gleich B ist" keinen Widerspruch entdeckt. Es wird nun B mit D verbunden. Auch dass es eine solche Gerade giebt, ist ein Satz, auf den sich der Beweis stützt.

§95. Streng kann die Widerspruchslosigkeit eines Begriffes wohl nur durch den Nachweis dargelegt werden, dass etwas unter ihn falle. Das Umgekehrte würde ein Fehler sein. In diesen verfällt Hankel , wenn er in Bezug auf die Gleichung $x + b = c$ sagt:[1]

„Es liegt auf der Hand, dass es, wenn $b > c$ ist, keine Zahl x in der Reihe 1, 2, 3, ... giebt, welche die betreffende Aufgabe löst: die Subtraction ist dann unmöglich. Nichts hindert uns jedoch, dass wir in diesem Falle die Differenz $(c - b)$ als ein Zeichen ansehen , welches die Aufgabe löst, und mit welchem genau so zu operiren ist, als wenn es eine numerische Zahl aus der Reihe 1, 2, 3, ... wäre".

Uns hindert allerdings etwas, $(2 - 3)$ ohne Weiteres als Zeichen anzusehen, welches die Aufgabe löst; denn ein leeres Zeichen löst eben die Aufgabe nicht; ohne einen Inhalt ist es nur Tinte oder Druckerschwärze

---

1   A, a, O, S, 5, Aehnlich B, Kossak, a, a, O, S, 17 unten.

身来说，尽管人们能普遍地排除任意多的交替的单位，但这并不能得出存在这样的一个单位。而这恰恰是我们想要的。我们选取欧几里得《几何原理》第一卷第 18 命题为例：

在每个三角形中较大的边对应着较大的角。

为了证明这一命题，欧几里得在较大的边 AC 上截取一段与较小边 AB 相等的 AD，并且为此目的利用以前的构造。如果不存在这样的一个点 D，这个证明就会崩溃坍塌，说人们在概念"AC 边上的一点，这个点与 A 的间距与它与 B 的间距相等"中没有发现任何矛盾，这是不够的。欧几里得进而将 B 与 D 相连。说存在这样的一条直线，就是这个证明所依赖的命题。

§95　严格地说，只能通过某种东西落入这个概念之下的证明来说明一个概念的无矛盾性。但是反过来推论说，从一个概念的无矛盾性推出有某个东西落在这个概念之下，这就是一个错误。当汉克尔谈到方程 x + b = c 时，[1] 就陷入了这种错误：

"很明显，如果 b > c，在序列 1、2、3……中就不存在解决这个相关问题的数 x：减法因而是不可能的。然而，没有什么东西阻止我们在这种情况下将（c − b）的差看作一个解决这个问题的记号，并且用这个记号如此去计算，好像它就是序列 1、2、3……中的数字一样。"

然而，确有某种东西立即阻止我们不再将（2 − 3）看作解决这个问题的记号；因为一个空的记号根本不能解决上面的这个问题。没有内容，它就只不过是纸上的墨迹和印记而已，这

1　汉克尔，《复数系统理论》，第 5 页。B. 科萨克也类似，参见《算术原理：弗里德里希-维尔德希高中规划册》，第 17 页及以下。

auf Papier, hat als solche physikalische Eigenschaften, aber nicht die, um 3 vermehrt 2 zu geben. Es wäre eigentlich gar kein Zeichen, und sein Gebrauch als solches wäre ein logischer Fehler. Auch in dem Falle, wo c > b, ist nicht das Zeichen („c − b") die Lösung der Aufgabe, sondern dessen Inhalt.

§96. Ebensogut könnte man sagen: unter den bisher bekannten Zahlen giebt es keine, welche die beiden Gleichungen

$$x + 1 = 2 \text{ und } x + 2 = 1$$

zugleich befriedigt; aber nichts hindert uns ein Zeichen einzuführen, das die Aufgabe löst. Man wird sagen: die Aufgabe enthält ja einen Widerspruch. Freilich, wenn man als Lösung eine reelle oder gemeine complexe Zahl verlangt; aber erweitern wir doch unser Zahlsystem, schaffen wir doch Zahlen, die den Anforderungen genügen! Warten wir ab, ob uns jemand einen Widerspruch nachweist! Wer kann wissen, was bei diesen netten Zahlen möglich ist? Die Eindeutigkeit der Subtraction werden wir dann freilich nicht aufrecht erhalten können; aber wir müssen ja auch die Eindeutigkeit des Wurzelziehens aufgeben, wenn wir die negativen Zahlen einführen wollen; durch die complexen Zahlen wird das Logarithmiren vieldeutig.

Schaffen wir auch Zahlen, welche divergirende Reihen zu summiren gestatten! Nein! auch der Mathematiker kann nicht beliebig etwas schaffen, so wenig wie der Geograph; auch er kann nur entdecken, was da ist, und es benennen.

An diesem Irrthum krankt die formale Theorie der Brüche, der negativen, der complexen Zahlen.[1] Man stellt die Forderung, dass die bekannten Rechnungsregeln für die neu einzuführenden Zahlen möglichst erhalten bleiben, und leitet daraus allgemeine Eigenschaften

---

1 Aehnlich steht es bei Cantors unendlichen Annahlen.

些印记与墨迹具有物理的性质，但是却没有增加 3 得出 2 的性质。从根本上说，它们不是一个记号，它的这样应用就是一个逻辑的错误。在 c > b 这个情况中，记号（c−b）并不是这个问题的解决，而是它的内容才是这个问题的解决。

§96　同样，人们也可以这样说：在迄今为止所熟知的数之下，不存在一个数能同时满足以下两个方程：

$$x + 1 = 2 \text{ 并且 } x + 2 = 1$$

但是这并不能阻止我们引入一个记号来解决这个问题。人们会说：这个问题的确包含了一个矛盾。当然，如果人们要求一个实数，或一个普通的复数作为其解的话；但是，我们这样就扩充了数的系统，我们仍然创造了能满足这些要求的数！让我们等着瞧，某人能否证明在其中产生一个矛盾！谁还会说，我们这里新的数不可能是什么！因而，坦白地说，当然我们不可能坚持减法的单值性，如果我们想引入一个负数，我们就必须确实放弃开方的单值性；由于复数，对数也是多值的。

我们也创造数，使得发散序列的求和成为可能！绝不！数学家们也不能任意创造某种东西，如同地理学家不能创造任何东西一样。地理学家只能发现已经存在那里的东西，并且给它命名。

分数、负数与复数的形式理论在这方面犯了错误。[1] 人们设置这个要求，已知的计算规则对于新引入的数尽可能地保持

1　康托尔那里的无穷基数也有类似情况。

und Beziehungen ab. Stösst man nirgends auf einen Widerspruch, so hält man die Einführung der neuen Zahlen für gerechtfertigt, als ob ein Widerspruch nicht dennoch irgendwo versteckt sein könnte, und als ob Widerspruchslosigkeit schon Existenz wäre.

§97. Dass dieser Fehler so leicht begangen wird, liegt wohl an einer mangelhaften Unterscheidung der Begriffe von den Gegenständen. Nichts hindert uns, den Begriff „Quadratwurzel aus − 1" zu gebrauchen; aber wir sind nicht ohne Weiteres berechtigt, den bestimmten Artikel davor zu setzen und den Ausdruck „die Quadratwurzel aus − 1" als einen sinnvollen anzusehen. Wir können unter der Voraussetzung, dass $i^2 = -1$ sei, die Formel beweisen, durch welche der Sinus eines Vielfachen des Winkels α durch Sinus und Cosinus von α selbst ausgedrückt wird; aber wir dürfen nicht vergessen, dass der Satz dann die Bedingung $i^2 = -1$ mit sich führt, welche wir nicht ohne Weiteres weglassen dürfen. Gäbe es gar nichts, dessen Quadrat − 1 wäre, so brauchte die Gleichung kraft unseres Beweises nicht richtig zu sein,[1] weil die Bedingung $i^2 = -1$ niemals erfüllt wäre, von der ihre Geltung abhängig erscheint. Es wäre so, als ob wir in einem geometrischen Beweise, eine Hilfslinie benutzt hätten, die gar nicht gezogen werden kann.

§98. Hankel[2] führt zwei Arten von Operationen ein, die er lytische und thetische nennt, und die er durch gewisse Eigenschaften bestimmt, welche diese Operationen haben sollen. Dagegen ist nichts zu sagen, so lange man nur nicht voraussetzt, dass es solche Operationen und Gegenstände giebt, welche deren Ergebnisse sein können.[3] Später[4] bezeichnet er eine thetische, vollkommen

---

1 Auf einem andern Wege möchte sie immerhin streng bewiesen werden können.
2 A. a. O. S. 18.
3 Das thut Hankel eigentlich schon durch den Gebrauch der Gleichung θ (c, b) = a.
4 A. a. O. S. 29,

有效，由此得出普遍的性质与关系。如果人们在任何地方都不会遇到矛盾，人们就以为新数的引进是完全合理的，就好像一个矛盾不可能在某个地方仍然隐藏起来，以及好像无矛盾性就已经存在那样。

§97　人们之所以会如此轻易地犯这些错误，原因或许在于一个没有对概念与对象做出区分。没有什么东西会阻止我们使用"−1的平方根"这个概念；但是我们却不再有理由在这个表达式之前放置一个定冠词，并且不再把"−1的平方根"这一表达式看成是一个有意义的表达式。在这一前提 $i^2 = -1$ 之下，这一公式可通过角 α 的正弦与余弦来表述一个角 α 的倍数的正弦来证明；但是我们不能忘记，这个命题自身携带着我们不许再忽略的这一前提即 $i^2 = -1$。假如真的不存在一个数的平方是 −1，那么，我们证明的方程的有效性就不是正确的，[1] 因为这个前提 $i^2 = -1$ 是决不可能得到满足的，证明的效果明显依赖于这个前提。这就好像我们在一个几何学的证明中，必须要借用辅助线，而这条辅助线完全不可能被画出来一样。

§98　汉克尔[2]引入了两种运算方法，他称之为 lytische 运算与 thetische 运算，并且他通过这些运算应该具有的性质来规定了这些运算。只要不预先假定他给出了这样的运算和可以成为运算结果的对象，[3] 就没有什么可反对的了。随后，[4] 他用

1　基于另一种方法，它也总是可以被严格地证明。

2　汉克尔，《复数系统理论》，第18页。

3　实际上，汉克尔已经通过使用方程 $\theta(c, b) = a$ 做了这点。

4　汉克尔，《复数系统理论》，第29页。

eindeutige, associative Operation durch (a+b) und die entsprechende ebenfalls vollkommen eindeutige lytische durch (a-b). Eine solche Operation? welche? eine beliebige? dann ist dies keine Definition von (a+b); und wenn es nun keine giebt? Wenn das Wort „Addition" noch keine Bedeutung hätte, wäre es logisch zulässig zu sagen: eine solche Operation wollen wir eine Addition nennen; aber man darf nicht sagen: eine solche Operation soll die Addition heissen und durch (a+b) bezeichnet werden, bevor es feststeht, dass es eine, und nur eine einzige giebt. Man darf nicht auf der einen Seite einer Definitionsgleichung den unbestimmten und auf der andern den bestimmten Artikel gebrauchen. Dann sagt Hankel ohne Weiteres: „Ader Modul der Operation", ohne bewiesen zu haben, dass es einen und nur einen giebt.

§99.   Kurz diese rein formale Theorie ist unzureichend. Das Werthvolle an ihr ist nur dies. Man beweist, dass wenn Operationen gewisse Eigenschaften wie die Associativität und die Commutativität haben, gewisse Sätze von ihnen gelten. Man zeigt nun, dass die Addition und Multiplication, welche man schon kennt, diese Eigenschaften haben, und kann nun sofort jene Sätze von ihnen aussprechen, ohne den Beweis in jedem einzelnen Falle weitläufig zu wiederholen. Erst durch diese Anwendung auf anderweitig gegebene Operationen, gelangt man zu den bekannten Sätzen der Arithmetik. Keineswegs darf man aber glauben die Addition und die Multiplication auf diesem Wege einführen zu können. Man giebt nur eine Anleitung für die Definitionen, nicht diese selbst. Man sagt: der Name „Addition" soll nur einer thetischen, vollkommen eindeutigen, associativen Operation gegeben werden, womit diejenige, welche nun so heissen soll, noch gar nicht angegeben ist. Danach stände nichts im Wege, die Multiplication Addition zu nennen und durch (a + b) zu bezeichnen, und niemand könnte mit Bestimmtheit sagen, ob 2 + 3 5 oder 6 wäre.

（a + b）表示一个 thetischen、完全单值的、结合的运算，同样地，他用（a − b）表示一种完全单值的 lytische 运算。一种这样的运算？哪一种？任意一种？如果它根本就不存在呢，那又怎么办？因而，这不是对（a + b）的定义。如果"加法"这个词还没有意谓，我们将这样的运算称为一种加法，就是逻辑上允许的；但是人们在确定存在一个且只存在唯一的加法之前不能说：一个这样的运算叫作加法，并且通过（a + b）来表示。人们不能在方程定义的两边，一边使用不定冠词，另一边又使用一个定冠词。因而汉克尔只是说到"运算的模数（Modul）"，而没有证明存在一个且只存在一个这样的模数。

§99 简言之，这种纯粹形式的理论是不充分的。这种理论的价值仅此而已。人们证明了，如果运算具有像结合性与交换性一样确定的特性，它对于某些命题就是有效的。人们表明，已经认识的加法与乘法具有这些特性，现在可立即说出关于这些运算的命题，而无须在每个个别的情况下去详尽地重复这个证明。只有通过将这种证明应用到其他合适的运算上去，人们才能获得已知的算术命题。但是，人们绝对不认为能以这种方法引入加法与乘法。人们所提供的仅是这个定义的指引，而非定义自身。人们说："加法"这个名词应该只是给出了一个 thetischen、完全单值的、结合运算，对此，实际上仍然没有给出某个应如此称为运算的东西。因此，这不能阻止人们将乘法叫做加法，并用（a + b）来表示，并且没人能肯定地说，2 + 3 是否是 5 或是 6。

§100. Wenn wir diese rein formale Betrachtungsweise aufgeben, so kann sich aus dem Umstande, dass gleichzeitig mit der Einführung von neuen Zahlen die Bedeutung der Wörter „Summe" und „Product" erweitert wird, ein Weg darzubieten scheinen. Man nimmt einen Gegenstand, etwa den Mond, und erklärt: der Mond mit sich selbst multiplicirt sei − 1. Dann haben wir in dem Monde eine Quadratwurzel aus − 1. Diese Erklärung scheint gestattet, weil aus der bisherigen Bedeutung der Multiplication der Sinn eines solchen Products noch gar nicht hervorgeht und also bei der Erweiterung dieser Bedeutung beliebig festgesetzt werden kann. Aber wir brauchen auch die Producte einer reellen Zahl mit der Quadratwurzel aus − 1. Wählen wir deshalb lieber den Zeitraum einer Secunde zu einer Quadratwurzel aus − 1 und bezeichnen ihn durch i! Dann werden wir unter 3 i den Zeitraum von 3 Secunden verstehen u. s. w.[1] Welchen Gegenstand werden wir dann etwa durch 2 + 3i bezeichnen? Welche Bedeutung würde dem Pluszeichen in diesem Falle zu geben sein? Nun das muss allgemein festgesetzt werden, was freilich nicht leicht sein wird. Doch nehmen wir einmal an, dass wir allen Zeichen von der Form a + bi einen Sinn gesichert hätten, und zwar einen solchen, dass die bekannten Additionssätze gelten! Dann müssten wir ferner festsetzen, dass allgemein

$$(a + bi)(c + di) = ac - bd + i (ad + bc)$$

sein solle, wodurch wir die Multiplication weiter bestimmen würden.

---

1 Mit demselben Rechte könnten wir auch ein gewisses Electricitätsquantum, einen gewissen Flächeninhalt u. s. w. zu Quadratwurzeln aus −1 wählen, müßten diese verschiedenen Wurzeln dann auch selbstverständlich verschieden bezeichnen. Daß man so beliebig viele Quadratwurzeln aus − 1 scheinbar schaffen kann, wird weniger verwunderlich, wenn man bedenkt, dass die Bedeutung der Quadratwurzel nicht schon vor diesen Festsetzungen unveränderlich feststand, sondern durch sie erst mitbestimmt wird.

§100　如果我们放弃这种纯粹形式的研究方法，那么从这种情况，即在引入一个新的数的同时，扩充"和"与"积"这些语词的意谓，似乎提供了一条道路。人们选取一个比如月亮的东西作为对象来定义：月亮与自身相乘是 – 1。那么，我们在月亮这里就有了一个从 – 1 而来的平方根。这种定义似乎是合适的，因为从迄今为止的乘法的意谓中，还不能给出一个这样积的涵义，并且在这种扩充中，可以任意地确定这种意谓。但是，我们也需要一个带有 – 1 的平方根的实数积。因而，让我们选择更喜欢的一秒的时间间隙来表示 – 1 的平方根，并且用 i 来表示。那么，我们就将 3i 理解为 3 秒的时间间隙，如此等等。[1] 此外，我们用 2 + 3i 来表示哪些对象呢？加号在这个情况下给出哪些意谓？现在，这必须得到普遍的规定，但是这当然是不容易的。不过我们确实相信，我们已经确定了所有关于 a + bi 形式的记号的涵义，也就是说，它被认作是一个熟知的加法定律！

此外，我们必须确定：

$$(a + bi)(c + di) = ac\text{–}bd + i (ad + bc)$$

这种形式命题应该普遍有效。因此，我们扩展地规定了乘法。

1　我们有同样的理由选择某种电子的数量、一定的表面积，如此等等来说明从 – 1 而来的平方根，不言而喻，这些不同的平方根必须表示不同的东西。从表面上看，对于人们能任意地创造多种从 – 1 而来的平方根，不用感到奇怪，如果人们考虑到，平方根的意谓并不是先于这些规定不变地固定下来，而是说它是和这些规定一起共同确定的。

§101. Nun könnten wir die Formel für cos (nα) beweisen, wenn wir wüssten, dass aus der Gleichheit complexer Zahlen die Gleichheit der reellen Theile folgt. Das müsste aus dem Sinne von $a + bi$ hervorgehn, den wir hier als vorhanden angenommen haben. Der Beweis würde nur für den Sinn der complexen Zahlen, ihrer Summen und Producte gelten, den wir festgesetzt haben. Da nun für ganzes reelles n und reelles α, i gar nicht mehr in der Gleichung vorkommt, so ist man versucht zu schliessen: also ist es ganz gleichgiltig, ob i eine Secunde, ein Millimeter oder was sonst bedeutet, wenn nur unsere Addition- und Multiplicationssätze gelten; auf die allein kommt es an; um das Uebrige brauchen wir uns nicht zu kümmern. Vielleicht kann man die Bedeutung von $a + bi$, von Summe und Product in verschiedener Weise so festsetzen, dass jene Sätze bestehen bleiben; aber es ist nicht gleichgiltig, ob man überbaupt einen solchen Sinn für diese Ausdrücke finden kann.

§102. Man thut oft so, als ob die blosse Forderung schon ihre Erfüllung wäre. Man fordert, dass die Subtraction,[1] die Division, die Radicirung immer ausführbar seien, und glaubt damit genug gethan zu haben. Warum fordert man nicht auch, dass durch beliebige drei Punkte eine Gerade gezogen werde? Warum fordert man nicht, dass für ein dreidimensionales complexes Zahlensystem sämmtliche Additions- und Multiplicationssätze gelten wie für ein reelles? Weil diese Forderung einen Widerspruch enthält. Ei so beweise man denn erst, dass jene andern Forderungen keinen Widerspruch enthalten! Ehe man das gethan hat, ist alle vielerstrebte Strenge nichts als eitel Schein und Dunst.

In einem geometrischen Lehrsatze kommt die zum Beweise etwa gezogene Hilfslinie nicht vor. Vielleicht sind mehre möglich z. B. wenn

---

1 Vergl. Kossak a. a. O. S. 17.

§101 如果我们知道，从复数相等可以得出实数部的相等，那么，我们就能证明这一公式 cos（nα）。这必定是由我们前面已经假定的 a + bi 的意义而得知的。这个证明只对我们前面所确定的复数的涵义，它的和与它的积有效。因为对于整个实整数 n 和实数 α 来说，i 在这个方程中消失了，所以，人们尝试得出：如果我们的加法与乘法定律是有效的，i 是否表示一秒、一毫米，抑或其他什么东西，这是完全无所谓的。所有都取决这一点；我们不用操心它在其他情况下的使用。或许人们能这样地以不同的方式确定 a + bi 的意谓，以及和与积的意谓，使那些法则也都有效；但是，人们究竟能否为这些表达式发现某种这样的涵义，则不是无关紧要的。

§102 人们经常这样做，好像纯粹提出要求就使它们得到了满足。人们要求，减法、[1] 除法和开方总是可行的，并且相信以此可以进行足够的运算。为什么人们不要求，通过任意的三个点划出一条直线？为什么人们不要求，加法与乘法定律对于三维的复数系统就像它们对于一个实数系统一样有效？因为这种要求包含了一个矛盾。人们首先要证明，那些其他的要求并不包含矛盾！在人们做完这个之前，所有追求严格性的多种努力不过是纯粹的假象与妄想而已。

在一个几何学定理证明中不出现画出的辅助线。就像人们

---

1 参见科萨克，《算术原理：弗里德里希-维尔维希希高中规划册》，第 17 页。

man einen Punkt willkührlich wählen kann. Aber wie entbehrlich auch jede einzelne sein mag, so hängt doch die Beweiskraft daran, dass man eine Linie von der verlangten Beschaffenheit ziehen könne. Die blosse Forderung genügt nicht. So ist es auch in unserm Falle für die Beweiskraft nicht gleichgiltig, ob „a + bi" einen Sinn hat oder blosse Druckerschwärze ist. Es reicht dazu nicht hin, zu verlangen, es solle einen Sinn haben, oder zu sagen, der Sinn sei die Summe von a und bi, wenn man nicht vorher erklärt hat, was „Summe" in diesem Falle bedeutet, und wenn man den Gebrauch des bestimmten Artikels nicht gerechtfertigt hat.

§103. Gegen die von uns versuchte Festsetzung des Sinnes von „i" lässt sich freilich Manches einwenden. Wir bringen dadurch etwas ganz Fremdartiges, die Zeit, in die Arithmetik. Die Secunde steht in gar keiner innern Beziehung zu den reellen Zahlen. Die Sätze, welche mittels der complexen Zahlen bewiesen werden, würden Urtheile a posteriori oder doch synthetische sein, wenn es keine andere Art des Beweises gäbe, oder wenn man für i keinen andern Sinn finden könnte. Zunächst muss jedenfalls der Versuch gemacht werden, alle Sätze der Arithmetik als analytische nachzuweisen.

Wenn Kossak[1] in Bezug auf die complexe Zahl sagt:

„Sie ist die zusammengesetzte Vorstellung von verschiedenartigen Gruppen unter einander gleicher Elemente[2]", so scheint er damit die Einmischung von Fremdartigem vermieden zu haben; aber er scheint es auch nur infolge der Unbestimmtheit des Ausdrucks. Man erhält gar keine Antwort darauf, was 1 + i eigentlich bedeute: die Vorstellung eines Apfels

---

1 A. a. O. S. 17.
2 Man vergleiche über den Ausdruck „Vorstellung" §27, über „Gruppe" das in Bezug auf „Aggregat", §23 u. §25 Gesagte, über die Gleichheit der Elemente §§31—39.

可以任意选择一个点一样，比这条线更多的线也是可能的。尽管每个单个的点可能是可有可无的，但是，我们证明的效力仍然取决于人们能画出一条关于所要求的性质的直线。这种纯粹的要求是不够的。所以，在我们的情况中，"a + bi"是否具有涵义或者仅是纸上的印记，这对于证明的效力来说并不是无关紧要的。如果人们不能提前定义清楚，在这种情况下"和"意谓什么，以及如果人们不能保证定冠词的使用是有根据的，那么，要求它应该具有一种涵义，或者说，a 和 bi 的和是有涵义的，这都是不充分的。

§103　对于我们尝试固定"i"的涵义，自然有一些反对意见。借此，我们将某种完全外来的东西即时间带到算术中来。一秒钟与实数没有一丝一毫的内在联系。如果不存在其他的证明方法，或者人们并不能为 i 找到其他的涵义，那么，借助于复数系统证明的命题就是一个后天的或综合的判断，无论如何，首先必须要做出尝试证明所有的算术命题都是分析的。

当科萨克[1]谈到复数时，他说："它是在相互等同元素下异质的群[2]的一个组合表象"，这样看来，他必须要避免插入异样的东西；但是这种表象是由于表达式的不确定所致。人们还完全没有回答这个问题，1 + i 到底意谓什么：一个苹果和一个

1　科萨克，《算术原理：弗里德里希-维尔维希高中规划册》，第 17 页。
2　比较第 27 节关于"表象"的表达式，比较第 23 节、第 25 节中涉及的"集"的"群"，以及第 34—39 节涉及的元素的相等。

und einer Birne oder die von Zahnweh und Podagra? Beide zugleich kann es doch nicht bedeuten, weil dann $1 + i$ nicht immer gleich $1 + i$ wäre. Man wird sagen: das kommt auf die besondere Festsetzung an. Nun, dann haben wir auch in Kossak's Satze noch gar keine Definition der complexen Zahl, sondern nur eine allgemeine Anleitung dazu. Wir brauchen aber mehr; wir müssen bestimmt wissen, was „i" bedeutet, und wenn wir nun jener Anleitung folgend sagen wollten: die Vorstellung einer Birne, so würden wir wieder etwas Fremdartiges in die Arithmetik einführen.

Das, was man die geometrische Darstellung complexer Zahlen zu nennen pflegt, hat wenigstens den Vorzug vor den bisher betrachteten Versuchen, dass dabei 1 und i nicht ganz ohne Zusammenhang und ungleichartig erscheinen sondern dass die Strecke, welche man als Darstellung von i betrachtet, in einer gesetzmässigen Beziehung zu der Strecke steht, durch welche 1 dargestellt wird. Uebrigens ist es genau genommen nicht richtig, dass hierbei 1 eine gewisse Strecke, i eine zu ihr senkrechte von gleicher Länge bedeute, sondern „1" bedeutet überall dasselbe. Eine complexe Zahl giebt hier an, wie die Strecke, welche als ihre Darstellung gilt, aus einer gegebenen Strecke (Einheitsstrecke) durch Vervielfältigung, Theilung und Drehung[1] hervorgeht. Aber auch hiernach erscheint jeder Lehrsatz, dessen Beweis sich auf die Existenz einer complexen Zahl stützen muss, von der geometrischen Anschauung abhängig und also synthetisch.

§104. Wodurch sollen uns denn nun die Brüche, die Irrationalzahlen und die complexen Zahlen gegeben werden? Wenn wir die Anschauung

---

1 Der Einfachheit wegen sehe ich hier vom Incommensurabeln ab.

梨的表象，抑或牙疼和痛风的表象？这两种情况不可能同时意谓这个，因为那样的话，1 + i 并不总是等于 1 + i。人们会说：这取决于一种特定的规定。那么，我们在科萨克的命题这里并没有得到复数的定义，而仅仅是对于这个定义的一般引导。但是，我们需要的东西更多，我们必须确切地知道"i"意谓着什么，并且如果我们跟随他的说明，想这样地说："i"意谓着一个梨子的表象，那么，我们在算术中又会再次引入某种外来的东西。

人们习惯称为复数几何学表征的东西，起码比迄今为止所考虑过的各种尝试有以下优点：即 1 和 i 并不表征为完全没有关联和显现为不同的种类，而是被人们看作表征 i 的这个线段处于与表征 1 的这个线段的一个合乎规律的关系之中。另外，如果认为 1 意谓某条线段，而 i 意谓与 1 这条线段相垂直的等长的线段，那么严格地说，这种说法是不正确的，应该是"1"处处都意谓相同的线段。一个复数在此规定，这个被视作其表征的线段如何从一个给定的线段（单位线段）通过倍增、划分和旋转而得到。[1] 但是据此似乎认为，如果每一个其证明必须依据复数存在的定理都依赖于几何学直观，那么它们就是综合的。

§104　我们应该凭什么得到分数、无理数与复数？如果

---

[1]　为了简化缘故，我在这里不考虑不可通约性。

zu Hilfe nehmen, so führen wir etwas Fremdartiges in die Arithmetik ein; wenn wir aber nur den Begriff einer solchen Zahl durch Merkmale bestimmen, wenn wir nur verlangen, dass die Zahl gewisse Eigenschaften habe, so bürgt nichts dafür, dass auch etwas unter den Begriff falle und unsern Anforderungen entspreche, und doch müssen sich grade hierauf Beweise stützen.

Nun, wie ist es denn bei der Anzahl? Dürfen wir wirklich von 1000 ($^{1000^{1000}}$) nicht reden, bevor uns nicht soviele Gegenstände in der Anschauung gegeben sind? Ist es so lange ein leeres Zeichen? Nein! es hat einen ganz bestimmten Sinn, obwohl es psychologisch schon in Anbetracht der Kürze unseres Lebens unmöglich ist, uns soviele Gegenstände vor das Bewusstsein zu führen;[1] aber trotzdem ist 1000 ($^{1000^{1000}}$) ein Gegenstand, dessen Eigenschaften wir erkennen können, obgleich er nicht anschaulich ist. Man überzeugt, sich davon, indem man bei der Einführung des Zeichens a^n für die Potenz zeigt, dass immer eine und nur eine positive ganze Zahl dadurch ausgedrückt wird, wenn a und n positive ganze Zahlen sind. Wie dies geschehen kann, würde hier zu weit führen, im Einzelnen darzulegen. Die Weise, wie wir im §74 die Null, in §77 die Eins, in §84 die unendliche Anzahl ∞_1 erklärt haben, und die Andeutung des Beweises, dass auf jede endliche Anzahl in der natürlichen Zahlenreihe eine Anzahl unmittelbar folgt (§§ 82 u. 83), werden den Weg im Allgemeinen erkennen lassen.

Es wird zuletzt auch bei der Definition der Brüche, complexen Zahlen u. s. w. Alles darauf ankommen, einen beurtheilbaren Inhalt aufzusuchen, der in eine Gleichung verwandelt werden kann, deren Seiten

---

1 Ein leichter Ueberschlag zeigt, dass dazu Millionen Jahre lange nicht hinreichen würden

我们接受直观的帮助，我们就在算术中引入某种外来的东西；但是，如果我们只能通过标记（特征）规定一个这样的数的概念，如果我们只是要求，这个数具有某种性质，对此，我们并不能担保，有某种东西落入这个概念之下并符合我们的要求，而证明恰恰必须以这些情况为基础。

那么，在基数这里情况又如何呢？事实上难道在我们的直观中不能给出这么多的对象之前，我们就不能谈论 $1000^{1000^{1000}}$ 吗？它这么长时间以来一直是空的记号？不！它有一种完全确定的涵义，尽管鉴于我们短暂的生命，我们不可能在心理学上将如此多的对象带到意识中来，[1] 但是尽管如此，$1000^{1000^{1000}}$ 还是一个我们能认识其性质的对象，虽然这不是通过直观。人们确信，引入记号 a^n 表示幂以此表明，如果 a 和 n 都是一个正整数，那么，以此所表达的有且只有一个正整数。若是详细地说明这是如何可能发生的，则有些跑题。这种方法就像我已经在第 74 节解释过 0，在第 77 节解释过 1，在第 84 节解释过无穷基数 ∞_1 那样，也像对于这个证明即每个有穷基数在自然数序列中都紧跟一个基数（第 82、83 节）的提示那样，这些都被认为是普遍的方法。

在分数、复数等所有数的定义过程中，最终关键的是找到一个可判断的内容，这个内容在方程中可以转化为一个等式，

---

1 简单计算就能表明，要做到这一点，几百万年时间也不够。

dann eben die neuen Zahlen sind. Mit andern Worten: wir müssen den Sinn eines Wiedererkennungsurtheils für solche Zahlen festsetzen. Dabei sind die Bedenken zu beachten, die wir (§§ 63—68) in Betreff einer solchen Umwandlung erörtert haben. Wenn wir ebenso wie dort verfahren, so werden uns die neuen Zahlen als Umfänge von Begriffen gegeben.

§105. Aus dieser Auffassung der Zahlen[1] erklärt sich, wie mir scheint, leicht der Reiz, den die Beschäftigung mit der Arithmetik und Analysis ausübt. Man könnte wohl mit Abänderung eines bekannten Satzes sagen: der eigentliche Gegenstand der Vernunft ist die Vernunft. Wir beschäftigen uns in der Arithmetik mit Gegenständen, die uns nicht als etwas Fremdes von aussen durch Vermittelung der Sinne bekannt werden, sondern die unmittelbar der Vernunft gegeben sind, welche sie als ihr Eigenstes völlig durchschauen kann.[2]

Und doch, oder vielmehr grade daher sind diese Gegenstände nicht Subjective Hirngespinnste. Es giebt nichts Objectiveres als die arithmetischen Gesetze.

§106. Werfen wir noch einen kurzen Rückblick auf den Gang unserer Untersuchung! Nachdem wir festgestellt hatten, dass die Zahl weder ein Haufe von Dingen noch eine Eigenschaft eines solchen, dass sie aber auch nicht subjectives Erzeugniss seelischer Vorgänge ist; sondern dass die Zahlangabe von einem Begriffe etwas Objectives aussage, versuchten wir zunächst die einzelnen Zahlen 0, 1, u. s. w. und das Fortschreiten in

---

1 Man könnte sie auch formal nennen. Doch ist sie ganz verschieden von der oben unter diesem Namen beurtheilten.

2 Ich will hiermit gar nicht leugnen, dass wir ohne sinnliche Eindrücke dumm wie ein Brett wären und weder von Zahlen noch von sonst etwas wüssten; aber dieser psychologische Satz geht uns hier gar nichts an. Wegen der beständigen Gefahr der Vermischung zweier grundverschiedener Fragen hebe ich dies nochmals hervor.

等式的两边恰恰都是新的数。换句话就是说，我们必须为这样的数确定一个重认判断的涵义。在此需要注意一些质疑，对此，我已经在第63—68节相关地方讨论过这样一种转化。如果我们像那里一样来处理，我们就会被给出新的作为概念外延的数。

§105 正像我表现的那样，从这种数[1]的理解出发，很容易解释这种用算术与分析进行研究的魅力。人们或许能用一个经过修正的熟知的命题来说：理性根本的研究对象就是理性。我们在算术中用对象进行研究，这些对象对我们而言，不是作为某种外在的异样的某种东西通过感官的中介而被认知，而是理性直接给予它，理性完全能看清作为理性最根本的特性的对象。[2]

不过，或许正因为如此，这些对象不是主观的幻想，不存在任何比算术法则更客观的东西。

§106 让我们简短地回顾一下我们的研究过程！我们首先确立了数既不是事物的聚集，也不是事物的性质，但是数也不是主观的心理事件的产物；而是，数说明陈述的是关于概念的某种客观的东西，首先，我们试图定义单个的数0、1等等，

1　人们也可以称其为形式的。不过，它不同于上面这个名称之下可判断的东西。
2　对此，我完全不想否认，没有感官的印象，我们就像木板一样迟钝，并且我们既不知道数，也不知道其他什么东西；但是这些心理学的命题与我们这里毫无关联。由于存在将这两个根本不同的问题相互混淆的风险，我这里再次强调这一点。

der Zahlenreihe zu definiren. Der erste Versuch misslang, weil wir mir jene Aussage von Begriffen, nicht aber die 0, die 1 abgesondert definirt hatten, welche nur Theile von ihr sind. Dies hatte zur Folge, dass wir die Gleichheit von Zahlen nicht beweisen konnten. Es zeigte sich, dass die Zahl, mit der sich die Arithmetik beschäftigt, nicht als ein unselbständiges Attribut, sondern substantivisch gefasst werden muss.[1] Die Zahl erschien so als wiedererkennbarer Gegenstand, wenn auch nicht als physikalischer oder auch nur räumlicher noch als einer, von dem wir uns durch die Einbildungskraft ein Bild entwerfen können. Wir stellten nun den Grundsatz auf, dass die Bedeutung eines Wortes nicht vereinzelt, sondern im Zusammenhange eines Satzes zu erklären sei, durch dessen Befolgung allein, wie ich glaube, die physikalische Auffassung der Zahl vermieden werden kann, ohne in die psychologische zu verfallen. Es giebt nun eine Art von Sätzen, die für jeden Gegenstand einen Sinn haben müssen, das sind die Wiedererkennungsätze, bei den Zahlen Gleichungen genannt. Auch die Zahlangabe, sahen wir, ist als eine Gleichung aufzufassen. Es kam also darauf an, den Sinn einer Zahlengleichung festzustellen, ihn auszudrücken, ohne von den Zahlwörtern oder dem Worte „Zahl“ Gebrauch zu machen. Die Möglichkeit die unter einen Begriff F fallenden Gegenstände, den unter einen Begriff G fallenden beiderseits eindeutig zuzuordnen, erkannten wir als Inhalt eines Wiedererkennungsurtheils von Zahlen. Unsere Definition musste also jene Möglichkeit als gleichbedeutend mit einer Zahlengleichung hinstellen. Wir erinnerten an ähnliche Fälle: die Definition der Richtung aus dem Parallelismus, der Gestalt aus der Aehnlichkeit u. s. w.

§107.   Es erhob sich nun die Frage: wann ist man berechtigt, einen Inhalt als den eines Wiedererkennungsurtheils aufzufassen? Es muss dazu

---

1   Der Unterschied entspricht dem zwischen „blau“ und „die Farbe des Himmels“.

然后我们定义了序列中的跟随。第一个尝试失败了，因为我们并不能脱离关于概念的那些陈述来定义 0、1，因为 0、1 的定义只是关于概念的那些陈述的一部分。这就得出，我们不可能证明数的相等。这表明算术借以进行研究的数，必须不能被理解为一种不独立的属性（定语），而是必须被理解为某种名词性东西。[1] 数表现为可重认的对象，数不被看作物理的对象，或仅是空间的对象，也不是我们通过想象力的图像而勾画的对象。现在，我们就确立了这一基本原则，一个语词的意谓不是孤立的，而是要在一个命题的语境中加以解释，只要服从这一原则，我相信就能避免数的物理学的理解，就不会陷入心理学的理解之中。现在存在一类命题，它们对每个对象来说，都必须具有涵义，它们是重认的命题，被称为数的等式。我们看到，数的说明就是要去理解等式。因而，问题的关键在于确定数的等式的涵义，而无需使用数词或"数"这个词。我们将概念 F 之下所落入的对象与概念 G 之下所落入的对象之间一一对应的可能性认作为一个关于数的重认判断的内容。我们的定义必定也将那种可能性视作与数的相等意谓相同。我们提醒一些相类似的情况：平行线方向的定义、从相似性而来的形状，如此等等。

§107　现在提出这一问题：在什么样的条件下，人们有理由说理解了一个重认判断的内容？对此，必须要满足这一条

1　这种区别相应于"蓝色的"与"天空的这种颜色"之间的区别。

die Bedingung erfüllt sein, dass in jedem Urtheile unbeschadet seiner Wahrheit die linke Seite der versuchsweise angenommenen Gleichung durch die rechte ersetzt werden könne. Nun ist uns, ohne dass weitere Definitionen hinzukommen, zunächst von der linken oder rechten Seite einer solchen Gleichung keine Aussage weiter bekannt als eben die der Gleichheit. Es brauchte also die Ersetzbarkeit nur in einer Gleichung nachgewiesen zu werden.

Aber es blieb noch ein Bedenken bestehen. Ein Wiedererkennungssatz muss nämlich immer einen Sinn haben. Wenn wir nun die Möglichkeit, die unter den Begriff F fallenden Gegenstände den unter den Begriff G fallenden beiderseits eindeutig zuzuordnen, als eine Gleichung auffassen, indem wir dafür sagen: „die Anzahl, welche dem Begriffe F zukommt, ist gleich der Anzahl, welche dem Begriffe G zukommt", und hiermit den Ausdruck „die Anzahl, welche dem Begriffe F zukommt" einführen, so haben wir für die Gleichung nur dann einen Sinn, wenn beide Seiten die eben genannte Form haben. Wir könnten nach einer solchen Definition nicht beurtheilen, ob eine Gleichung wahr oder falsch ist, wenn nur die eine Seite diese Form hat. Das veranlasste uns zu der Definition:

Die Anzahl, welche dem Begriffe F zukommt, ist der Umfang des Begriffes „Begriff gleichzahlig dem Begriffe F", indem wir einen Begriff F gleichzahlig einem Begriffe G nannten, wenn jene Möglichkeit der beiderseits eindeutigen Zuordnung besteht.

Hierbei setzten wir den Sinn des Ausdruckes „Umfang des Begriffes" als bekannt voraus. Diese Weise, die Schwierigkeit zu überwinden, wird wohl nicht überall Beifall finden, und Manche werden vorziehn, jenes Bedenken in andrer Weise zu beseitigen. Ich lege auch auf die Heranziehung des Umfangs eines Begriffes kein entscheidendes Gewicht.

§108. Es blieb nun noch übrig die beiderseits eindeutige Zuordnung zu erklären; wir führten sie auf rein logische Verhältnisse

件，即在每个判断中，检测所采用的等式通过右边替换左边而不改变等式的真值。没有更进一步的定义，我们对这个等式左右两边的陈述所知道的东西，恰恰就是它们是相等的。因而只需要证明等式的可替换性就行了。

但是依然存在一种疑虑。一个重认的命题必须总是具有一种涵义。如果我们将落入 F 这个概念之下的对象与落入 G 这个概念之下的对象之间一一对应的可能性理解为相等，因而对此我们就可以说："归属于 F 这个概念的基数等于归属于 G 这个概念的基数"，以此我们引入了"归属于 F 这个概念的基数"这一表达式，那么，我们的等式就具有一种涵义，仅当等式两边都具有上面所说的那种形式。根据这样的一个定义，我们并不能判定，一个等式是真的还是假的，当且仅当等式的一边具有这种形式。这就要求我们定义：

归属于 F 这个概念的基数就是"与 F 这个概念相等数的"概念的外延。以此，我们称一个概念 F 与一个概念 G 是等数的，当且仅当两边存在一一对应的可能性。

在此，我们预设"概念外延"这一表达式的涵义是已知的。克服这种困难的这种方法，或许不能获得普遍的认同，有些人可能喜欢用其他的方法来消除那种疑虑。我也不认为提出一个概念的外延具有决定性的分量。

§108　剩下来是要解释一一对应；我们将其归约为纯粹的逻辑关系。在我们已经提到这一命题的证明，即如果概念

zurück. Nachdem wir nun den Beweis des Satzes angedeutet hatten, die Zahl, welche dem Begriffe F zukommt, ist gleich der, welche dem Begriffe G zukommt, wenn der Begriff F dem Begriffe G gleichzahlig ist, definirten wir die 0, den Ausdruck „n folgt in der natürlichen Zahlenreihe unmittelbar auf m" und die Zahl 1 und zeigten, dass 1 in der natürlichen Zahlenreihe unmittelbar auf 0 folgt. Wir führten einige Sätze an, die sich an dieser Stelle leicht beweisen lassen, und gingen dann etwas näher auf folgenden ein, der die Unendlichkeit der Zahlenreihe erkennen lässt:

Auf jede Zahl folgt in der natürlichen Zahlenreihe eine Zahl.

Wir wurden hierdurch auf den Begriff „der mit n endenden natürlichen Zahlenreihe angehörend" geführt, von dem wir zeigen wollten, dass die ihm zukommende Anzahl auf n in der natürlichen Zahlenreihe unmittelbar folge. Wir definirten ihn zunächst mittels des Folgens eines Gegenstandes y auf einen Gegenstand x in einer allgemeinen φ-Reihe. Auch der Sinn dieses Ausdruckes wurde auf rein logische Verhältnisse zurückgeführt. Und dadurch gelang es, die Schlussweise von n auf (n + 1), welche gewöhnlich für eine eigenthümlich mathematische gehalten wird, als auf den allgemeinen logischen Schlussweisen beruhend nachzuweisen.

Wir brauchten nun zum Beweise der Unendlichkeit der Zahlenreihe den Satz, dass keine endliche Zahl in der natürlichen Zahlenreihe auf sich selber folgt. Wir kamen so zu den Begriffen der endlichen und der, unendlichen Zahl. Wir zeigten, dass der letztere im Grunde nicht weniger logisch gerechtfertigt als der erstere ist. Zum Vergleiche wurden Cantors unendliche Anzahlen und dessen „Folgen in der Succession" herangezogen, wobei auf die Verschiedenheit im Ausdrucke hingewiesen würde.

§109.   Aus allem Vorangehenden ergab sich nun mit grosser Wahrscheinlichkeit die analytische und apriorische Natur der arithmetischen

F 与概念 G 是等数的话，那么归属于 F 这个概念的这个数与归属于 G 这个概念的这个数相等之后，我们定义了 0 这个数、"n 在自然数序列中紧跟 m"和 1 这个数，并且表明，1 在自然数序列中紧跟 0。我们引入了几个命题，这些命题在这个位置上很容易得到证明，然后我们对下面的命题进行详细的探讨，这个命题可以使我们认识数列的无穷性：

每一个自然数序列中的数都有一个数来跟随。

因此，我们引入了"属于以 n 结尾的自然数序列的成员"的概念，对此我们想表明，归属于这个概念的基数在自然数序列中紧跟 n。我们首先利用一个对象 y 在一个普遍的 φ 序列中是一个对象 x 的后继来定义跟随。这些表达式的涵义可以归约为纯粹的逻辑关系。并且因此，通常被视为数学根本意义的从 n 到 n + 1 的推论方式，就成功地被证明为是基于一种普遍的逻辑推论方式。

我们现在需要命题来证明数列的无穷性，即在自然数列中没有一个有穷数跟随自身。因此我们到达了有穷数的概念和无穷数的概念。我们表明，从根本上说，后者的根据不弱于前者的根据。比较康托尔的无穷基数与他的无穷基数所使用的"序列中接继"，并在此指出了两者表述方式上的不同。

§109 从以上所有论述极有可能得出算术真理的先天的与分析的本质；我们成功地改进了康德的观点。此外，我们看

Wahrheiten; und wir gelangten zu einer Verbesserung der Ansicht Kants. Wir sahen ferner, was noch fehlt, um jene Wahrscheinlichkeit zur Gewissheit zu erheben, und gaben den Weg an, der dahin führen muss.

Endlich benutzten wir unsere Ergebnisse zur Kritik einer formalen Theorie der negativen, gebrochenen, irrationalen und complexen Zahlen, durch welche deren Unzulänglichkeit offenbar wurde. Ihren Fehler erkannten wir darin, dass sie die Widerspruchslosigkeit eines Begriffes als bewiesen annahm, wenn sich kein Widerspruch gezeigt hatte, und dass die Widerspruchslosigkeit eines Begriffes schon als hinreichende Gewähr für seine Erfülltheit galt. Diese Theorie bildet sich ein, sie brauche nur Forderungen zu stellen; deren Erfüllung verstehe sich dann von selbst. Sie gebärdet sich wie ein Gott, der durch sein blosses Wort schaffen kann, wessen er bedarf. Es musste auch gerügt werden, wenn eine Anweisung zur Definition für diese selbst ausgegeben wurde, eine Anweisung, deren Befolgung Fremdartiges in die Arithmetik einführen würde, obwohl sie selbst im Ausdrucke sich davon frei zu halten vermag, aber nur weil sie blosse Anweisung bleibt.

So geräth jene formale Theorie in Gefahr, auf das Aposteriorische oder doch Synthetische zurückzufallen, wie sehr sie sich auch den Anschein giebt, in der Höhe der Abstractionen zu schweben.

Unsere frühere Betrachtung der positiven ganzen Zahlen zeigte uns nun die Möglichkeit, die Einmischung von äussern Dingen und geometrischen Anschauungen zu vermeiden, ohne doch in den Fehler jener formalen Theorie zu verfallen. Es kommt wie dort darauf an, den Inhalt eines Wiedererkennungsurtheils festzusetzen. Denken wir dies überall geschehen, so erscheinen die negativen, gebrochenen, irrationalen und complexen Zahlen nicht geheimnissvoller als die positiven ganzen Zahlen, diese nicht reeller, wirklicher, greifbarer als jene.

到，为了将那种概然性提升到确定性，我们还缺少什么，并且说明了必须如何走到那里的道路。

最后，我们利用我们的成果批判一种关于负数、分数、无理数与复数的形式理论，通过这种批判，这一理论的不足之处就会显露出来。我们认为，它的错误在于，它将一个概念的无矛盾性看作是被证明过的，仅当还没有表明概念有矛盾，以及一个概念的无矛盾性已被视作对其概念满足的充分的保障。这种形式理论自以为它只需提出这一要求，然后将这一要求自身理解为这一要求的满足。它们的这种不正常的做法，就好像上帝，通过纯粹的语词就能创造它所需要的本质一样。如果把一个关于定义的说明冒充为这个定义本身，那么，也必须加以斥责，因为服从于这种说明，就会在算术中引入异样的东西，尽管它自身在表述上可能与定义不相关，但是这不过因为它仅停留在纯粹的说明。

所以，那种形式理论陷入后退到后天的或综合的危险之中，无论它看起来多么徘徊于抽象的高度。

我们前述的对正整数的考察表明了避免外在的事物与几何学的直观的干涉，且不陷入那种形式理论的缺陷的可能性。正如那里指出的那样，关键是要规定一个重认判断的内容。假如我们到处都这样考虑的话，负数、分数、无理数与复数就不会显得比正整数更加神秘莫测，正整数也不比负数、分数、无理数与复数更现实、更实在、更明确。

德中译名对照表

Abgegrenztheit 分界性

Anschauung 直观

Anzahl 基数

auffolgen 跟随

Aussage 断言

Arithmetik 算术

Begriff 概念

Begriffwort 概念词

Begriffsschrift 概念文字

Bedeutung 意谓

Beweis 证明

Beziehung 关系

Dasselbe 相同

Definition 定义

Erklärung 说明

Einheit 单位

Eins 一

Eigenname 专名

Eigenschaften 性质

endliche Anzahl 有穷基数

Figur 图形

Folge 序列

Gegenstand 对象

gleich 相等的

gleichzahlig 等数的

Gesetze 法则

Gleichvielfachen 多重相等

Kennzeichen 标准

Modul 模数

Mächtigkeit 势

Merkmalen 特征

Menge 集合

Meinung 看法

Null 零

objective 客观的

Richtung 方向

Stellung 面向

subjective 主观的

Sinn 涵义

Satz 命题

Umfang 外延

Ungetheiltheit 未分性

Untheilbarkeit 不可分性

Unterscheidbarkeit 可区分性

Urtheil 判断

Unendliche Anzahl 无穷基数

Vorstellung 表象

Wiedererkennen 重认

Zahl 数

Zahlenreihe 数列

Zahlformeln 数的公式

Zahlangabe 数的陈述

Zahlengleichheit 数相等

zukommen 归属

Zusammensetzung 复合词

Zeichen 记号

译后记

长期以来，西方学界将摩尔、罗素与维特根斯坦视为分析哲学的主要创始人，但是随着 20 世纪中后期弗雷格的德文著作在英语世界中逐渐被编译与传播开来，人们才重新认识到弗雷格作为分析哲学之父的重要历史地位，以及他对后来分析哲学发展的巨大贡献。戈特洛布·弗雷格（Gottlob Frege，1848—1925）是德国著名的数学家、逻辑学家和哲学家，是数理逻辑与分析哲学的奠基人。在学界，弗雷格被公认为自亚里士多德以来最伟大的逻辑学家。虽然弗雷格一生主要在耶拿大学的数学系任教，但是他的研究兴趣却并不限于纯数学领域，他对于逻辑学、数学基础与哲学问题都很感兴趣，创造性地发展出一种超越西方传统逻辑的现代数理逻辑系统，对现代逻辑学的发展起到了革命性的推动作用。虽然弗雷格在生前一直默默无闻，没有引起人们应有的关注与重视，但是在其死后的近一个世纪以来，其极具创造性与深刻的思想影响了分析哲

学发展的主流，塑造了分析哲学的主要研究范式与形态。

　　弗雷格于 1884 年首次出版的《算术基础》这本小册子高度浓缩了其成熟时期的哲学思想，该书虽然不厚，只有短短100 来页，但是在弗雷格思想中处于核心地位。这本小册子被学界称为分析哲学第一部著作。[1] 罗素曾经在其《数理哲学导论》中这样评论弗雷格的这本小册子，认为"尽管这本书相当简短，并不困难，但却极具重要性，它几乎没有引起人们的关注，它所包含的数的定义一直以来默默无闻，直到本书的作者在 1901 年才重新发现这点"[2]。罗素这些话当然有些夸大，但是不可否认的是，罗素本人对弗雷格的这些哲学思想是非常推崇的，他在数学基础问题上和弗雷格一样，也逐渐成为逻辑主义的主要倡导者。另外，维特根斯坦终其一生对弗雷格的哲学思想都是非常推崇的，尽管他在不同的时期对弗雷格的思想有所反思与批评，他在其生命之作《逻辑哲学论》的序言中提到"我只想提到，对我思想的激励大都归功于弗雷格的伟著和我的朋友罗素先生的著作"[3]。《算术基础》也被英国著名哲学家达米特（Michael Dummett）誉为"迄今写下的几乎最完美的唯

1　R. Heck, "Gottlob Frege", in *Routledge Encyclopedia of Philosophy*, Version 1.0, London and New York: Routledge(1998), p. 2948.

2　Bertrand Russell, *Introduction to Mathematical Philosophy*, George Allen & Unwin, Ltd., London, original edition 1919, Online Corrected Edition version 1.0(2010), Chap.2.

3　Ludwig Wittgenstein, *Tractatus Logico-Philosophicus*, new translated by Michael Beaney Oxford University Press, 2023, preface.

——部哲学著作"[1]。

《算术基础》主要是试图从逻辑角度给"数"下严格的定义，并在该书的序言中提出了哲学研究三原则，[2] 并将这三条原则应用到数的概念的分析中去，认为逻辑与数学研究的对象是客观的对象，而不是主观的、心理的表象；数不是物理的东西，也不是主观的东西，不是表象，而是客观的实体，存在于"第三领域"[3]。弗雷格批判地考察了施罗德、密尔、洛克、莱布尼茨、贝克莱等人关于数的观点，认为数既不是像施罗德所讲的是事物的性质，也不是密尔所主张像小石子那样的空间的普通物理对象的堆集，也不是像洛克和莱布尼茨所说的那样只是观念中的东西，更不是贝克莱所讲的数只是心灵的创造，而是一种客观的东西。

弗雷格认为，数并不是通过像事物的颜色、重量以及硬度的抽象方式抽象而来的东西，数词不能作为形容词来加以

1　Michael Dummett, *The Interpretation of Frege's Philosophy*, Cambridge, Harvard University Press,1981, ix.

2　这三条原则分别是：1. 严格区分心理学的与逻辑学的，主观的和客观的东西；2. 绝不要孤立地追问一个语词的意谓，而应该在命题的语境中追问一个语词的意谓；3. 时刻注意概念和对象之间的区别。参见 Gottlob Frege: *Die Grundlagen der Arithmetik: Eine logisch mathematische Untersuchung über den Begriff der Zahl*, Breslau: Verlag von Wilhelm Koebner, 1884, S. 9。

3　虽然弗雷格在《算术基础》中没有明确提到"第三领域"的说法，但我们完全可以从他后来在《思想》论文中所论述的"第三领域"来把握与理解其所强调的客观性的涵义。Gottlob Frege, "Die Gedanke: Ein Logische Untersuchung", in *Logische Untersuchung*, Herausgegeben und eingeleitet von Günther Patzig, Vandenhoeck & Ruprecht, Göttingen, 1966, SS. 43—44。

使用。数不是通过事物和事物之间的并列附加而形成。"大量""聚集"与"多数"这些表述因其自身的不确定性，不适合起到定义数的作用。从"一"与"单位"出发来定义数的做法也是不成功的，因为一和单位之间关系的问题，即如何限定任意的理解会使得一和多之间的差异消失不见。弗雷格认为，既然以往学者定义数的努力失败了，我们必须另辟路径，从数的相等的语境中去追问数的公式的涵义，并给出了一个数相等或重认的标准，通过考察休谟原则（一一对应）以及几何学中平行线与方向相等的关系，弗雷格最终提出其核心的命题，认为数的陈述包含的是对概念的断言，每个数自身是独立自存的对象，数词表示的是专名，数不是主观的表象，而是客观的对象，一个对象属于一个概念就叫那个对象落在那个概念之下。对象和概念都是客观的实在。

数的陈述包含的是对一般概念的断言，而每个具体的数意谓的是独立的对象。每个数词就是不同的专名，专名意谓具体的不同的对象。根据弗雷格的关于概念和对象之间的区分，不同的数意谓的是不同的对象，关于数的表达式表达的是概念，而不是对象。比如"木星有4个卫星"这一表达式其实表达的是有4个对象落到"木星的卫星数"这一概念之下。弗雷格通过一系列的分析与总结，最终给出了0、跟随（后继）、1和自然数等概念的严格定义，认为"归属于概念F的基数就是'与概念 F 相等数'的概念的外延"[1]。弗雷格的这些极具洞见的观点对后来分析哲学特别是语言哲学和数学哲学发展影响深远。

《算术基础》的德文全名为：*Die Grundlagen der Arithmetik: Eine logisch mathematische Untersuchung über den Begriff der Zahl*，该书 1884 年在德国的布雷斯劳（Breslau）的 Wihelm Koebner 出版社首次公开出版。此后该书在德国再版了很多次，其中值得一提的是 1986 年推出的百年纪念版（Centenarausgabe）以及 1988 年推出的以 1986 年的百年纪念版为基础的修订版 Gottlob Frege: *Die Grundlagen der Arithmetik: Eine logisch mathematische Untersuchung über den Begriff der Zahl*, Auf der Grundlage der Centenarausgabe herausgegeben von Christian Thiel, Felix Meiner Verlag, Hamburg, 1988。1988 年的修订版完全精准地复制了 1884 年原版的内容，并且增加了编者的导言以及末尾长长的注释。

《算术基础》在英语世界中主要有以下两个译本：首先是 1950 年英国著名哲学家奥斯汀（J. L. Austin）的英译本：Gottlob Frege: *The Foundations of Arithmetic: A logico-mathematical enquiry into the concept of number*, translated by J. L. Austin, Harper & Brothers, New York, 1950。该译本在

1　Gottlob Frege: *Die Grundlagen der Arithmetik: Eine logisch mathematische Untersuchung über den Begriff der Zahl*, Breslau: Verlag von Wilhelm Koebner, 1884, S. 80.

1953 年、1959 年、1968 年以及 1974 年相继推出修订版。由于奥斯汀本人是牛津日常语言学派主要代表与语言现象学（linguistic phenomenology）大师，其译本在语言流畅性方面堪称典范，其译本在英语世界风行几十年，逐渐成为经典，但是奥斯汀译本的问题在于他有时并不太忠于弗雷格的德文原文，有时用解释来替代翻译（sometimes supplement translation with interpretation）[1]，而按照自己的英文表达习惯对德文原文做了较大的自由改动。因而，奥斯汀的英译本虽然堪称经典，但是却在忠实于德文原文以及准确性方面还存在一定的问题。

其次是 2007 年美国的学者戴尔·杰凯特（Dale Jacquette）重新翻译了该书（Gottlob Frege: *The Foundations of Arithmetic: A Logico-mathematical Investigation into the Concept of Number*, translated by Dale Jacquette, Longman, 2007），但是该译本在学界引起了诸多的批评，学界评论认为该译本误译、漏译地方甚多。2008 年美国芝加哥大学弗雷格研究专家克莱默（Michael Kremer）专门针对该译本在《圣母大学哲学评论》（*Notre Dame Philosophical Review*）撰写过一篇火力十足的批评性评论，他指出该译本有超过 100 处误解了弗雷格的原意，同时该译本中的批判性导言与评论中充满了对弗雷格哲学

1　关于奥斯汀译本存在的问题的分析，请参见 Michael Beaney, "Preface" x, *The Frege Reader*, Blackwell Publishers, Ltd. 1997；以及 Michael Kremer, "The Foundations of Arithmetic, Book Review", *Notre Dame Philosophical Review*, January 07, 2008。

的曲解。[1] 学界还有不少学者都赞同克莱默教授对这个新译本的评论意见。因而，学界通常认为杰凯特的英译本质量很差，翻译很失败，不建议人们使用。另外，德国柏林洪堡大学哲学系毕明安教授（Michael Beaney）在其编译的《弗雷格读本》（*The Frege Reader*, Basil Blackwell, 1997）时，只是选译了《算术基础》的部分章节，包括导言，1—4节，45—69节，87—91节，104—109节，虽然毕教授的翻译质量可靠，但是他选译的并不完备。[2] 由是观之，弗雷格的《算术基础》英译本在英语世界中的状况其实并不令人满意。

迄今为止，《算术基础》在我国国内唯一的中译本是原清华大学哲学系的王路教授在上个世纪90年代推出的译本——G. 弗雷格，《算术基础》，王路译，王炳文校，商务印书馆，1998年第一版。王路教授的译本是从德文直接翻译成中文的，同时也参考了奥斯汀的英译本。王译本的底本就是由克里斯提安·蒂尔（Christian Thiel）编辑的1988年版 Gottlob Frege: *Die Grundlagen der Arithmetik: Eine logisch mathematische Untersuchung über den Begriff der Zahl*, Felix Meiner Verlag, Hamburg, 1988。这应该就是《算术基础》百年纪念版的修订版。王路教授的译本首次出版是在1998年，至今已经过去26

1　Michael Kremer, "The Foundations of Arithmetic, Book Review", *Notre Dame Philosophical Review*, January 07, 2008.

2　Gottlob Frege: "The Foundations of Arithmetic", in *The Frege Reader*, trans. and ed. Michael Beaney, Blackwell Publishers, Ltd. 1997, pp. 84—129.

年了，随着学界对弗雷格哲学思想的研究在不断加深，旧的词汇可能会有新的翻译与理解。由于弗雷格的《算术基础》是分析哲学的经典作品，对同一本经典推出不同的译本，当然也是一件很自然的事情，译不厌精嘛。

由于译者最近几年都在关注早期分析哲学中的数学哲学，特别是维特根斯坦的数学哲学，在研究维特根斯坦数学哲学的过程中，不可避免地涉及弗雷格数学哲学思想的理解和两相比较的问题，因而译者也进而反复研读弗雷格的《算术基础》的德文原版、英译本以及现存中译本，译者于 2021 年年初开始萌生重新翻译该书的想法，并获得国内一些分析哲学同行的鼓励和支持。译者具体着手翻译该书是从 2021 年 5 月开始，2021 年 10 月完成初稿，直到 2023 年 12 月底最终完成定稿。其间，为了保证翻译质量，提升翻译水准，初稿经过了 2 年多时间的不间断的打磨和校对，译者曾于 2021 年年底开始通过参加分析哲学读书会形式，邀请武汉分析哲学同行参加每周举办一次的《算术基础》读书会，鼓励同行对新的中译本进行批评和指正。新译本的打磨和校对读书会开展历时一年有余，终于在 2023 年年底之前彻底完成定稿工作。

本译本根据 1884 年德文原版译出，参考了奥斯汀的英译本以及王路教授的中译本，特此向王路教授表示谢意。新译本在尊重原著的基础上为了方便读者缘故，适当地增添了一些译者注，目的是补充弗雷格定义数时的一些思想背景与技术性细节，从而更全面地理解弗雷格的逻辑学与数学哲学思想。不仅如此，新译本还提供弗雷格哲学术语德中译名对照表，使人一目了然地把握这些不同的译名之间的对应关系。

最后，译者曾向国际知名弗雷格研究专家、德国柏林洪堡大学哲学系毕明安教授（Michael Beaney）以及德国耶拿大学哲学系的肯策勒教授（Wolfgang Kienzler）请教过弗雷格的《算术基础》内容理解与翻译问题，有幸得到他们的耐心指点与精辟建议，在此表示诚挚的感谢。另外，译者还要感谢我所在单位湖北大学哲学学院舒红跃院长以及阮航副院长对我翻译工作的大力支持。此外，还要特别感谢参与武汉分析哲学读书会的同仁们对该书翻译所提的建议，特别是我的同事湖北大学哲学学院宋伟老师、王振老师，武汉理工大学马克思主义学院的杨海波老师、陈明益老师，中南财经政法大学哲学学院周志荣老师，华中师范大学马克思主义学院陈吉胜老师。部分德文和拉丁文的翻译问题，译者曾征询过我院同事杨宗伟老师、西安电子科技大学石伟军老师、复旦大学哲学学院青年副研究员贺腾博士的意见。感谢以上师友为本译著所提供的良好建议。最后感谢上海人民出版社的任俊萍编审与王笑潇编辑认真负责的编辑工作。

是为记。

徐弢

武汉沙湖之滨

2024 年 6 月 24 日

图书在版编目(CIP)数据

算术基础：关于数的概念的一种逻辑数学的研究：德文、汉文／(德) G. 弗雷格著；徐弢译. -- 上海：上海人民出版社，2025. -- ISBN 978 - 7 - 208 - 19339 - 0

Ⅰ. O156.1

中国国家版本馆 CIP 数据核字第 2025E7K267 号

责任编辑 王笑潇 任俊萍
封扉设计 人马艺术设计·储平

算术基础

——关于数的概念的一种逻辑数学的研究

[德]G. 弗雷格 著

徐 弢 译

出 版 上海人民出版社
 (201101 上海市闵行区号景路 159 弄 C 座)
发 行 上海人民出版社发行中心
印 刷 上海商务联西印刷有限公司
开 本 890×1240 1/32
印 张 10.25
插 页 1
字 数 179,000
版 次 2025 年 3 月第 1 版
印 次 2025 年 3 月第 1 次印刷
ISBN 978 - 7 - 208 - 19339 - 0/B · 1806
定 价 58.00 元

根据 Gottlob Frege，*Die Grundlagen der Arithmetik: Eine logisch mathematische Untersuchung über den Begriff der Zahl*，Breslau：Wihelm Koebner，1884 译出。